DAVID ZENI

Der Untergang der ›Empress of Ireland‹

Die vergessene Tragödie

WILHELM HEYNE VERLAG
MÜNCHEN

Titel der englischen Originalausgabe:
Forgotten Empress. The Empress of Ireland Story

Ins Deutsche übertragen von Eckhard Kiehl
Redaktion: Alexander Kluy
Fachliche Beratung: Gert Uwe Detlefsen
Lektorat: Susanne Baumann

Die Originalausgabe erschien im Verlag Halsgrove, Tiverton, Devon, 1998

Umschlaggestaltung: Hauptmann und Kampa Werbeagentur, CH-Zug
Coverillustration: Werbeplakat der Canadian Pacific, Copyright © David Zeni
Rückseitenfoto: National Maritime Museum, London
Rückseitenillustration: Privatsammlung von Stephen Brooks
Innenillustrationen: John Andert
Grafische Gestaltung: Karen Binaccioni
Satz: Jürgen Hübner
Herstellung: Karlheinz Rau
Druck und Bindung: Druckerei Ernst Uhl, Radolfzell

Printed in Germany

ISBN 3-453-15494-0

Inhalt

Danksagung

Der Autor dankt folgenden Personen und Institutionen für Antworten auf seine Fragen, für Anregungen und für Hilfe bei der Materialbeschaffung für das vorliegende Buch:

Stuart Wright; Gary Gentile, Autor, *Wreck Diving Adventures;* Geoff Whitefield, Britische *Titanic-Society;* Ian Kinder, Schiffsreproduktionen; Rita D'Lima; Derek Grout; Victor Prowse; Norman Morse; Larry Leach; Lowell Cote und seiner Familie; John Andert, Illustrator; Gordon Turner; Alan Hustak, *Montreal Gazette;* Dr. W. B. Chung; John Ross, Kurator des Black Museum, New Scotland Yard; James Croall, Autor von *Fourteen Minutes;* Jan und Peter Boyd-Smith, Cobwebs Memorabilia, Southampton; John und P. D. Ferguson; Robert Kennell und Jo-Anne Colby, Archiv der Canadian Pacific; Derek Whale, Autor von *The Liners of Liverpool;* Cyril F. Hudson; Joan Harvey; Andrew Moore; Elaine Hart, Bildarchiv der Illustrated London News; Jennifer Bosley, Colorado Historical Society, Denver; Sherry Sweetman, Archivarin der Olmsted County Historical Society, Rochester, Minnesota; Major Paul Murray, Direktor, und Captain Florence Curzon, Salvation Army Heritage Centre, Toronto; Scott Bedio, Hilfsarchivar, Salvation Army National Headquarters, Alexandria, Virginia; Sarah Montgomery, Archivarin, National Archives of Canada; Dan Lindsay, SeaView Imaging; Stephen Card; Vernon R. Vickery; David Kennedy; Johan Tötterström, *Titanic*-Enthusiast und Forscher; William Lind; Jan Wilson, Kvaerner Govan Ltd.; Niall MacNeill; Frank O. Braynard; Mark D. Warren; Don Lynch; Ron Baker und Eric Askew, World Ship Society; John Reekie; Cameron Simpson und Clare Arron, *Glasgow Herald;* Derek Bergl; Pat Paine, Women Printers, Provincetown; Stephen Brooks; John Moyer; Bart P. Malone; Terry German; Kim Martin; Elsie Thomson; Victor Lewinson; Mary A. Shepherd; David St-Pierre; Mark F. Reynolds; Chris Hanna; James F. Watkins jr.; Marion Kelch; und Mansfield R. Steede (Sohn und Enkel).

ÖFFENTLICHE UND PRIVATE BIBLIOTHEKEN: Alison Gardiner, Stadtarchivarin, Mitchell Library, Glasgow; Kate Hutcheson und George Gardiner, University of Glasgow; Lu Hetlyn, Bibliothekarin, Provincetown Public Library; Ann Carvel House, Bibliothekarin, Steamship Historical Society of America Collection, University of Baltimore; Denver Public Library; Detroit Public Library; Halifax Regional Library; Fredericton, New Brunswick, Public Library; The British Library, London; Alexander Turnbull Library, Neuseeland; University of California, Berkeley, Bancroft Library; Liverpool Central Library; University of Victoria Archives; und City of Vancouver Archives.

SEEFAHRTSMUSEEN: Serge Guay, Direktor, und Annemarie Bourassa, Musée de la Mer, Pointe-au-Père; Kathy Flynn, Peabody Essex Museum, Salem, Massachusetts; Leonard G. McCann, em. Kurator, Vancouver Maritime Museum; Lynn Wright, Direktor der Sammlungen, Maritime Museum of British Columbia, Victoria; National Maritime Museum, Greenwich; Maritime Museum of the Atlantic, Halifax; Merseyside Maritime Museum, Liverpool; Maritime Museum of Tasmania; Musée Maritime Bernier, L'Islet-sur-Mer; Marine Museum of the Great Lakes, Kingston; Mystic Seaport Museum, Mystic, Connecticut; und Independence Seaport Museum, Philadelphia.

Einleitung

Dies ist die bewegende Geschichte einer Kollision auf See. Als die Nummer zwei in dem Dreigestirn von Luxuslinern, die vor dem Ersten Weltkrieg den Atlantischen Ozean überquerten, sollte die *Empress of Ireland* im Gedächtnis behalten werden; das Auslöschen dieses Dreigestirns setzte mit dem Untergang der *Titanic* ein und endete mit der Torpedierung der *Lusitania.* Alle drei Schiffe sanken innerhalb von drei Jahren. Der *Empress* sollte schon deshalb gedacht werden, weil mehr Passagiere den Tod fanden (840) als bei der *Titanic* (832) oder der *Lusitania* (791). Viele Passagiere auf den unteren Decks hatten nicht die geringste Überlebenschance, als spät in der Nacht eisige Wassermassen ihre Kabinentüren eindrückten. Sie wachten gerade noch rechtzeitig auf, um die letzten Sekunden ihres Lebens bewußt zu erleben. Rasch füllte das Wasser ihre Lungen und beschloß ihre Gebete. Andere, die das Oberdeck erreicht hatten, mußten entdecken, daß der Ozeanriese im Begriff war zu kentern.

Mein Ziel war es, mit dem Schreiben des vorliegenden Buches soviel wie möglich über die *Empress of Ireland* in Erfahrung zu bringen. Und je mehr ich erfuhr, desto mehr nahm mich die Geschichte gefangen. Anders als bei der *Titanic* zeigen sich nur wenige Historiker und Privatforscher an der *Empress of Ireland* interessiert. Dadurch wird ihre Geschichte zum idealen Ausgangspunkt für die Entdeckung neuer Informationen. Mich fasziniert die Geschichte der *Empress of Ireland* unter anderem deshalb, weil es hier, um etwas vorzugreifen, auch um die Klärung des Rätsels geht, wie zwei Schiffe, die sich ursprünglich in Sichtweite befanden, später im Nebel miteinander kollidieren konnten. Auch finde ich den Todeskampf eines kenternden Ozeanriesen weit erschreckender als ein allmähliches Wegsacken über den Bug.

Die Jungfernfahrt der *Empress of Ireland* von Liverpool nach Quebec fand im Sommer 1906 statt. Von Anfang an setzte sie neue Maßstäbe für Geschwindigkeit, Zuverlässigkeit und Komfort auf hoher See. Heute jedoch ist sie das übersehene Stiefkind in der Familie maritimer Tragödien.

Eine Arbeit dieser Art über Ereignisse, die sich vor mehr als achtzig Jahren zutrugen, ist zwangsläufig mit Fehlern behaftet. Viele Einzelheiten müssen auf geradezu hoffnungslose Weise miteinander unvereinbar bleiben. Ich griff auf eine umfangreiche Sammlung verschiedener Quellen zurück, um Ungenauigkeiten abzuklären. Dieses Buch enthält weder erfundene noch aus mehreren Einzelpersonen zusammengesetzte Figuren. Falls ich Namen falsch geschrieben oder Informationen verfälscht wiedergegeben haben sollte, bitte ich dafür um Entschuldigung.

Für die Geschichte der Canadian Pacific Railway habe ich auf folgende Bücher zurückgegriffen: *The Last Spike* von Pierre Berton, *History of the Canadian Pacific Line* von Frank C. Bowen sowie *The Romantic History of the Canadian Pacific* von John Murray. Der wahre Kriminalfall des Dr. Crippen stützt sich auf zwei maßgebliche Quellen: *The Mild Murderer* von Tom A. Cullen und Kapitän Henry G. Kendalls Autobiographie *Adventures on the High Seas.* Die Geschichten der Passagiere entstammen Zeitungsberichten jener Tage sowie Erzählungen der Nachkommen einiger Überlebender. Informationen über das Wrack sammelte ich in Gesprächen mit Tauchern. Die von mir aufgeführten Geldbeträge entsprechen dem damaligen Wert des britischen Pfund Sterling beziehungsweise des kanadischen Dollar.

Der Autor könnte sich kein schöneres Kompliment vorstellen, als daß andere seine Recherchen ergänzen und weiterführen würden. Ich hoffe, daß meine Leser die Geschichte der *Empress of Ireland* genauso überwältigend finden wie ich. Das nächste Mal, wenn wieder jemand die allseits bekannte Geschichte der *Titanic* repetiert, könnten Sie das Gespräch mit ein paar Einzelheiten über das Schicksal der *Empress of Ireland* beleben.

Bon Voyage!

David Zeni
P.O. Box 1153,
Provincetown, Mass., USA

Zwei technische Wunder aus der Zeit König Edwards – die Empress of Ireland *und das Automobil.* (Maritime Museum of British Columbia, Victoria)

1

Vielversprechender Auftakt

Die *Empress of Ireland* gehörte der Canadian Pacific Railway (CPR) und wurde auch von dieser Gesellschaft betrieben. Die Anfänge der CPR reichen bis in das letzte Viertel des 19. Jahrhunderts zurück. Im Sommer des Jahres 1880 trafen sich vier wohlhabende Männer in Ottawa, um die Details eines Vertragswerks zu besprechen, das den Bau einer transkanadischen Eisenbahnlinie regelte. Diese neue Linie sollte die östlichen Provinzen Kanadas mit jenen am Pazifischen Ozean im Westen verbinden. Diese Unternehmer, das sogenannte Syndikat – unter dieser Bezeichnung wurden sie später auch bekannt –, waren James Jerome Hill, der Eisenbahnkönig, Donald Smith, der Bevollmächtigte der Hudson Bay Company, Duncan McIntyre, der einflußreichste Finanzier der Canada Central Railway, und George Stephen, der Präsident der Bank von Montreal. Bei ihrer historischen Zusammenkunft ging es nicht um den Bau riesiger neuer Schiffe, wie dies etwas später bei einem ähnlich gelagerten Abendessen von J. Bruce Ismay und Lord Pirrie der Fall war, der eigentlichen Geburtsstunde der *Titanic* und ihrer Schwesterschiffe. Im Mittelpunkt des Treffens der vier in der kanadischen Hauptstadt stand vielmehr, wie das Parlament dazu bewegt werden könnte, ein gigantisches transkontinentales Eisenbahnprojekt zu unterstützen, das von Privatunternehmern geführt würde. Diese Idee zu verwirklichen war in den 1880er Jahren ein sehr ehrgeiziges Projekt, vielleicht am besten mit der Mondlandung 90 Jahre später vergleichbar.

Das Syndikat bestimmte jemanden aus den eigenen Reihen, nämlich George Stephen, um dieses waghalsige Unternehmen an führender Stelle zu leiten. Stephen stammte aus den schottischen Highlands und war 1850, gerade einmal 21 Jahre alt, nach Montreal ausgewandert. 30 Jahre später war er der größte Verfechter der Vision des Syndikats: Es wollte ein modulares Transportsystem von Dampfschiffen und Eisenbahnwaggons aufbauen, das sich von Europa über Kanada bis nach Japan erstrecken sollte. Stephen stand mit dieser Vision nicht allein da. Was viele Autoren als die romantischen Eindrücke der Kanadisch-Pazifischen Eisenbahn beschrieben haben, geht sehr gut aus folgender Passage einer Rede des Marquis of Lorne, des Generalgouverneurs von Kanada, hervor. Er war mit seiner Tochter, Prinzessin Louise, nach Westen gereist, um den Bau der Pazifischen Eisenbahn mit eigenen Augen zu sehen:

> *Da sie die beste und sicherste Straße zwischen Asien und Europa darstellt, wird sie Handelsverkehr von beiden Kontinenten an ihre Küsten ziehen. Mit beiden Ozeanen verbunden, wird sie – zum Nutzen von Millionen tapferer Einwohner des Landes – von beiden einen Teil des Welthandels anlocken. Nach Osten und nach Westen wird sie den Überfluß des eigenen Landes befördern, die Reichtümer an Nahrungsmitteln und die Schätze der Bergwerke und Wälder, die das Land dem weniger vom Glück begünstigten Teil der Menschheit zu bieten hat.*

Die Hoffnungen der Mitglieder des Syndikats wurden durch den finanziellen Erfolg der ersten amerikanischen Transkontinentalverbindung, die 1869 fertiggestellt worden war, zusätzlich beflügelt. Doch die große Herausforderung lag für sie darin, das Parlament und die anderen Investoren davon zu überzeugen, daß das Syndikat mit einer transkanadischen Eisenbahnverbindung ähnlich erfolgreich sein würde. Wie alle Verfechter einer großen Idee verfügte George Stephen über die zur Bewältigung der Aufgabe notwendigen Charaktereigenschaften, nämlich Energie, Zähigkeit und Leidenschaft. Darüber hinaus verfügten Stephen und die anderen Mitglieder des Syndikats über ausreichende finanzielle Mittel. Das hatte ihnen unter anderem erlaubt, eine vor dem Konkurs stehende Eisenbahngesellschaft vor dem Bankrott zu retten und sie als St. Paul, Minneapolis, and Manitoba Railway wieder zu einem rentablen Unternehmen zu machen. Schließlich erzielten der Premierminister Sir John A. Macdonald und Duncan McIntyre vom Syndikat im September 1880 eine Einigung mit dem Parlament. Alle waren begeistert, denn die ausgehandelten Bedingungen waren für die Canadian Pacific Railway außerordentlich vorteilhaft.

Der Vertrag war kaum unterzeichnet, da war Stephen schon unterwegs nach London, um weitere Geldgeber zu finden. Aber selbst an Stephen nagten Zweifel, denn vieles an dem Projekt war nicht richtig bedacht worden: Würden die Rocky Mountains vielleicht Steigungen aufweisen, die sich für die Lokomotiven der CPR als unüberwindlich erwiesen? Würden die Landmesser überhaupt einen verkehrsgängigen Paß durch die Selkirk Mountains in Mittelkanada finden? Und wenn die Eisenbahnlinie einmal fertig war, würde sie dann wirklich die Besiedlung des Landes fördern und für Frachtaufträge sorgen, oder würde sie sich als Linie ins Nirgendwo entpuppen? George Stephen teilte diese Zweifel nur mit seinen engsten Vertrauten.

Der Vertrag über die Canadian Pacific Railway Company wurde durch einen Parlamentsbeschluß am 15. Februar 1881 ratifiziert. Diese Vereinbarung sah den Bau einer 2 540 Meilen* langen Eisenbahnlinie vor, die von Bonfield, Ontario, im Osten nach Port Moody – der Endstation am Pazifik – führen sollte. Die Regierung übernahm den Bau von 700 der 2 540 Meilen in drei getrennten Abschnitten. Für den Rest, also etwas mehr als 1 800 Meilen, war die CPR allein verantwortlich. Die Fertigstellung sollte nicht länger als zehn Jahre in Anspruch nehmen, und der Vertrag enthielt einen Passus über eine zu entrichtende Strafzahlung, falls der festgeschriebene Termin, nämlich Mai 1891, nicht eingehalten würde. Weiterhin wurde beschlossen, daß mehr als 50 Prozent der geschäftsführenden Mitglieder der CPR Engländer sein mußten. Die Regierung subventionierte das Vorhaben nicht nur mit 25 Millionen Dollar, sondern auch mit staatlichen Landzuteilungen, mit Steuerbefreiungen für importiertes Material sowie mit einer Verfügung, die den Bau konkurrierender Eisenbahnlinien südlich der Canadian Pacific auf zwanzig Jahre untersagte. Die finanziellen Zuschüsse waren während der laufenden Arbeit für jeweils 20 Meilen fertig verlegter Schienen auszuzahlen.

Das Land zu beiden Seiten der vorgesehenen Strecke war wie ein Flickenteppich in große quadratische Flächen aufgeteilt. Auf den Landkarten des Vertrags waren diese Flächen als abwechselnd rote und weiße Quadrate eingezeichnet. Die roten Flächen bezeichneten Gebiete, die im Besitz der kanadischen Regierung bleiben sollten; weiße Flächen stellten die staatlichen Landzuteilungen an die Canadian Pacific dar. Dieses einfache Muster mag den Entwurf der CPR-Hausflagge inspiriert haben, die schachbrettartig rot-weiß gemustert war.

Der Canadian-Pacific-Vertrag zeigte auch, daß die Gesellschaft von Anfang an sowohl eine Eisenbahn- als auch eine Dampfschiffahrtsgesellschaft war. Sie war berechtigt, jede Eisenbahnlinie zu erwerben oder zu pachten, die be-

William Cornelius Van Horne, der die Canadian Pacific Railway Company aufgebaut und die rot-weiß gewürfelte Hausflagge entworfen hat. Van Horne wird oft als der Begründer des Tourismus in Nordamerika tituliert, u. a. wegen seines berühmten Ausspruchs: »Wenn wir die Landschaft nicht exportieren können, werden wir eben die Touristen importieren«. (Archiv der Canadian Pacific)

* Im folgenden werden die englischen Längen- und Maßangaben beibehalten: 1 Meile = 1,609 Kilometer, 1 Fuß = 30,48 Zentimeter, 1 Zoll = 2,54 Zentimeter.

nötigt wurde, um eine Verbindung zu den Tiefwasserhäfen am Atlantik herzustellen. Außerdem war die CPR zu folgendem autorisiert:

> *An jedem Punkt und an allen Endstationen Docks, Werften, Kaianlagen, Schiffe und Piers zu unterhalten ... sowie zum Transport von Handelsgütern und Passagieren auf jedem schiffbaren Gewässer, das die Canadian Pacific Railway erreichen oder zu dem sie eine Verbindung herstellen konnte, Dampfschiffe oder andere Schiffe zu erwerben, zu besitzen, zu chartern und zu betreiben.*

Die Canadian Pacific Railway Company hielt ihre erste Sitzung am 17. Februar 1881 ab. Am Ende desselben Jahres zeigte sich James Hill, einer der vier Gründungsmitglieder, unzufrieden mit dem Fortgang der Arbeiten. Der Subventionsfluß an die Gesellschaft war bisher nur ein dünnes Rinnsal. Um die Dinge voranzutreiben, stellte die CPR einen dynamischen Ingenieur, den Amerikaner William Cornelius Van Horne, ein, der vormals Direktor der Chicago, Milwaukee, and St. Paul Railway gewesen war.

Zehn Monate später warb Van Horne einen weiteren Amerikaner, Thomas G. Shaughnessy, Sohn irischer Einwanderer, von seinem früheren Arbeitgeber ab. Die Shaughnessys waren praktisch mit nichts in der Hand in Amerika angekommen, da man ihnen auf der Überfahrt von Irland ihre gesamte Habe gestohlen hatte. Van Horne war beeindruckt davon, wie gut Shaughnessy Eisenwaren und Material bei der Chicago, Milwaukee, and St. Paul Railway verwaltet hatte. Er lud ihn zum Lunch ein und rekrutierte ihn bei einem Krug Milwaukee-Bier. Shaughnessy reizte die Herausforderung, an dem größten je in Angriff genommenen Eisenbahnprojekt mitzuarbeiten, und akzeptierte das Angebot, als Chefeinkäufer für die CPR tätig zu sein.

Der Gleisbau ging bis zum Januar 1885 zügig voran. Dann zwangen finanzielle Engpässe und Streiks der Streckenarbeiter die große Eisenbahngesellschaft in die Knie. Der Zusammenbruch der CPR stand unmittelbar bevor. Die Gründungsmitglieder Stephen und Smith bürgten mit ihrem Privatvermögen für ausstehende Löhne und fällige Kredite. In letzter Stunde beschaffte Premierminister Macdonald der CPR einen staatlichen Überbrückungskredit, der zur Auszahlung der Löhne verwendet wurde. Die Arbeit wurde umgehend wieder aufgenommen. Das pazifische Ende der Strecke, von Port Moody ostwärts, das zu den insgesamt 700 Meilen der Staats-Abschnitte gehörte, wurde Ende September 1885 bis zum Eagle Pass fertiggestellt. Vom anderen Ende der Strecke aus, also von Ontario westwärts, erreichte man den Eagle Pass fünf Wochen später.

Dieser Paß lag auf einer südlichen Route durch das berüchtigte und einst für unüberwindbar gehaltene Hochland von British Columbia. In der Nähe der kleinen Ortschaft Craigellachie wurde am 7. November 1885 der letzte Schienennagel eingeschlagen und damit die Fertigstellung der transkanadischen Eisenbahn öffentlich begangen.

Um angemessen an diesen Tag zu erinnern, ließ der damalige Generalgouverneur von Kanada, Lord Lansdowne, einen silbernen Schienennagel für die Zeremonie anfertigen. William Van Horne erhob starke Einwände gegen die Verwendung eines solchen glitzernden Nagels, da er ihm Unglück zu verheißen schien und geschäftlichen Erfolg vorgaukelte, den die CPR noch gar nicht vorweisen konnte. Statt dessen plädierte er dafür, einen normalen Streckenarbeiter einen ganz gewöhnlichen Schienennagel, wie sie schon zu Tausenden vorher verwendet worden waren, einschlagen zu lassen. Auch hielt er jeden, der nicht bei der Eisenbahngesellschaft angestellt war, davon ab, an der Zeremonie teilzunehmen. Van Horne war offensichtlich nicht nach Feiern zumute. Unter den anwesenden »Angestellten« war aber Donald Smith, einer der vier Gründungsmitglieder der Canadian Pacific, der gewillt war, sich aktiv an den Festlichkeiten zu beteiligen. Als ranghöchster Vertreter der CPR vor Ort beschloß er, den letzten Nagel eigenhändig einzuschlagen. William Van Hornes Wunsch entsprechend, erklärte sich der 65jährige Smith bereit, einen ganz gewöhnlichen Nagel zu versenken.

Der versammelten Menge stockte der Atem, als Smith mit dem Vorschlaghammer ausholte. Zur allgemeinen Bestürzung traf er den Nagel nicht richtig, sondern schlug ihn krumm. Ein reaktionsschneller Vorarbeiter namens Brothers zog den verunstalteten Nagel heraus und bewahrte dadurch Smith vor weiteren Peinlichkeiten. Brothers warf das krumme Ding beiseite; kurz darauf wurde dann Arthur

Arthur Piers, der für die Dampfschiffsflotte verantwortliche Direktor der CPR.
(Archiv der Canadian Pacific)

Piers, der Assistent Van Hornes, darauf aufmerksam und hob ihn auf (im Lauf seiner Karriere stieg Piers später übrigens bis zum Direktor der CPR-Dampfschiffsflotte auf).

Beim zweiten Versuch trieb Smith unter den Augen der sehr erleichterten Festgesellschaft den Nagel mit einer Reihe leichterer Schläge Stück für Stück ins Holz. Damit war der erste Streckenabschnitt des größten Transportsystems der Welt offiziell fertiggestellt. Die versammelte Menge brach in Hochrufe aus. Die Geschichte des letzten Nagels ist damit jedoch noch nicht zu Ende. Was danach geschah, ist insbesondere für Souvenirjäger und Sammler amüsant.

Arthur Piers hatte den verbogenen Nagel heimlich aufgehoben. Als die CPR-Manager nach dem Ende der öffentlichen Feierlichkeiten in ihren Waggon stiegen, bemerkte Smith eine größere Wölbung in Piers' Manteltasche. Obwohl wir nicht wissen, was genau gesagt wurde, kam es doch so, daß Smith – wie das eben nur ein Chef mit einem Untergebenen tun kann – Piers den Nagel abnahm. Vielleicht war es ja eine so schroffe Bemerkung wie »Her damit, Bürschchen«, denn Smith wollte auf jeden Fall den verbogenen Nagel an sich bringen, der ihn so in Verlegenheit gebracht hatte.

Und tatsächlich ließ er ihn auch verschwinden. Er wurde zu vielen kleinen Plättchen verarbeitet, auf die Diamanten gesetzt wurden. Daraus ließ man Broschen und andere Präsente für die Frauen der CPR-Honoratioren anfertigen. Diese historischen Geschenke fanden so großen Anklang, daß Smith schnell mit leeren Händen dastand. Um niemanden zu kränken, ließ er einen zweiten Schienennagel zerteilen und entsprechend dem ersten verarbeiten. Die damit beehrten Damen waren aber nicht zufrieden, denn der zweite Satz von Erinnerungsstücken war von den aus dem ursprünglichen, verbogenen Nagel hergestellten deutlich zu unterscheiden. Durch die Klagen ernüchtert, beschloß Smith, keinen weiteren Gedenkschmuck mehr anfertigen zu lassen, und fand sich damit ab, daß einige der Damen nie mit etwas anderem zufrieden wären als mit einer Brosche aus dem einzig echten Material – einem krummgeschlagenen Schienennagel.

Brothers befürchtete, daß Souvenirjäger auf der Suche nach dem letzten, von Smith eingeschlagenen Nagel die Gleise beschädigen könnten, und beschloß, diesen Nagel durch einen anderen ersetzen zu lassen. Jener herausgenommene Nagel wurde dann Sir Edward W. Beatty überreicht, der 1918 Präsident der CPR wurde. Der Nagel wurde später von seinem Schreibtisch gestohlen. Der nie verwendete Silbernagel blieb im Besitz von William Cornelius Van Horne.

Erst am 28. Juni 1886 wurde der reguläre transkontinentale Passagierverkehr aufgenommen. Der erste durchgehende Zug verließ die Dalhouise Station in Montreal um 20.00 Uhr. Das Ereignis wurde mit großem Aufwand gefeiert, unter anderem mit einem Salut aus fünfzehn Kanonen. Die Reise westwärts nach Port Moody dauerte etwas über fünf Tage.

Nie verlor George Stephen die Tatsache aus den Augen, daß er Schiffe brauchen würde, sobald die beiden Ozeane durch einen Schienenstrang miteinander verbunden waren. Schon im Oktober 1884 reisten er und Sir John A. Macdonald nach England, um Verhandlungen über eine Subventionierung durch den Pazifischen Postdienst zu führen. Stephen wußte, daß der Erfolg der Eisenbahn von Schiffen abhängig war, die nicht nur Frachtgüter transportierten, sondern auch Einwanderer ins Land holten, um Kanadas Wirtschaft aufzubauen. Der erste Schritt zum Erwerb dieser Schiffe war ein Vertrag für die Beförderung der Post. Der in Montreal erscheinenden Zeitung *Daily Star* sagte Stephen:

> *Ich hoffe, daß es mir bei meiner Rückkehr gelungen sein wird, eine Schiffahrtslinie zu gründen, die, in Verbindung mit der Canadian Pacific, zwischen Port Moody, Japan und China verkehrt. Diese Schiffe werden für die Reise drei Tage weniger benötigen als jene, die zwischen Yokohama und San Francisco verkehren, und sie werden größer und schöner sein.*

Obgleich es Stephen nicht gelang, die finanzielle Unterstützung für den Pazifischen Postdienst zu erhalten, war das Jahr 1884 doch aus einem anderen Grund für die Canadian Pacific bemerkenswert. Denn die CPR bestellte in diesem Jahr ihre ersten neuen Schiffe, die *Alberta,* die *Athabaska* und die *Algoma,* kleine Dampfer von jeweils rund 3 000 BRT. Da die Eisenbahnroute an der Nordseite des Lake Superior verlief, waren diese Schiffe geradezu ideal, um Passagiere und Material weiterzubefördern. Die *Alberta* und *Athabaska* versahen jahrzehntelang ihren Dienst, die *Algoma* hingegen ging gerade einmal ein Jahr später in einem heftigen Sturm auf dem Lake Superior unter und von den insgesamt 63 Menschen an Bord kamen 48 bei diesem tragischen Unglück ums Leben.

Durch den Verlust der *Algoma* und die nicht gewährte Subvention keineswegs entmutigt, stürzte sich George Stephen in die Arbeit, um den Traum einer Verbindung zwischen den Meeren Wirklichkeit werden zu lassen. Im Jahr 1886 pachtete die CPR ihr erstes Schiff, um mit Hilfe der transkanadischen Eisenbahn den Handel auf dem Pazifischen Ozean direkt mit Nordamerika zu verknüpfen. Bei diesem Frachtschiff handelte es sich um die *W. B. Flint,* eine hölzerne Bark von 800 BRT, die Yokohama am 19. Juni desselben Jahres mit 17 430 Kisten Tee verließ und am 27. Juli in Port Moody einlief. Diese später als »Tea run« bekannt gewordene Fahrt führte deutlich vor Augen, welche Gewinne der Teehandel versprach. Um mehr Tee und andere Güter aus Fernost heranzuschaffen, wurde nun eine größere Zahl von Schiffen benötigt. Die CPR charterte insgesamt sechs Segelschiffe, um Fracht aus Ostasien nach Port Moody zu befördern. In den folgenden fünf Monaten, also bis Ende 1886, wurden in diesem Hafen insgesamt fast vier Millionen Kilogramm Tee gelöscht.

Im darauffolgenden Jahr war die CPR bereit, auf der Pazifikroute die Umstellung auf Dampfschiffe zu wagen. Wegen seiner ungünstigen Tiden und des umständlichen Warenumschlags besaß Port Moody einfach zu viele Nachteile, um auch in Zukunft für den kommerziellen Dampfschiffsverkehr interessant zu sein. Glücklicherweise sprang der Bundesstaat British Columbia der CPR mit einer Landzuteilung von neun Quadratmeilen bei, was den Bau des Hafens von Vancouver erst möglich machte. Landspekulanten aus Port Moody versuchten zwar die Weiterführung der transkontinentalen Strecke zu verhindern, doch wurde diese schließlich bis nach Coal Harbour, Vancouver, verlängert. Dort ließ die CPR einen 1 000 Fuß langen Kai bauen. Dieser neue Kai diente als Anleger für drei Dampfschiffe mit eisernem Rumpf, die alle innerhalb eines Jahres nach der Fahrt der *W. B. Flint* auf der »Teeroute« eingesetzt wurden. Es handelte sich dabei um die *Parthia* und die *Abyssinia,* beide jeweils 3 600 BRT und vormals im Besitz der Cunard Line, sowie um die von W. G. Pearce aus Glasgow gecharterte *Batavia* von 2 600 BRT. Obschon alle drei überholt worden waren, zeigte sich, daß keines der drei Schiffe, die 1870 gebaut worden waren, mehr zu den modernsten gehörte. Als Dampf-Segelschiffe konzipiert, leisteten sie hervorragende Dienste und schleppten Fracht, die ihr Eigengewicht um ein Vielfaches übertraf. Damit konnte die Route nach Fernost ohne größere Probleme aufrechterhalten werden, bis sich die CPR endlich die Subvention der Königlichen Post sichern konnte.

Diese Subvention wurde am 15. Juli des Jahres 1889 gewährt. An diesem Tag schloß die CPR einen 10-Jahres-Vertrag, der die Übernahme des Pazifischen Postdienstes von Halifax per Bahn nach Vancouver und von dort weiter mit dem Schiff nach Yokohama, Shanghai und schließlich nach Hongkong regelte. Der britische Postminister hatte hart verhandelt, und das Ergebnis war für die Königliche Post außerordentlich vorteilhaft. So mußte laut Vertrag ein Poststück innerhalb von 684 Stunden von Halifax nach Hongkong befördert werden. Das entsprach umgerechnet 28,5 Tagen oder einer Auslieferung pro Monat. Die gesamte jährliche Subvention, von der Kanada 25 Prozent übernehmen sollte, betrug 60 000 Pfund Sterling. Hohe Konventionalstrafen wurden für Verspätungen bei Abfahrt und Ankunft festgelegt. Es bestanden aber noch weitere Auflagen. So mußten die Postschiffe der CPR eine Probefahrtsgeschwindigkeit von 17,5 Knoten erzielen, sich zu Hilfskreuzern umrüsten lassen und überdies allen Spezifikationen der Admiralität entsprechen.

Die CPR war über diesen Geschäftserfolg sehr froh, denn damit war die Gesellschaft mit einem Schlag im Dampfschiffsgeschäft. Klugerweise erteilte sie der Marinewerft im englischen Barrow-in-Furness einen Auftrag für drei neue Schiffe, um sicherzustellen, daß die neuen Schiffe auch den Anforderungen der britischen Admiralität entsprachen. Thomas Shaughnessy wurde nach England geschickt, um die Einzelheiten zu regeln. Nun denkt man bei einer Marinewerft gewöhnlich an Schiffe, die weniger ästhetisch sind, aber für die Schiffe aus der Werft in Barrow

Mit Recht war die Canadian Pacific Railway auf die zahlreichen Neuerungen stolz, die ihre neuen Atlantikliner aufwiesen. In ihren Werbebroschüren betonte die Gesellschaft, daß die Schiffe »alles, was bisher auf Reisen nach Kanada möglich war, übertreffen. Es sind alle Arten von Kabinen vorhanden, einige von ihnen sind durch Türen verbunden sowie mit Bädern ausgestattet. Um sich einen wahren Begriff von den Kabinen sowie von den prachtvoll ausgestatteten Gesellschaftsräumen zu machen, muß man alle gängigen Vorstellungen derartiger Unterkünfte aus seinen Gedanken verbannen.« Zu den Ausstattungsmerkmalen, mit denen Passagiere angelockt werden sollten, gehörten unter anderem:

GROSSE DOPPELSCHRAUBEN-DAMPFSCHIFFE
SCHLINGERKIELE, DIE DAS ROLLEN DÄMPFEN
GROSSE KABINEN
CAFÉ
EXQUISITE VERPFLEGUNG
KINDERTAGESSTÄTTEN
CRICKETFELD
CPR-FAHRSCHEINBÜRO AN BORD

Außerdem konnte man sich mit Hilfe einer Kurzbeschreibung über das von der Thermo-Tank-Ventilating Company in Glasgow hergestellte Frischluftsystem informieren:

VENTILATION UND HEIZUNG NACH DEM THERMO-SYSTEM, WELCHES ALLE ZEHN MINUTEN EINEN KOMPLETTEN LUFTAUSTAUSCH (JE NACH WUNSCH WARM- ODER KALTLUFT) IN JEDEM RAUM ERMÖGLICHT: DA KEINE DAMPFROHRE VERWENDET WERDEN, ENTSTEHT KEIN SCHLECHTER GERUCH; WODURCH AUCH DIE NEIGUNG ZUR SEEKRANKHEIT VERRINGERT WIRD

Bei kaltem Wetter wird Dampf unter vermindertem Druck in die Heizrohre geleitet, welche in jeden Tank eingebaut sind. Elektrische Gebläse drücken Außenluft durch die Tanks und leiten die angewärmte Luft durch in Deckenhöhe angebrachte Lüftungsöffnungen in jede Kabine. Die Luft wird durch ein Nadelventil befeuchtet, welches seinerseits einen feinen Dampfnebel versprüht. Absaugöffnungen auf Decksebene entfernen die verbrauchte Luft aus den Gängen und schließen damit den Lüftungskreislauf. Bei warmem Wetter funktioniert das System in umgekehrter Weise, und die Heizröhren werden abgeschaltet. Die warme, verbrauchte Luft wird dann durch die unterhalb der Decke angebrachten Lüftungsöffnungen abgesaugt.

Beide *Empresses* verfügten über eine Kühlanlage der Firma J. & E. Hall aus Dartford, England. Drei ihrer patentierten Kohlendioxid-Maschinen wurden dazu eingesetzt, 29 700 Kubikfuß Laderaum auf einer Temperatur zu halten, die für den Transport von Milchprodukten geeignet war. Eine vierte Maschine hielt den Proviant kühl und diente außerdem als Eismaschine.

Auf keinem der beiden Schiffe gab es Personenaufzüge, dafür allerdings zwei Lastenaufzüge für den Proviant. Mit Hilfe des einen Aufzugs konnte gekühlter Proviant zu den Küchen auf dem Schutzdeck geholt werden; der andere verband das Schutzdeck mit den Promenadendecks.

Die Schiffstaufe der *Empress of Ireland* fand am 27. Januar 1906 auf dem Clyde statt. In diesem Monat wurde der Gesellschaft auch der Zweijahresvertrag der Königlichen Post zugesprochen. Die Subvention für die Atlantikroute wurde zwischen der Allan Line und der CPR geteilt. Die *Empress of Ireland,* nunmehr Königliches Postdampfschiff, wurde von Mrs. Alexander Gracie, der Frau des leitenden Direktors der Fairfield-Werft, getauft. Viele aus der riesigen jubelnden Menge dachten dabei sicher drei Monate zurück, als die *Empress of Britain* die Ablaufbahn hinabgeglitten war. Auf der mit Girlanden geschmückten Stapellauf-Plattform drängten sich über 90 Honoratioren, Repräsentanten der Werft und der Canadian Pacific Railway. Auffallend war die Abwesenheit der obersten Führungsspitze der Werft wie auch des Käufers. Sir William G. Pearce, der Präsident der Fairfield-Werft, und Sir Thomas Shaughnessy wurden von Untergebenen nach flüchtigen Entschuldigungen ihrer Abwesenheit gebührend gewürdigt.

Warnsignale ertönten, um den Clyde freizumachen. Die *Empress of Ireland* legte beim Stapellauf eine Strecke von 928,5 Fuß zurück. Um ihr mächtiges Fahrtmoment abzubremsen, verwendete man Schleifketten. Eine Kette nach der anderen erwachte rasselnd zum Leben und trug dazu bei, die Vorwärtsbewegung des Schiffes zu verlangsamen. Als die *Empress* das Wasser erreichte, begannen sich ihre Propeller leicht zu drehen. Fünf Schlepper lagen bereit, um sie zu den Ausrüstungsbecken zu bringen. Die Menge jubelte. Alle Schlepper und eine Flottille kleinerer Wasserfahrzeuge betätigten zum Gruß ihre Signalhörner.

Nach der Taufe fand ein Galadiner statt. Wie bei Stapelläufen üblich, gab es Gänselebermedaillons in Aspik, Hummersalat und getrüffelte Wachteln. Abwechselnd hoben die Vertreter von Fairfield und der Canadian Pacific ihre Champagnergläser und brachten Trinksprüche aufeinander aus. Admiral Sir Digby Morant, einer der Direktoren der Werft, wachte sorgsam über das Protokoll. Er leitete die Feierlichkeit mit folgendem Toast ein: »Erfolg für die *Empress of Ireland* und für die Canadian Pacific Railway Company.« Die CPR, fuhr er fort, habe ihre pazifische Flotte bis nach Fernost geschickt und großen wirtschaftlichen Erfolg erzielt. Er sagte voraus, daß das neue Unternehmen einer Schnelldampfschifflinie von Liverpool nach Kanada in Zukunft noch erfolgreicher sein werde. Sir Digby fügte, voraussehend wie er war, hinzu, die beiden

Reisende der ersten Klasse auf dem oberen Promenadendeck. Die Passagiere posierten für diese langzeitbelichtete Aufnahme anläßlich der Jungfernfahrt (ostgehend) der Empress of Ireland *am 12. Juli 1906. Dies ist die Originalabbildung; man erkennt eine verschwommene Gestalt an Backbordseite des unteren Promenadendecks. Diese Photographie wurde später von der CPR für Werbezwecke benutzt, die verschwommene Gestalt allerdings wegretouchiert.*

Derselbe Bereich, der die Nischen ohne Liegestühle zeigt. (Peabody Essex Museum, Salem, Massachusetts)

neuen *Empresses* reichten zu diesem Behufe allerdings bei weitem nicht aus. Nach Ansicht der Werftdirektion sollten weitere Schiffe in Auftrag gegeben werden, jedes moderner und luxuriöser als das vorhergehende.

Mr. Archer Baker, der ranghöchste Vertreter der CPR, nahm Sir Digbys freundlichen Scherz auf und skizzierte in der gebotenen Kürze den stetigen Aufstieg der Canadian Pacific. Die Flotte der CPR, begann er, sei inzwischen auf 54 Dampfer angewachsen, die auf dem Atlantik, auf dem Pazifik, auf Küsten- und auf Inlandgewässern verkehrten und täglich 3 000 Tonnen Kohle verbrachten. Alle Schiffe der CPR aneinandergereiht ergäben eine Flotte von 3,5 Meilen Länge. Auf den Lohnlisten der Gesellschaft stünden 35 000 Angestellte; dazu gehörten das Bordpersonal und die an Land beschäftigten Leute einschließlich der Pensionäre. Er stellte fest, daß man das ehrgeizige Ziel, eine »rein rote« Route nach Fernost aufzubauen, nunmehr erreicht habe (»rein rot« stand dabei für »rein britisch«, da es der allgemeinen Gewohnheit entsprach, alle zum britischen Weltreich gehörenden Länder auf den Landkarten rot einzuzeichnen). Der Einsatz der beiden *Empresses* auf der Atlantikroute komplettiere den Service der Canadian Pacific Railway, so daß ein Passagier unter der britischen Hausflagge mit der Canadian Pacific von England nach Hongkong reisen könne, immerhin eine Entfernung von 11 841 Meilen. Die Passagiere würden

den Vorteil genießen, in ein und demselben Zug von Küste zu Küste reisen zu können. Es war ein ganz erstaunliches Unternehmen, das Baker in seiner Rede pries, bis er schließlich mit einem Dank an Mrs. Gracie für die Taufe der *Empress of Ireland* endete. Zur Erinnerung an die Schiffstaufe überreichte man Mrs. Gracie ein silbernes Schmuckkästchen. Kapitän Mowatt, der technische Direktor der Niederlassung der CPR in Liverpool, brachte einen Toast auf die Fairfield-Werft aus, der mit lautem Beifall quittiert wurde.

Die See-Erprobungen der *Empress of Ireland* wurden am 5. und 7. Juni im Firth of Clyde durchgeführt. Obwohl als zweites der beiden Schwesterschiffe vom Stapel gelaufen, war sie schneller als die *Empress of Britain.* Bei aufeinanderfolgenden Versuchen am 5. Juni überschritt sie mehrmals die 20-Knoten-Grenze und erzielte bei einem Langzeitversuch am 7. Juni eine Dauergeschwindigkeit von 19,6 Knoten. Die *Empress of Britain* war bei den Probefahrten 0,3 Knoten langsamer gewesen.

Am 12. Juni 1906 bestellte die CPR Zusatzausrüstung im Wert von 4 611 Pfund Sterling. Diese sollte eingebaut werden, während das Schiff für die Jungfernreise von Liverpool aus klargemacht wurde. Die Liste dieser in letzter Minute vorgenommenen Änderungen und Einbauten umfaßte unter anderem die Reparatur und Erprobung der vier von der CPR bereitgestellten Berthon-Faltboote; eine Fernsteuerung über dem Ruderhaus; zusätzliche elektrische Leuchten, Schalter, Aufheizvorrichtungen für Brennscheren in der Kabine und Schlüsselhalter für Kabinen der ersten Klasse; zusätzliche hochklappbare weiße Waschbecken; Einsätze aus buntem Glas für Oberlichtfenster; eine Veränderung der Stuckarbeiten im Musikzimmer und den Einbau eines Billettkastens für das Schiffsbüro. Außerdem wurden im Speisesaal der ersten Klasse noch goldgelbe Seidenvorhänge aufgehängt.

Die Werft machte mit dem Bau der *Empress of Ireland* einen Reingewinn von etwas unter drei Prozent. Die Direktion betrachtete diese geringe Gewinnspanne als Verlustgeschäft. Als der Vertragspreis festgelegt worden war, hatte sie einen »Verlust« in dieser Höhe bereits eingeplant. Zum damaligen Zeitpunkt wollte Fairfield unbedingt diesen Auftrag und war an der weiteren Geschäftsverbindung mit einem guten Kunden interessiert. In einer internen, von Alexander Gracie unterzeichneten Mitteilung hieß es allerdings, daß ein solcher Fehler nicht wiederholt werden dürfe. In einem kurz nach Fertigstellung der *Empresses* geschlossenen Neubauvertrag wurde daher ein Überschuß von fünf Prozent festgeschrieben.

Die *Empress of Ireland* verließ Liverpool am 29. Juni 1906, einem Freitag, genau um halb sieben Uhr abends, um unter dem Kommando von Kapitän Frank Carey ihre Jungfernreise anzutreten. Sie lief durch die Irische See nach Moville in Irland, wo sie bis zum folgenden Tag blieb. Nachdem sie Moville am 30. Juni um 13 Uhr 30 verlassen hatte, legte die *Empress of Ireland* auf dem Weg nach Quebec 2 623 Seemeilen zurück. Schweres Wetter am 4. und 5. Juli verhinderte, daß sie bereits auf ihrer Jungfernfahrt einen Rekord aufstellte.

Die Jungfernreise wurde nach dem Fahrplan für die Sommer- und Übergangszeit durchgeführt, in der der Sankt-Lorenz-Strom bis nach Quebec befahrbar war. Schiffbar war er von Mai bis November, denn in den Wintermonaten war der Passagierverkehr aufgrund des Eises nicht möglich. Im Winter ließ die Canadian Pacific ihre Fahrgäste in St. John, New Brunswick, an Land gehen

Sobald das Schiff Father Point erreicht hatte, kamen Zollbeamte und Beamte der Einwanderungsbehörde an Bord und begannen mit ihren Untersuchungen. Das gab ihnen einen Vorsprung von sechs Stunden – von denen allerdings die Zeit für die ihnen zustehenden freien Mahlzeiten abzuziehen ist –, bis das Schiff in Quebec einlief und ihre Dienstpflichten auch offiziell begannen. In der Wintersaison kamen die Zollinspektoren in Halifax, Nova Scotia, an Bord und fuhren bis nach St. John mit. Die Zollinspektoren waren derart beeindruckt von der *Empress of Ireland,* daß sie die Kontrolle des Gepäcks immer erst lange nach dem Anlegen beendeten. Der Zoll schob diese Verzögerung allerdings auf die Tatsache, daß die Gepäckstücke der ersten und zweiten Klasse nicht voneinander getrennt worden seien.

Am Sonnabend, den 7. Juli, kam die *Empress* kurz nach fünf Uhr morgens in Quebec an. Selbst das hielt Hunderte von Schaulustigen nicht davon ab, das neue Schiff mit

treibendes Wrack gerammt haben müsse. Als weitere Möglichkeit wurde vermutet, daß es sich eventuell auch um einen nicht auf den Karten verzeichneten Felsen unter Wasser gehandelt haben könnte. Eine nachlässige Schiffsführung seitens Kapitän Forsters und seiner Offiziere wurde dagegen als mögliche Ursache ausgeschlossen. Interessant in diesem Zusammenhang war jedoch eine Diskussion über die Steuereigenschaften der *Empress of Ireland.* Zeugen für die CPR sagten aus, die Berichte, daß sich das Schiff schlecht steuern ließe, entsprächen nicht der Wahrheit. Ein Zeuge, dessen Aussage von der Untersuchungskommission aber mit Vorsicht aufgenommen wurde, wollte in Erfahrung gebracht haben, daß der erste Kapitän der *Empress,* Kapitän Carey, sein Kommando angeblich aufgegeben habe, weil das Schiff nicht zuverlässig auf das Ruder reagierte. Vielleicht war doch ein Körnchen Wahrheit daran. Denn die CPR hatte bereits während des ersten Dienstjahres das Ruder der *Empress of Ireland* vergrößern lassen. Die Gesellschaft sagte dazu nur, daß dies ihre Steuereigenschaften verbessern würde, auch wenn das ursprüngliche Ruder durchaus zufriedenstellend gearbeitet habe. Schon am 18. September 1906, weniger als drei Monate nach ihrer Jungfernfahrt, begann man mit den ersten technischen Zeichnungen für ein vergrößertes Ruder.

Am 27. Oktober 1909, nur einen Tag nach Beginn der offiziellen Untersuchung, machte sich die *Empress* nun ohne Passagiere auf die Heimreise. Nach der Ankunft in Liverpool kam sie zur Instandsetzung ins Trockendock. Thomas Miller vom Handelsministerium fand Beweise »gewaltsamer«, in unregelmäßigen Abständen vorhandener Beschädigungen der Bodengänge, Spanten und Bodenwrangen. Die achtere Hälfte des Kiels wies der Länge nach Kratzer auf, und die zwei Flügelspitzen des Backbord-Propellers waren beschädigt.

In Quebec berief Kapitän Demers am 18. Dezember 1909 die Untersuchungskommission ein weiteres Mal ein. Die Art der äußeren Schäden, die im Trockendock sichtbar geworden waren, sprach eindeutig gegen die These, daß die *Empress* auf eine nicht verzeichnete Klippe aufgelaufen sei. Zeugen erinnerten sich, daß nach dem Aufprall Holzsplitter backbord an der Wasseroberfläche zu sehen gewesen waren. Das wurde durch die Entdeckung eines kleinen Holzstückchens in einer der Stoßlaschen an Backbordseite bestätigt. Die Experten kamen zu dem Schluß, daß die *Empress* einen voll Wasser geschlagenen starren Schiffsrumpf, möglicherweise aus Eisen, gerammt habe, und teilten mit, daß das Unglück durch den »unter Wasser treibenden Rumpf eines aufgegebenen Schiffes« verursacht worden sei.

2

Der Fluch des Dr. Crippen

Die dramatischen Ereignisse des Jahres 1910, die durch das Verbrechen des Dr. Hawley Harvey Crippen ausgelöst wurden, sind – wenn auch nur am Rande, so doch untrennbar – mit der Geschichte der *Empress of Ireland* verbunden. Einige halten diesen Bericht über ein wahres Verbrechen für eine faszinierende kleine Marginalie in der Geschichte maritimer Katastrophen. Andere dagegen verweisen auf die schicksalshafte Verknüpfung von Ursache und Wirkung und bestehen darauf, daß die *Empress of Ireland* durch den Fluch des Dr. Crippen zum Untergang bestimmt war. Hier also die außergewöhnliche Geschichte eines Verbrechens, das wenige Jahre vor dem Ersten Weltkrieg die Welt elektrisierte und die Menschen auf beiden Seiten des Atlantiks in seinen Bann zog.

Hawley Harvey Crippen kam am 13. März 1862 in Coldwater im US-Bundesstaat Michigan zur Welt. Seine Eltern waren fleißig und religiös, und seine Kindheits- und Jugendjahre waren in keiner Hinsicht außergewöhnlich. Man kann allerdings feststellen, daß die Atmosphäre seines Elternhauses sich auf seinen Charakter auswirkte: Er war ruhig und ging jedem Konflikt aus dem Weg. Er besuchte das Hospital College in Cleveland, Ohio, und schloß seine Ausbildung 1883 mit einem Diplom in Homöopathie ab. Seine medizinischen Studien ergänzte er durch Aufenthalte in London und New York. Crippen interessierte sich für Zahnmedizin und stellte sich als Augenarzt sowie als Hals-, Nasen- und Ohrenarzt vor. Obwohl er nicht promoviert hatte, setzte er stets einen Doktortitel vor seinen Namen.

Crippen war gerade einmal fünf Fuß und drei Zoll groß. Er hatte dünnes, rotblondes Haar und eine fliehende Stirn, die sich über der Augenpartie leicht vorwölbte. Seine Nase war unglücklicherweise flach und breit, und mit seiner stets rutschenden Brille mit Goldrand führte er sein ganzes Leben einen recht einseitigen Kampf. Er trug einen dichten Schnauzbart, wie er um die Jahrhundertwende im spätviktorianischen England Mode war. In seinem äußeren Erscheinungsbild wirkte dieser Mann ganz und gar nicht bedrohlich. Zudem hatte er sich angewöhnt, leicht gebeugt zu gehen und seinen Kopf nach vorn geneigt zu halten, was ihn zusätzlich kleiner machte und seine unübersehbare Harmlosigkeit unterstrich, ja ihn geradezu lammfromm erscheinen ließ.

Doch in intellektueller Hinsicht war Dr. Crippen das genaue Gegenteil davon. Er war hochintelligent, außerordentlich redegewandt und sprach Französisch und auch etwas Deutsch. Entwaffnend in seiner Art, wirkte er stets ruhig und gefaßt und war von nichts und niemandem zu erschüttern. Seine tadellose Kleidung entsprach seinem gesellschaftlichen Stand, nur ganz selten sah man ihn ohne Anzug, Gehrock oder Zylinder.

1887 verheiratete er sich mit Charlotte Bell, der Tochter eines Klempners, der aus Irland stammte. Sie bekamen einen Sohn, den sie Otto nannten. Vier Jahre nach der Hochzeit erlag Charlotte einer Gehirnblutung, und Crippen gab seinen Sohn bei Verwandten in Michigan zur Pflege. Über diese erste eheliche Verbindung ist nur wenig bekannt, doch kann man mit Recht die Vermutung anstellen, daß er nach etwas anderem, nach etwas Größerem strebte.

Und das bekam er auch. Zwei Jahre nach dem Tod seiner Frau lernte er Cora Turner kennen, eine Dirne von geradezu Rubensschen Proportionen, und verliebte sich in sie. Durch die dicken Linsen seiner Brille sahen Crippens wäßrige Augen an Cora Turner alles, was ihm an körperlichen und gesellschaftlichen Vorzügen abging. Sie war gesellig und ausgesprochen extravagant. In Gesellschaft vermochte sie alle Blicke auf sich zu ziehen, denn von ihrer mit üppigen Reizen ausgestatteten Erscheinung ging eine starke ero-

Dr. Hawley Harvey »Peter« Crippen. (New Scotland Yard)

Junge Frauen waren Crippens Schwäche. Als Gegenmittel für Einsamkeit und das Zerwürfnis in seiner Ehe hatte er sich das gewissermaßen als Therapie selber verordnet. So auch in diesem Fall. Denn als er Ethel Le Neve das erstemal bei Drouet traf, war sie gerade einmal neunzehn Jahre alt und für ihr Alter recht lebenslustig.

Einige Monate lang machte Crippen ihr den Hof und bedrängte sie, bis sie sich ihm schließlich in einem Hotelzimmer in der Nähe von King's Cross hingab Natürlich hatten sie sich unter falschen Namen ins Gästebuch eingetragen. Mehrere Jahre lang trafen sie sich regelmäßig, selbst nachdem Belle von ihrer Liaison erfahren hatte.

Ethel Le Neve war das genaue Gegenteil von Belle; sie war damenhaft, bescheiden, hatte sich stets unter Kontrolle, nahm Rücksicht auf andere und besaß überdies ein gewinnendes Wesen. Schon bald war sie Trost und Stütze für Crippen, der von den täglichen Quengeleien seiner aufgedonnerten, immer aufgedunsenen Frau zusehends entnervt wurde. Seine neue junge Geliebte war fast genauso groß und auch ebenso fragil wie Crippen selber. Er liebte ihr lockeres, hellbraunes Haar, das sie à la »Gibson Girl« trug. An ihr sah diese Frisur so aus, als zucke sie wie ein unschuldiges Kind ständig mit den Schultern. Zudem war sie gut gekleidet, redegewandt und eine mehr als passende Begleitung für Crippen. Zu Anfang seiner Beziehung zu Belle alias Cora hatte diese ihn durch ihre berauschende Laszivität in Bann geschlagen, aber jetzt war er von der zurückhaltenden Ethel mit ihren großen, blaugrauen Augen fasziniert. Diese Augen hatten etwas Gewinnendes, ja Hypnotisches, worüber Ethel sich sehr wohl bewußt war und dies auch einzusetzen verstand. Sie betörte Peter Crippen, was im Grunde recht unnötig war, denn vom ersten Moment an empfand er tiefe Gefühle für sie. Er war entschlossen, mit ihr sein ganzes Leben zusammenzubleiben, ganz gleich, welche Drohungen die vor Wut schäumende Belle ausstieß.

Und Belle bedrohte Crippen tatsächlich. So verlangte sie von ihm, seine Geliebte nicht mehr zu sehen, andernfalls würde sie ihre Beziehung zu Bruce Miller auf der Stelle wiederaufleben lassen. Darüber konnte Crippen aber nur müde lächeln. Diese Affäre seiner Frau war ihm inzwischen vollkommen gleichgültig, gleiches galt übrigens auch für Bruce Miller selber, der in der Zwischenzeit in die Vereinigten Staaten zurückgekehrt war und in Chicago geheiratet hatte. Miller hatte keine Ahnung, daß er dazu benutzt wurde, Eifersucht zu säen. Verzweifelt warf sich die eitle Belle wahllos anderen Männern an den Hals, um dadurch ihr schwindendes Selbstbewußtsein aufrechtzuerhalten. Denn mit ihrem Alter und den damit einhergehenden negativen Folgen – sie litt an Zellulitis und wurde immer dicker – konnte sie sich nicht abfinden. Ihr unglückliches Privatleben und eine früh wegen Mißerfolgs abgebrochene Karriere forderten nun ihren Tribut. Sie sah verbraucht aus und wirkte viel älter als 36 Jahre. Da für Eitelkeit kein Anlaß mehr bestand, flüchtete sie sich in den Alkohol.

Gewöhnlich war Crippens Brieftasche so leer wie die vielen Branntweinflaschen, die sich im Haus in der Hilldrop Crescent Road ansammelten. Die Finanzen des Haushalts erreichten den kritischen Punkt, als Crippen von seiner Firma entlassen wurde. Inoffiziell teilte man ihm mit, man habe auf seine Dienste als Vertreter für den Bereich London verzichten müssen, weil das skandalöse Verhalten seiner Frau dem Renommee der Firma schade. Über den wahren Skandal, jedenfalls für die spätviktorianischen Moralvorstellungen, war man zu diesem Zeitpunkt noch gar nicht im Bilde, nämlich über sein Verhältnis mit einer Angestellten. Crippen konnte einfach nicht fassen, vom Leben derart ungerecht behandelt zu werden. Und daß sein Arbeitgeber, ein Betrieb, der mit Pseudoarzneien Geschäfte machte, ihm aus moralischen Gründen kündigte, erschien ihm überdies als besonders bösartig-ironische Volte des Schicksals. Um den finanziellen Engpaß, der sich auftat, zu überbrücken, gaben sie auf Belles Drängen hin eine Anzeige im *Daily Telegraph* auf. In diesem Inserat boten sie ihre halbe Wohnung zur Untermiete an. Interessierten Mietern wurde eine angenehme Umgebung in günstiger Lage zum Stadtzentrum offeriert. Die Crippens zogen sich mitsamt Belles verwöhnten reinrassigen Hauskatzen in das Erdgeschoß zurück. Vier Mieter zogen bei den Crippens ein, allerdings nicht für lange Zeit. Ganz offensichtlich kümmerte sich Belle überhaupt nicht um frische Bettwäsche für die Logiergäste. Genauer gesagt, sie hatte eine Aversion gegen jegliche Art von Hausarbeit und weigerte sich strikt, die Wäsche der Mieter auch nur anzufassen. Doktor Crippen dagegen mußte kochen, saubermachen und Kohlen schleppen. Diese Arbeiten kamen noch zu seinen ohnehin schon reichlich vorhandenen täglichen Pflichten hinzu, die vor allem die Pflege, Fütterung und sanitäre Betreuung der beiden Katzen von Belle umfaßten. Ein Gästehaus, in dem die Hausfrau keinen Finger rührte, war eine zu große Belastung für einen Mann.

Belle sah sich vornehmlich in der Rolle einer Hauswirtin und Gesellschafterin, die für die Unterhaltung und Bequemlichkeit der Mieter verantwortlich war. Einige Gäste kamen in den Genuß von Musikdarbietungen, bei denen sich Belle selber am Pianoforte begleitete. Das Repertoire beschränkte sich allerdings auf zwei Stücke, was wegen Belles berüchtigter Gesangskünste wohl mehr als genug war. Andere Gäste des Hauses Crippen, so beispielsweise der Student Richard Ehrlich aus Heidelberg, wurden auf andere Weise in Belles Boudoir verwöhnt. Crippen erwischte die beiden in flagranti im Bett, als er einmal mitten am Tag unangekündigt nach Hause kam, um Gesundheitsfragebogen zu holen, die er morgens liegengelassen hatte. Er sagte nichts und zog sich wortlos zurück. Die Untervermietung wurde aber kurz darauf eingestellt. Crippen bezog ein kleines Einkommen aus seinem Anteil an einer kleinen Zahnarztpraxis und durch den Verkauf diverser Heilmittel. Trotzdem waren die finanziellen Belastungen für Wohnung, Geschäft, Frau und Geliebte kaum mehr tragbar.

Belle war sich der schwindenden Mittel und der Untreue ihres Mannes schmerzhaft bewußt. Diese Belastungen zu ertragen, gelang ihr nur dank ihrer Freundinnen in der Vereinigung der Varietékünstlerinnen. Doch zu Beginn des Jahres 1909 beschleunigte ein unerwartetes Ereignis den Lauf der Dinge. Ethel Le Neve war schwanger. Dies teilte sie sofort ihrer Wirtin und Vertrauten, Emily Jackson, und selbstredend auch Peter mit. Da es in ihrem Leben keine anderen Männer gab, bestand an seiner Vaterschaft nicht der geringste Zweifel. Belle, die bekanntlich keine Kinder bekommen konnte, raste vor Eifersucht. Nach außen hin immer Schicklichkeit betonend, hielt sie ihm blind vor Wut vor, sie in eine derart peinliche Situation gebracht zu haben. Ethel Le Neve hingegen war grenzenlos glücklich, denn sie glaubte, daß Belle nun Peter freigeben müsse. Nur wenige Monate später mußte Emily Jackson eine unglückliche Ethel trösten – Ethel hatte eine Fehlgeburt gehabt.

Belle war natürlich darüber erleichtert, wollte aber die Angelegenheit nicht einfach auf sich beruhen lassen. Sie betrachtete diesen Moment als ihre beste und vielleicht auch einzige Gelegenheit, Ethel ein für allemal loszuwerden. Unter ihren Bekannten streute sie das Gerücht, daß Ethel die Fehlgeburt nicht weiter berührt habe, denn bei ihren vielen Verehrern hätte sie ohnehin nicht gewußt, wer der Vater gewesen sei. Zugleich plazierte sie das Gerücht, daß die Nachricht von der Fehlgeburt eine Falschmeldung gewesen sei, denn in Wirklichkeit habe die Le Neve das Kind abgetrieben.

Man kann sich lebhaft vorstellen, wie schwierig es für Crippen gewesen sein muß, nach einem harten Arbeitstag nach Hause zurückzukehren: Eine geifernde Frau stolperte ihm entgegen, schlampig gekleidet, das Haar wirr und schlecht gebleicht, so daß die von Natur aus dunkle Haarfarbe an den Wurzeln zu sehen war, und das Make-up verschmiert und zerlaufen. Belle hatte den ganzen Tag Zeit, die an ihr nagende Unzufriedenheit anzusammeln, und überzog nun, da der Alkohol ihre letzten Hemmungen weggeschwemmt hatte, ihren Mann mit Hohn und Spott und unterstrich das Ganze theatralisch mit lächerlichen weitausholenden Bewegungen. Crippen tat ihr nicht den Gefallen, einen Streit vom Zaun zu brechen. Voller Scham schluckte er sein Elend still hinunter.

Was nun den äußeren Schein betraf, so wissen wir, daß Belle und Peter Crippen nach außen hin die Vorstellung eines sich gegenseitig respektierenden Paares aufrechterhielten. Schon eine Andeutung, daß ihre Ehe rettungslos zerrüttet wäre, hätte die Beweisführung von Untreue nach sich gezogen. Beide Seiten verstanden es aber viele Jahre lang, dies mit großer Diskretion vor fremden Augen verborgen zu halten. Bekannte von der Bühne oder aus der Vereinigung der Varietékünstlerinnen waren regelmäßig bei den Crippens zu Gast, ohne daß ihnen etwas aufgefallen wäre. Bei diesen Gelegenheiten brachte das Paar das Gespräch nie auf ihre nur noch äußerst mühevoll aufrechterhaltene Beziehung. Sogar Belles Kampagne, den guten

sowie eine Pyjamajacke der Schneiderfirma Jones Brothers – diese sollte sich später als entscheidendes Indiz erweisen – wickelte er ein und versenkte sie in der Grube. Alle anderen sterblichen Überreste, Knochen, Hände, Füße und Gliedmaßen, wurden im Küchenofen verbrannt. Die Pyjamajacke hatte Crippen vielleicht dazu verwendet, um abgetrennte Körperteile von der Badewanne zum Ofen zu tragen; vielleicht war sie aber auch vorher mit Blut oder anderen Körperflüssigkeiten in Berührung gekommen, was der Fall gewesen wäre, wenn Crippen sie während des Mordes getragen hätte. Jedenfalls vergrub er sie, statt sie zu verbrennen. Gerüchten zufolge soll Belles Kopf im Ärmelkanal verschwunden sein. Crippen soll ihn in einer Hutschachtel oder einer Reisetasche von einer Kanalfähre aus ins Meer geworfen haben. Um zu Hause keinerlei Reste zu hinterlassen, streute Crippen ungelöschten Kalk auf die Fleischklumpen in der Grube, damit sie sich ganz auflösten und kein Verwesungsgeruch entstünde. Die Kalkmischung war allerdings zu naß oder aber unsachgemäß gelagert worden, denn der Kalk wirkte nicht zersetzend, sondern eher konservierend. Als letztes setzte er die herausgenommenen Ziegelsteine wieder ein. Hawley Harvey Crippen hatte auf seltsame und dilettantische Weise damit begonnen, sein Verbrechen zu vertuschen.

Crippens Versuch einer Vertuschung schlug schon deshalb fehl, weil es eigentlich gar keine Vertuschung gab. Denn er besaß keinen logischen Plan, seinen Mord in ein perfektes Verbrechen zu verwandeln. Die Wochen nach der Tat waren eine einzige Tragikomödie der Irrungen und Wirrungen, in denen Crippen eine improvisierte Geschichte durch eine andere austauschte. Eine seiner ersten Handlungen war, die Vereinigung der Varietékünstlerinnen schriftlich darum zu bitten, Belle von den Pflichten des Kassenwarts zu entbinden. Ethel Le Neve brachte den Brief einen Tag nach dem Mord zu Melinda May, einem Mitglied der Gilde. Am selben Tag ging Crippen in die Oxford Street und verpfändete einen Großteil von Belles Schmuck für 195 Pfund Sterling. Den Rest ihres Geschmeides, darunter viele wertvolle Ringe und eine Diamantbrosche, schenkte er seiner Geliebten. Ethel Le Neve war außer sich vor Freude, Peter ganz für sich allein zu haben – und obendrein noch die Diamanten –, akzeptierte Belles Verschwinden, ohne zu fragen. Crippen hatte ihr erzählt, daß Belle ihn verlassen habe und niemals zurückkehren würde. Er fügte außerdem noch hinzu, daß Belle ihre Juwelen zurückgelassen habe, weil sie ihr nicht gut genug gewesen wären. Ethel hatte sich am Nachmittag des 1. Februar in der Hilldrop Crescent Road 39 befunden und muß ganz außerordentlich naiv gewesen sein, denn ihr war nicht aufgefallen, daß Belle alle persönlichen Sachen zurückgelassen hatte. Aus Belles Garderobe fehlte kein einziges Stück, und ihre Toilettenartikel lagen noch dort, wo sie immer gelegen hatten. Ethel und Peter verbrachten diese Nacht in der Wohnung. Damit dies so kurz nach dem Mord geschehen konnte, muß Crippen die Leiche mit wahrhaft dämonischer Gründlichkeit beseitigt oder aber mögliche Überreste sehr geschickt vor Ethels Augen verborgen haben.

Wenn es aber darum ging, Belles plötzliches Verschwinden aus London Dritten zu erklären, stieß Crippen schnell an seine Grenzen. So erzählte er Bekannten, daß Belle die Nachricht erhalten habe, ein naher Verwandter von ihr läge im Sterben, der ihr womöglich ein beträchtliches Erbe hinterließe, und sei umgehend nach Amerika abgereist. Crippen ahnte nicht, wie groß die Neugier von Belles Freunden war, mehr und Genaueres zu erfahren. Crippen sah sich gezwungen, diverse Einzelheiten über den angeblichen Notfall in Belles kalifornischem Familienzweig zu erfinden, da ihn Belles Freundinnen und Bekannte mit zahllosen Fragen bedrängten. Besonders der Wissensdurst der Damen aus der Künstlergilde war von Crippen überhaupt nicht zu stillen. Hartnäckig wollten sie aus ihm genaue Informationen herauskitzeln, beispielsweise Belles Adresse, den Namen des Schiffes, mit dem sie reiste, und eine Erklärung dafür, warum sie denn auf der Überfahrt bislang keine Zeit gefunden habe, ihnen wenigstens einige Zeilen zu schreiben. Schließlich gab Crippen der Künstlergilde die Anschrift seines Sohnes Otto in Hollywood, Kalifornien. Ohne einen Blick auf den Fahrplan geworfen zu haben, teilte er Mrs. Marinetti, von der bereits die Rede war, mit, daß Belle auf der *La Touraine* von der Compagnie Générale Transatlantique, einer französischen Linie, hinübergefahren sei. Außerdem erzählte er ihr, Belle sei von den Ereignissen vollkommen überwältigt gewesen und würde außerdem leicht seekrank, so daß man nicht überrascht sein dürfe, daß sie sich nicht gemeldet habe.

Drei Wochen nach dem Mord hielt die Gilde der Varietékünstlerinnen im Criterion Restaurant in London ihre Jahresversammlung ab, auf der auch um Geldspenden für wohltätige Zwecke gebeten wurde. Es ist kaum zu glauben, aber Crippen erschien auf dieser Veranstaltung mit seiner jungen Geliebten. Er hatte zwei Billetts von Mrs. Marinetti gekauft, wahrscheinlich um ihren inquisitorischen Fragen nach Belle Einhalt zu gebieten. Noch ungeheuerlicher: Ethel Le Neve trug einige Juwelen aus dem Besitz von Belle. Einigen Damen fiel besonders eine Diamantbrosche auf, denn sie erkannten das Stück als »Aufgehende-Sonne«-Brosche ihrer Freundin wieder. Nun wußten sie, daß etwas an Crippens Geschichte sehr faul war.

Crippen kam zu dem Schluß, daß er den Nachfragen der Freundinnen seiner ermordeten Frau ein für allemal die Grundlage entziehen müsse. Mitte März erzählte er Mrs. Marinetti und auch anderen, daß Belle eine schwere Lungenentzündung habe, und fügte hinzu, daß sie sich in die kalifornischen Berge zurückgezogen habe und nicht zu erreichen sei. Am 24. März schickte er ein Telegramm an Mrs. Marinetti, in dem er ihr mitteilte, daß Belle verstorben sei. Gleich darauf brachen Crippen und Ethel Le Neve zu einem einwöchigen Urlaub nach Dieppe in Nordfrankreich auf. Möglicherweise heirateten sie dort.

Diese Flucht nach Frankreich verschaffte dem Liebespaar aber nur für kurze Zeit eine Atempause. Denn Belles Freundinnen wollten sich mit ihrem angeblichen Tod nicht so einfach abfinden. Crippen mußte nach seiner Rückkehr mehr Erklärungen abgeben denn je zuvor. Und erneut beging er einen schweren Fehler. Er erzählte nämlich einer Mrs. Smythson, die ebenfalls der Gilde angehörte, daß Belles Leichnam eingeäschert worden sei. Mrs. Smythson hatte sich erkundigt, wo sie denn begraben läge, damit sie Blumen schicken könnte. Crippen war sich wahrscheinlich sehr clever vorgekommen, als er von der Einäscherung erzählte, womit er natürlich jeden Grabbesuch von vornherein verhindern wollte. Belles Freunde wußten jedoch, daß für Belle eine Einäscherung nie in Frage gekommen wäre, weil sie streng katholisch erzogen worden war.

Die Gilde der Varietékünstlerinnen setzte ihre Nachforschungen fort. Melinda May schrieb Otto Crippen in Kalifornien, um sich nach seiner Stiefmutter zu erkundigen. Inzwischen hatte Otto geheiratet und war umgezogen. So dauerte es sehr lange, bis er den Brief erhielt. Wochen später traf seine Antwort in London ein:

Der Tod meiner Stiefmutter hat mich genauso überrascht wie jeden anderen ... Ich habe es erst durch meinen Vater erfahren, der mich sofort davon in Kenntnis gesetzt hat.

Die Frauen überprüften auch die *La Touraine,* auf der Belle angeblich am 2. Februar abgereist sei, und konnten herausfinden, daß sich das Schiff zu dieser Zeit auf der Rückfahrt nach Le Havre mitten auf dem Atlantik befunden hatte. Nun waren sie davon überzeugt, daß ihrer Freundin etwas zugestoßen sei.

John und Lilly Hawthorne Nash, die anläßlich der Wohltätigkeitsveranstaltung im Criterion mit Peter Crippen und Ethel Le Neve an einem Tisch gesessen hatten, gehörten zu jenen, die an einen Mord glaubten. Sie waren erst kurz zuvor von einer Tournee aus Amerika zurückgekehrt und hatten unter anderem auch in Kalifornien Station gemacht. Während ihres Aufenthalts in Amerika hatten sie auf keinem Amt einen Beweis für Belles Tod finden können. Sie baten einen Freund, Chefinspektor Walter Dew, Chef der Kriminalabteilung von Scotland Yard, sich der Angelegenheit anzunehmen. Zehn Jahre zuvor hatte Dew bereits einen anderen bekannten Kriminalfall bearbeitet, die Morde von »Jack the Ripper«, die bis heute ungelöst sind. Als Assistent wurde ihm ein Kriminalbeamter mit Namen Mitchell zugeteilt.

Dew und Mitchell suchten Crippen am Freitag, den 8. Juli, auf, um ihn zu befragen. Sie fanden den kleinen Doktor in seinem Büro, wo er sie ganz entspannt empfing. Die drei gingen zusammen zum Mittagessen in ein italienisches Restaurant, wo es Crippen auf sehr geschickte Weise gelang, die beiden Polizisten auf seine Seite zu ziehen. Raffiniert appellierte er an sie von Mann zu Mann und fand sehr einleuchtende Erklärungen für die Ängste und Befürchtungen von Belles Kolleginnen. Zunächst gestand er seinen Lunchpartnern, daß er nicht die ganze Wahrheit gesagt habe. Tatsächlich sei es so gewesen, daß ihn Belle nach einem bitteren Streit verlassen habe und zu ihrem Liebhaber nach Amerika gereist sei. Es habe niemals einen sterbenden Verwandten, eine große Erbschaft oder eine tödliche Lungenentzündung gegeben. Belle sei vielmehr putzmunter und lebe irgendwo in den USA. Crippen band den beiden Beamten auch auf die Nase, daß er die Demütigung durch Belles Freundinnen nicht hätte ertragen können, und daß er alles von vorne bis hinten erfunden habe, um nicht als Idiot dazustehen. Dew fiel darauf herein. In der Hilldrop Crescent Road 39 wurde noch eine kurze Durchsuchung durchgeführt, aber nichts von Bedeutung gefunden. Crippen hatte sich damit nicht nur aus der Schußlinie manövriert, sondern eine preiswürdige schauspielerische Leistung vorgelegt. Bei der ganzen Sache war ihm auch nicht das kleinste Schuldgefühl anzumerken gewesen.

Crippen war nicht bewußt, daß das Manöver, mit dem er Inspektor Dew einwickelte, das Glanzstück einer ansonsten recht plan- und kopflos durchgeführten Vertuschungsaktion war. Ohne Leiche kein Verbrechen, ohne Verbrechen keine polizeilichen Ermittlungen. Dew war bereit, die Akte dieses »Falls« zu den vielen anderen ungelösten in seine Vermißtenkartei zu legen. Crippen jedoch, scheinbar ein Mann mit Nerven aus Stahl, war innerlich vollkommen durcheinander. Rasch erledigte er an diesem Tag, was im Büro noch getan werden mußte, eilte nach Hause, raffte Geld und Schmuck zusammen und floh mit Ethel Le Neve nach Holland und weiter nach Belgien. Crippen plante ein neues Leben in Kanada. Von Antwerpen aus würden sie ein Dampfschiff nach Montreal besteigen. Zwei Tage nach Crippens Flucht schloß Chefinspektor Dew am Montag, dem 11. Juli, seinen Bericht über das angebliche Verschwinden von Belle Elmore, verheiratete Crippen, ab. Ihm fehlte nur noch das exakte Datum von Belles Abreise, und deshalb wollte er Crippen in seinem Büro dazu noch einmal kurz aufsuchen. Der Lunch am zurückliegenden Freitag hatte in einer so freundlichen Atmosphäre stattgefunden – vielleicht konnte man dies ja noch einmal wiederholen. Schnell wurde ihm aber klar, daß der Doktor getürmt war. Dew stieß auf Mitteilungen von Crippen, die für dessen Mitarbeiter bestimmt waren und in denen er sie knapp davon in Kenntnis setzte, daß er auf unbestimmte Zeit auf Reisen wäre. Als Dew dies las, wußte er, daß er statt einer vermißten Frau nun vielleicht einen Mörder suchte.

Die nächsten drei Tage durchsuchten Dew und Mitchell das Crippensche Haus in der Hilldrop Crescent Road 39 gründlich von oben bis unten. Nach drei Tagen waren sie im Keller angekommen und hatten immer noch nichts gefunden. Dew begann sich im stillen schon zu fragen, ob Belle wohl jemals wieder auftauchen würde. Gedankenversunken stieß er seinen Gehstock auf den Kellerboden – und zu seiner Überraschung klang es hohl. In plötzlicher Erregung stieß er ein zweites Mal auf den Boden und entdeckte einen losen Ziegel. Sie nahmen die lockeren Steine heraus und machten einen grausigen Fund: ein Klumpen Fleisch, eine blutgetränkte Pyjamajacke und ein Büschel gebleichter Haare. Der Verwesungsgestank war derart stark, daß sich die Polizisten immer nur kurze Zeit im Keller aufhalten konnten und dann hinaus ins Freie gehen mußten, um nach Luft zu schnappen. Das gesamte Grundstück wurde jetzt Zentimeter für Zentimeter durchsucht, selbst den Garten grub man um, weil man hoffte, auf weitere Leichenteile zu stoßen. Aber es wurde nichts mehr entdeckt; nicht einmal ein Tropfen Blut. Dem Polizeiarzt Dr. Thomas Marshall blieb nur noch übrig, die Überreste, die Dew im Keller gefunden hatte, als die eines Menschen zu identifizieren; ansonsten gab es für ihn nichts zu tun. Das wenige, was von Belle noch übrig war, wurde zur gerichtsmedizinischen Untersuchung ins Leichenschauhaus gebracht. Drei Jahre später fiel dem für diesen Fall zuständigen Leichenbeschauer Ingleby Oddie etwas auf, was wohl in die Kategorie »blutige Ironie des Schicksals« fällt. Weldon Atherstone, der seinerzeit zusammen mit Belle die Streikposten durchbrochen hatte, ausgebuht und von der Varietébühne vertrieben worden war, wurde fast genau am selben Tag, an dem man Belles sterbliche Überreste fand, im Streit erschossen und ins Leichenschauhaus eingeliefert.

Die Entdeckung einer verstümmelten menschlichen Leiche in einem Keller sowie das mysteriöse Verschwinden Belles war für die Londoner Zeitungen ein gefundenes Fressen. Alle brachten diesen sensationellen Kriminalfall auf den Titelseiten. Endlich war Belle so berühmt, wie sie es sich zu Lebzeiten immer gewünscht hatte. Im In- und Ausland verkündete die Presse mit Großbuchstaben den Mord an einer »berühmten« englischen Schauspielerin. Am 15. Juli konnte Crippen in einer belgischen Zeitung lesen, daß ihm die Polizei auf den Fersen war. Und am darauffolgenden Tag wurden von New Scotland Yard Steckbriefe mit der Überschrift veröffentlicht: »MORD UND VERSTÜMMELUNG«. Außerdem war noch folgendes zu lesen: »Hawley Harvey Crippen, alias Peter Crippen, [...] und Ethel Clara Le Neve, alias Mrs. Crippen und Neave. Gesucht wegen Mordes an Cora Crippen, genannt Belle Elmore.«

Die Steckbriefe zeigten Photos von Crippen und Ethel Le Neve und enthielten detaillierte Personenbeschreibungen und Handschriftproben. Alle Büros der Dampfschiffahrtsgesellschaften wurden von der Ermittlungsbehörde ersucht, wachsam zu sein. Belles »Aufgehende-Sonne«-Brosche wurde bei der Beschreibung von Ethel besonders hervorgehoben:

> *Hat vielleicht in ihrem Besitz und versucht zu veräußern: eine runde goldene Brosche mit blitzförmig von der Mitte ausgehenden Spitzen, jede davon etwa einen Zoll lang, mit einem Diamanten in der Mitte, und alle Spitzen mit Brillanten besetzt. Die Brosche ist etwas größer als ein Zweieinhalbschillingstück.*

Heckansicht der Montrose.
(National Maritime Museum, London)

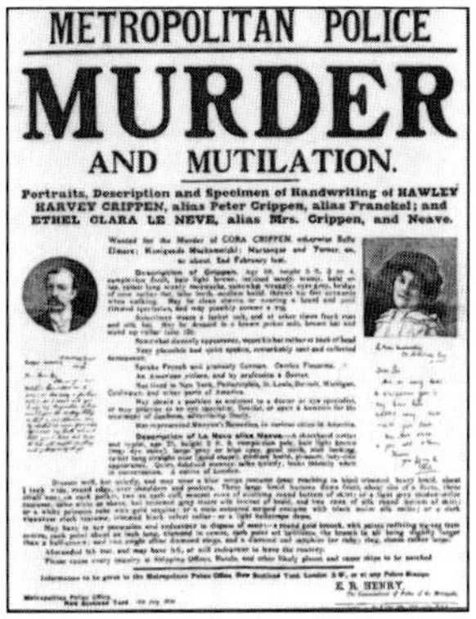

Der polizeiliche Steckbrief.
(New Scotland Yard)

Daß dieses Schmuckstück derart ausführlich beschrieben wurde, ist ein Verdienst von Belles Freundinnen aus der Varietészene, die die Brosche an Ethel Le Neve bemerkt und New Scotland Yard entsprechend informiert hatten.

Peter Crippen konnte sich jetzt nicht mehr den Luxus einer gemächlichen Flucht leisten. Ethel und er mußten eine neue Identität annehmen und so schnell wie möglich das Land verlassen. Als Mr. John Philo Robinson und Sohn schifften sie sich ein. Einige Journalisten kolportierten, daß sich Crippen als Geistlicher getarnt hatte, und er mag seinen Mitreisenden auf der Flucht durchaus verschiedene Geschichten aufgetischt haben. Er hatte ja unter Beweis gestellt, daß er sich in kürzester Zeit Lügengeschichten einfallen lassen konnte. Ethel dagegen – alias der junge Mr. Robinson – spielte ihre Rolle nur wenig überzeugend. Sie hatte sich die Haare kurz schneiden lassen und trug Männerhosen. Diese waren allerdings so eng, daß sie ihre weiblichen Formen gut erkennen ließen. Crippen trug keine Brille mehr und hatte sich den Schnurrbart abgenommen. Dafür ließ er sich jetzt einen Kinnbart stehen. Sie buchten eine Passage nach Kanada auf dem nächsten Dampfschiff, der *Montrose,* die einige Tage später, genauer gesagt am 20. Juli, in Antwerpen mit Ziel Quebec ablegen sollte.

Dieses Schiff, das Crippen und »Sohn« an Bord nehmen sollte, war 1897 gebaut worden und brachte nicht nur Molkereiprodukte nach Kanada, sondern auch Auswanderer in die Neue Welt. Die *Montrose* hatte bis 1903 der Elder Dempster Line gehört und wurde dann von der Canadian Pacific erworben. Sie hatte einen Schornstein, vier Masten und keine Erste-Klasse-Kabinen. 57 Passagiere konnte sie in der Kajütklasse und mehr als 300 weitere im Zwischendeck befördern. Befehligt wurde sie von Kapitän Henry George Kendall.

Kaum war die *Montrose* ausgelaufen, als die Besatzung schon bei zwei Kajütspassagieren recht schnell Merkwürdiges bemerkte. Dem Chefsteward fiel auf, daß Robinson junior bemerkenswert kleine Hände hatte und sich wie eine Frau bewegte. Er sprach darüber mit R. S. Mowatt, dem Dritten Offizier an Bord, der diese Beobachtung an Kapitän Kendall weitergab. Kajütspassagiere fielen auf der *Montrose* auf, da es, wie bereits erwähnt, nur 57 Kabinen in

Gesamtansicht der Montrose, *die die Canadian Pacific von Elder Dempster and Company erwarb.*
(Peabody Essex Museum, Salem Massachusetts)

der obersten Klasse gab. Bei dieser Überfahrt waren zudem nur 20 Kajütspassagiere an Bord, so daß Crippen und Ethel Le Neve noch stärker auffielen. Der 36 Jahre alte Kendall hatte gerade den Stewards mitgeteilt, daß sie die Robinsons in Kabine 5 im Auge behalten sollten, als er mit eigenen Augen eine eigenartige Szene beobachtete. Zwei Kajütspassagiere – zwei Männer! – hielten auf sehr zärtliche Art Händchen. Es waren die Robinsons. Crippen und Ethel Le Neve dachten offensichtlich, sie seien hinter einem Rettungsboot vor neugierigen Blicken sicher, aber Kendall konnte sie durch ein Bullauge beobachten. Er sah, daß »der jüngere die Hand des anderen leidenschaftlich drückte. Das schien mir bei zwei Männern unnatürlich, und ich verdächtigte sie daher sofort.«

Hatte er den Verdacht, die zwei wären homosexuell? Das gab Kendall öffentlich nie zu. Es kam gelegentlich vor, daß Vater und Tochter als Vater und »Sohn« reisten, um eine Unterbringung in verschiedenen Abteilungen zu vermeiden. Ozeandampfer, auf denen sich die damals geltenden sozialen Maßstäbe widerspiegelten, trennten unverheiratete Erwachsene nach dem Geschlecht und schlossen Frauen aus einigen Bereichen wie den Rauchsalons oder den Spielräumen vollständig aus. Kapitän Kendall lud »Mr. Robinson« und seinen Sohn zum Essen an seinen Tisch ein. Das würde ihm Gelegenheit geben, mehr über das geheimnisvolle Paar zu erfahren.

Inzwischen begannen Zeitungen rund um den Globus, die tote Belle Elmore für alle Zeiten unsterblich zu machen. Crippen hieß nur noch der »Kellermörder aus Nord-London«. Wie fast ein Jahrhundert später der O. J. Simpson-Mordfall in Los Angeles beherrschte das Verbrechen des Doktor Crippen wochenlang die Nachrichten. Heiß debattiert darüber wurde aber auch auf der Straße, bei der Arbeit, in Hotels, Restaurants und in Privathäusern. Die Leute waren schockiert, daß ein Arzt seine Frau getötet haben sollte, und über die schaurigen Einzelheiten zutiefst entsetzt. Der Volkszorn war so stark, daß der Täter wohl auf offener Straße ohne viel Federlesens gelyncht worden wäre. Hätte Crippen heutzutage seine Frau ermordet und in Stücke geschnitten, wäre das sicher nur eine kleine Meldung auf Seite drei wert.

Seit dem 9. Juli war Crippen auf der Flucht. Schon der Steckbrief von New Scotland Yard zeigte, daß die Polizei ihr Augenmerk auf Reedereien und Dampfschiffe richtete. Bis zur Entdeckung der im Keller seines Hauses vergrabenen Leichenteile hatte der Doktor reichlich Zeit gehabt, eine Passage nach Westen zu buchen. Hätte er sich um den 9. Juli herum eingeschifft, dann befände er sich zu diesem Zeitpunkt kurz vor der Ankunft an der Ostküste Amerikas. Über Belles Schicksal berichteten die Zeitungen in New York am 14. Juli auf der Titelseite, und am nächsten Tag standen bereits alle Landebrücken unter scharfer

Beobachtung, auch die neue Landungsbrücke der Cunard Steamship Line an der Pier 56 an der 14th Street in New York. Pier 56 war 1907 als Anlegestelle für die schnellen Ozeanriesen *Lusitania* und *Mauretania* gebaut worden. Die vorherige Anlegestelle, Pier 51, an der 12th Street war nicht hoch genug, um die Passagiere durch die zwei Decks über Straßenniveau liegenden Eingangspforten einschiffen zu können

Die beiden riesigen Schwesterschiffe der Cunard Line brauchen sicher nicht extra vorgestellt zu werden. Die 1906 gebaute *Mauretania,* die insgesamt 22 Jahre lang den transatlantischen Geschwindigkeitsrekord hielt, wurde dadurch berühmt, daß man aus Reklamegründen ihre Schornsteine mit den Enden aneinander in einer Linie neben dem Rumpf ablegte. Um zu demonstrieren, wie groß dieses Schiff tatsächlich war, fuhren dann zwei Autos nebeneinander durch die drei riesigen Schornsteine. Die *Lusitania* dagegen stand nur kurz im Dienst. Im Jahr 1915 wurde sie von deutschen U-Booten torpediert. Was sie aber tatsächlich untergehen ließ, waren vermutlich eher die Munition und der Kohlenstaub in ihrem Bauch. Zum erstenmal hatte die *Lusitania* im September 1907 an der neuen Cunard-Pier 56 festgemacht. Keine drei Jahre später wurde sie am 15. Juli 1910 beim Einlaufen in den New Yorker Hafen von niemand anders als Isabel Ginnett, der Präsidentin der Varietékünstlergilde, genauer unter die Lupe genommen.

Isabel Ginnett war eng mit Belle Elmore befreundet gewesen und hielt sich zu dieser Zeit gerade in den Vereinigten Staaten auf, weil ihr Mann dort mit einer Pferdenummer gastierte. Sie selber war als ehemalige Zirkuskünstlerin »Madame Ginnett« wegen ihrer akrobatischen Voltigierkünste berühmt. Nun hatte sie das Glück, zur richtigen Zeit am richtigen Ort zu sein, um Belles Tod zu sühnen. Sie ging zur Pier 56, um die einlaufende *Lusitania* in Empfang zu nehmen, und rechnete fest damit, bei der Verhaftung des teuflischen Crippen und der Le Neve, dieses »Flittchens«, behilflich zu sein. Sie musterte alle aussteigenden Passagiere scharf, damit sie die beiden Polizeibeamten, die mit ihr an der Pier standen, auf Crippen aufmerksam machen konnte. Crippen kam nicht von Bord der *Lusitania,* doch Madame Ginnett gab nicht auf. Sie war davon überzeugt, daß Crippen noch auf dem Schiff sein müßte, ging mit Hilfe der Polizeibeamten an Bord und befragte die Stewards sowie die noch an Bord befindlichen Passagiere. Auch in den folgenden Tagen sah man sie an den Piers bei diversen ankommenden Schiffen stehen, so bei der *Cedric* der White Star Line, bei der französischen *La Lorraine* und bei der amerikanischen *St. Paul.*

Die Funkanlage an Bord der *Montrose* besaß einen Sendebereich von 150 Meilen und einen Empfangsbereich von fast 600 Meilen. Kurz vor dem Auslaufen wurden noch einige druckfrische Exemplare aller wichtigen europäischen Zeitungen an Bord gebracht. Kapitän Kendall brütete über der Presse und las sorgfältig die vielen Sonderberichte über das flüchtige Mörderpärchen Hawley Harvey Crippen und Ethel Le Neve. Dabei dürfte ihm wohl kaum entgangen sein, daß für Informationen, die zu der Verhaftung der Flüchtigen führten, von New Scotland Yard eine Belohnung von 250 Pfund Sterling ausgesetzt war. Schon am ersten Tag auf See versagte Crippen bei einem wichtigen Test seiner neuen Identität. Kapitän Kendall grüßte an Deck mehrere Male »Mr. Robinson«, aber Crippen reagierte auf den lautstarken Zuruf nicht. Urplötzlich schoß es Ethel durch den Kopf, daß sie ja die Robinsons waren, und machte ihren »Vater« verlegen darauf aufmerksam, daß der Kapitän ihn von ferne gegrüßt hatte. Zu spät. Kendall war nun klar, daß die zwei Passagiere sich auf der Flucht befanden.

Gewiß war für Crippen und Ethel Le Neve die Einladung an den Tisch des Kapitäns weitaus unbehaglicher als der Gala-Abend bei den Varietékünstlerinnen. Ethel Le Neves Versuche, sich als junger Mann auszugeben, waren geradezu erbärmlich. Zu ihren/seinen besonders auffälligen Merkmalen gehörten schlecht sitzende Anzüge, feminine Rundungen, damenhafte, etwas gezierte Tischmanieren sowie eine Stimme, die als tiefe Altstimme einsetzte und dann im Lauf des Gesprächs mehr und mehr zum Sopran wurde. Crippen saß zur Rechten des Kapitäns, plauderte unverbindlich über das Wetter und brachte das Gespräch dann auf Shakespeare. Ganz sicher war er für den Kapitän, der die beiden durchleuchten wollte, eine härtere Nuß als die sich dilettantisch tarnende Ethel Le Neve. Aus Zeitungsberichten wußte Kendall, daß Crippen Goldplomben in einigen Zähnen hatte. Daher unterhielt Kendall seine Tischgesellschaft un-

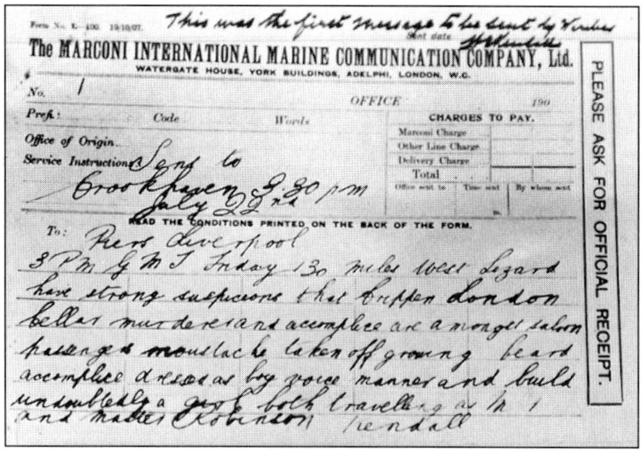

Form No. K–100. 19/10/07. This was the first message to be sent by Wireless

Sent date H. Kendall

The MARCONI INTERNATIONAL MARINE COMMUNICATION COMPANY, Ltd.
WATERGATE HOUSE, YORK BUILDINGS, ADELPHI, LONDON, W.C.

No. 1

OFFICE 190

Pref.: Code Words

CHARGES TO PAY.
Marconi Charge
Other Line Charge
Delivery Charge
Total

Office of Origin.
Service Instructions: Sent to Crookhaven 9.30 pm July 22nd

Office sent to | Time sent | By whom sent

READ THE CONDITIONS PRINTED ON THE BACK OF THE FORM.

To: Piers Liverpool

3 PM GMT Friday 130 miles West Lizard have strong suspicions that Crippen London cellar murderer and accomplice are amongst saloon passengers moustache taken off growing beard accomplice dressed as boy voice manner and build undoubtedly a girl both travelling as Mr and Master Robinson Kendall

PLEASE ASK FOR OFFICIAL RECEIPT.

Kapitän Kendalls Funktelegramm an das Liverpooler Büro der Canadian Pacific, in dem er Arthur Piers mitteilt, daß sich Crippen und Ethel Le Neve an Bord der Montrose *befinden.* (New Scotland Yard)

ermüdlich mit amüsanten Marineanekdoten, bis Crippen schließlich einmal den Mund weit aufriß und aus vollem Halse lachte. Deutlich konnte der Kapitän, der Crippen wie ein Fuchs beobachtete, Goldplomben erkennen. Da wußte Kendall, daß er mit Doktor Hawley Harvey Crippen, dem weltweit gesuchten Mörder, an einem Tisch saß.

Um vollkommen sicherzugehen, hat Kendall angeblich Ethel Le Neve eine Münze zugeworfen, um zu sehen, ob sie die Beine spreizen würde, um die Münze aufzufangen, wie das ein Mädchen tun würde, das normalerweise Röcke trug. Aber dies scheint wohl eher aus dem Reich der Legenden zu stammen. Kendall wurde zu guter Letzt noch in seinem Verdacht bestätigt, als er die in den Zeitungen veröffentlichten Photographien des Dr. Crippen mit dem angeblichen Mr. John P. Robinson verglich. Der Kapitän nahm ein Stück weiße Kreide und begann vorsichtig, damit auf der Zeitung Crippens Brille und Schnurrbart zu übermalen. An jenem Abend, als »Mr. Robinson« mit am Kapitänstisch gesessen hatte, war ihm aufgefallen, daß der Nasenrücken von Mr. Robinson merkwürdige Abdrücke wie die von einer Brille aufwies. Das war deshalb so seltsam, da Robinson alias Crippen keine Brille trug. Kendall betrachtete sein Werk lange und genau. Das war mehr als eine zufällige Ähnlichkeit – Robinson war eindeutig Crippen, und der Frauenschlächter aus London war an Bord seines Schiffes. Jetzt galt es, schnell zu handeln, denn die *Montrose* würde bald keinen Funkkontakt mehr mit den Küstenstationen haben.

Die Aussicht auf eine Belohnung von 250 Pfund Sterling, etwas mehr als einem Drittel seines Jahresgehalts, ließ Kendall zum Geheimniskrämer werden. Er befahl den Stewards, alle englischen Zeitungen an Bord unauffällig verschwinden zu lassen. Dies war wohl eine Vorsichtsmaßnahme, um Crippen und seine Begleiterin nicht vorzeitig zu warnen. Außerdem bedeutete dies auch, daß niemand anders, der vielleicht auch an der ausgesetzten Prämie partizipieren wollte, davon erfuhr. Am 22. Juli ging Kendall in den Funkraum und gab dem Funker Anweisung, folgende historisch gewordene Nachricht zu übermitteln:

> *15.00 MGZ Freitag 130 Meilen West Lizard – Habe starken Verdacht, daß Crippen, der Londoner Kellermörder, und Komplizin unter den Kajütspassagieren sind. Hat Schnurrbart abrasiert – läßt Bart wachsen. Komplizin als Junge verkleidet. Stimme und Figur aber zweifellos die einer Frau. Reisen als Mr. Robinson und Sohn … Kendall.*

Die Meldung wurde an Arthur Piers, dem für die Dampfschiffe verantwortlichen Manager der CPR, in Liverpool geschickt. Piers gab die Meldung umgehend an die dortige Polizei weiter, die sie dann an New Scotland Yard in London übermittelte. Kendall drückte dem Funker auch eine schriftliche Mitteilung in die Hand, in dem der Kapitän ihn von jeglicher Verantwortung entband, für den Fall, daß er sich irrte.

Die Beamten von New Scotland Yard waren allerdings keineswegs sicher, ob sie sich auf die Information des Kapitäns der *Montrose* verlassen konnten. Andererseits gab es keinen Grund, nicht daran zu glauben. Am 23. Juli ging Inspektor Dew unter dem wenig originellen Decknamen Dewhurst in Liverpool an Bord der 17 Knoten schnellen *Laurentic,* einem Dampfschiff der White Star Line, um Crippen hinterherzujagen. »Operation Handschellen« hatte begonnen. Die *Montrose* war mit einer Geschwindigkeit von 13 Knoten deutlich langsamer als die *Laurentic.* Daher rechnete Dew damit, den Vorsprung der *Montrose* von drei Tagen nicht nur wettzumachen, sondern sie womöglich noch überholen zu können. Die *Laurentic* stammte aus dem Jahr 1909, hatte nur einen Schornstein und war das erste Schiff, das eine Antriebsanlage aufwies, die später auch auf der *Olympic* und der *Titanic* eingebaut wurde. Diese Anlage bestand aus jeweils einer Expansionsmaschine für den Backbord- und Steuerbordpropeller sowie einer Niederdruckdampfturbine für den dritten, mittschiffs arbeitenden Propeller. Die Jagd auf Dr. Crippen unterstrich ihren Ruf als äußerst schnelles Schiff und würde später dazu beitragen, sie während des Ersten Weltkriegs auf geheimer Mission einzusetzen. Großbritannien war 1917 nämlich gezwungen, das schwächer werdende Pfund zu stützen und benötigtes Kriegsmaterial in ausreichender Menge zu beschaffen und zu finanzieren. Dafür war es notwendig, Goldbarren in die USA zu transportieren und dort zu verkaufen. Am 25. Januar 1917 lief die *Laurentic* vier Meilen vor der nordirischen Küste auf zwei Minen, die das deutsche U-Boot *U-80* gelegt hatte. Das Schiff sank sehr schnell und riß das Gold und 354 Besatzungsmitglieder mit in die Tiefe.

Die aus Amerika kommende *Montezuma,* die ebenfalls der Canadian Pacific gehörte, passierte die *Montrose* am 25. Juli. Kendall ergriff diese günstige Gelegenheit, New Scotland Yard seine neuesten Erkenntnisse zukommen zu lassen, und bat daher den Kapitän der *Montezuma,* seinen Funkbericht nach London weiterzugeben. Kendalls Funkmeldung klingt etwas weitschweifig, als wolle er sich selbst noch einmal davon überzeugen, daß der gesuchte Mörder auch tatsächlich auf seinem Schiff sei:

> *Mit Bezug auf meine vorhergehende Funkmeldung bezüglich Crippen bin ich jetzt noch mehr davon überzeugt, daß er die gesuchte Person ist. Alle Beschreibungen stimmen vollständig mit den Informationen aus der Presse und dem polizeilichen Steckbrief überein. Er ist sehr zurückhaltend. Seine Komplizin auch. Sie haben kein Gepäck, außer einer kleinen, billigen Reisetasche, die sie auf dem Kontinent gekauft haben. Läßt immer noch seinen Bart wachsen, rasiert aber die Oberlippe. Konnte seinen weichen, grauen Filzhut untersuchen, während er beim Essen war. Trug innen den Namen Jackson's, Boulevard de Nord. Grauer Filzhut der Komplizin hatte kein Futter. Hutleder unterfüttert, um Hut passend zu machen. Beide tragen braune Anzüge und weiße Leinenschuhe. Bemerkte, daß Komplizin ihre Hose mit Sicherheitsnadeln feststeckte. Wie aus Gesprächen mit ihm hervorging, ist er schon durch die gesamten Staaten gereist. Bisher hat er noch keinen Verdacht geschöpft. Kendall.*

Am 27. Juli näherte sich die *Laurentic* dem langsameren Dampfschiff, auf dem Crippen reiste. Über den Schiffsverkehrsfunk setzte sich Dew mit der *Montrose* in Verbindung und schickte folgenden Funkspruch an Kapitän Kendall:

> *Komme bei Father Point an Bord. Bitte alle Informationen streng vertraulich behandeln, bis ich dort bin ... Dew, Scotland Yard, an Bord der* Laurentic.

Die Zeitungsleser verschlangen atemlos die Berichte über das neue, letzte Kapitel der Jagd auf Crippen. Nicht allein die Tat und deren Umstände schlugen sie in ihren Bann, sondern auch die dramatische Verfolgungsjagd quer über den Atlantik. Die Presse veröffentlichte Karten mit den Kurslinien der beiden Schiffe, ihrer jeweiligen Reisegeschwindigkeit und mit Angabe des Standorts, an dem zuletzt Funksprüche aufgegeben worden waren. Außerdem wurden den Lesern Photographien und Zeichnungen der Schiffe, der Kapitäne und selbst der Funker geboten. Die Leute konnten die unter Volldampf stehende *Laurentic* direkt vor Augen sehen, wie sie die Wellen durchschnitt und ihr Schornstein eine lange, schmale Rauchfahne hinter sich her zog, die sich über dem aufgewühlten, bis zum Horizont reichenden Kielwasser verlor. Sie glaubten das Dröhnen der Maschinen und das Brummen der Antriebswellen zu hören, so wie den Herzschlag eines riesigen Raubtiers, das der Beute dicht auf den Fersen ist. Oben auf dem Bootsdeck schickten die Induktionsspulen des Funkgeräts fieberhaft Botschaften in den Äther. Unten im Bauch der *Laurentic* schaufelten pflichtbewußte Heizer unermüdlich Kohlen in die brüllenden Kessel. Würde der Inspektor von Scotland Yard die *Montrose* überholen und den Verbrecher dingfest machen? Handelte es sich bei dem verdächtigen Paar tatsächlich um Crippen und Ethel Le Neve? Verlief das Leben an Bord in normalen Bahnen, oder spielte Kapitän Kendall mit dem Mörder Katz und Maus? Wo würde die Verhaftung stattfinden? Wie würde sie stattfinden? Oder würde es dem gewitzten Doktor gelingen, sich der Verhaftung zu entziehen? Presse und Öffentlichkeit wurden Zeugen einer der spannendsten Kriminalgeschichten des Jahrhunderts überhaupt, die durch das Wunder von Marconis neuer Erfindung, der drahtlosen Übermittlung von Nachrichten, stetig neue Nahrung erhielt.

Als die *Montrose* am 29. Juli in Sichtweite der Ostküste von Neufundland war, schwirrte die Luft vor Funksprüchen. Viele waren an Crippen gerichtet, wie beispielsweise die eines Nachrichtendienstes:

> *Sie werden angeklagt, Ihre Frau in London ermordet zu haben. Bitte nehmen Sie dazu Stellung. Geben Sie sofort eine vollständige Erklärung ab.*

Natürlich erreichten diese Funksprüche Crippen nie. Vor der Ankunft der *Montrose* bei Father Point wurden zwischen Inspektor Dew und Kapitän Kendall zahllose Funksprüche gewechselt. Beide befürchteten, daß Crippen sich der Verhaftung durch Selbstmord entziehen könnte. Um den Doktor zu beschäftigen und von den Vorgängen auf der Brücke und im Funkraum fernzuhalten, lieh ihm Kendall Bücher aus seiner persönlichen Bibliothek. Gelegentlich suchte Crippen den Kapitän auch in seiner Kabine auf, um sich mit ihm über das Gelesene zu unterhalten. Bei einer Gelegenheit brachte Crippen dem Kapitän ein Buch mit, das er in der Schiffsbibliothek ausgeliehen hatte – *Die vier Gerechten* von Edgar Wallace. Kendall war zutiefst schockiert – Crippen hatte ihm da einen Roman über einen Mord gegeben. Doch das erinnerte ihn an ein Buch aus seiner eigenen Sammlung. Kendall öffnete den Bücherschrank und zog einen Band heraus. »Haben Sie das gelesen? Es handelt von einem Mann, der seine Frau umgebracht hat.« Es war *The Murder of Delicia* von Marie Corelli. Wenn Crippen vorhatte, sich in der Kajüte des Kapitäns mit Kendall zu messen, so verlor er das Spiel gegen den geistesgegenwärtigen Kapitän eindeutig. Mit zusammengepreßten Lippen starrte Crippen unverwandt aus dem Bullauge der Kabine. Man kann nur mutmaßen, daß die Anstrengung, in diesem Moment an sich zu halten, gewaltig gewesen sein muß. Nachdem Crippen sich bei Kendall für das Buch bedankt hatte, zog er sich hastig zurück.

Der falsche Mr. Robinson hatte sich angewöhnt, zu allen möglichen und unmöglichen Zeiten auf dem Oberdeck spazierenzugehen. Dabei konnte ihm nicht entgehen, daß im Funkraum Hochbetrieb herrschte. Er erkundigte sich bei dem Funker Llewellyn Jones, was denn die ganze Aufregung bedeute. Dieser log geistesgegenwärtig, daß vor der neufundländischen Küste Treibeis gesichtet worden sei, und erklärte Crippen, daß er Eiswarnungen an alle Schiffe senden müsse, die sich in der Nähe aufhielten. Crippen schöpfte keinen Moment lang Verdacht, daß er im Mittelpunkt all dieser Meldungen stand. In einem Gespräch mit Kendall auf dem Bootsdeck soll er das von Marconi erfundene Funkgerät angeblich als »wunderbare Erfindung« bezeichnet haben.

Der 31. Juli war der letzte Tag der immer dramatischer werdenden Jagd. Die *Laurentic* hatte das transatlantische Handicaprennen mit großem Vorsprung vor der *Montrose* gewonnen und war schon am Nachmittag des 29. Juli in Father Point eingelaufen. Inspektor Dew arbeitete mit den kanadischen Behörden die einzelnen Schritte der Verhaftung aus. Er und McCarthy, der Polizeichef von Quebec, würden die Verhaftung vornehmen. Der Inspektor von New Scotland Yard wollte dem Gejagten keine Gelegenheit geben, im letzten Moment noch zu fliehen oder sich zur Wehr zu setzen. Vielleicht war Crippen bewaffnet – Kapitän Kendall wollte unter Crippens Kleidung einmal den Griff eines Revolvers gesehen haben. Jean Baptiste Belanger, der Kapitän der *Eureka,* einem Dampfschiff der kanadischen Regierung, das in Father Point stationiert war, lieh Inspektor Dew seine Bordjacke und seine weiße Schirmmütze, damit er sich als harmloser Angestellter der Schiffahrtslinie Crippen nähern konnte, ohne daß dieser Verdacht schöpfte.

Am 31. Juli 1910, einem leicht verregneten Sonntag, hörte man in Father Point bereits morgens um 4 Uhr 30 das Horn der *Montrose.* Die Einwohner und die anwesenden Reporter versammelten sich trotz des schlechten Wetters, um den berühmt-berüchtigten Passagier der *Montrose* mit eigenen Augen zu sehen. Das Schiff kam um 7 Uhr 30 vor Father Point zum Stopp, nicht ahnend, daß ihm ein Empfang bereitet würde, der eines gigantischen, neuen Ozeandampfers würdig gewesen wäre. Als weitere Vorsichtsmaßnahme beschlossen die Polizeibeamten, mit einem Boot der *Eureka* zur *Montrose* überzusetzen. Während der verkleidete englische Inspektor im Rettungsboot zum Schiff gerudert wurde, standen Crippen und der Schiffsarzt C. H. Stewart nebeneinander an der Steuerbordreling auf dem vorderen Promenadendeck, ganz in der Nähe der Niedergangstreppe, die zum Hauptsalon führte. Beide beobachteten, wie sich das Boot mit dem aus drei Polizeibeamten und mehreren Seeleuten bestehenden Begrüßungskomitee näherte.

»Wie viele Leute in diesem kleinen Boot sind … Sind das alles Lotsen?« fragte Crippen. Doktor Stewart erklärte ihm, daß es nur einen Lotsen gäbe. Die anderen wären vielleicht Freunde auf einem Ausflug nach Quebec. Crippen wurde mißtrauisch und fragte den Schiffsarzt, ob die Männer vielleicht zu einer medizinischen Inspektion an Bord kommen würden, aber Stewart versicherte ihm, daß er von so etwas nichts wisse.

Inspektor Dew kam das Fallreep herauf, dicht gefolgt von McCarthy. Dew ging auf Crippen zu, klopfte ihm von hinten leicht auf die Schulter und begrüßte ihn mit einem selbstzufriedenen »Guten Morgen, Doktor Crippen«.

Der Mörder begriff sofort, was los war. Vor Schreck wurde er ganz blaß, und nach einigen Momenten, immer noch nach Selbstbeherrschung ringend, stieß er die Worte aus: »Ich bin nicht Crippen.« Vergeblich.

Dew und McCarthy führten Crippen in die Kapitänskajüte. Die Verhaftung verlief ohne jeden Zwischenfall, sieht man einmal von Crippens anfänglichem Leugnen ab. Er war verärgert, aber nicht übermäßig überrascht. Vielleicht ärgerte er sich über sich selbst, denn im Grunde war er selber sein schlimmster Feind gewesen. Ganz bestimmt richtete sich sein Zorn auch auf Kapitän Kendall, der sich über ihn lustig gemacht und ihn hinters Licht geführt hatte. Später erklärte Crippen, daß er froh darüber sei, daß die Hetzjagd auf ihn ein Ende gefunden habe. Nach der Verlesung des vom Generalstaatsanwalt der Provinz Quebec unterzeichneten Haftbefehls wurden Crippen Handschellen angelegt. Bei einer Leibesvisitation fand man bei ihm keine Waffen. Ethel Le Neve wurde nur Momente später aufgrund des gleichen Haftbefehls in Crippens Kajüte festgenommen; auch ihr wurden Handschellen angelegt. Kurz vor ihrer Verhaftung sah eine Stewardeß, wie sie ein kleines Päckchen durch das Bullauge ins Meer warf. Man brachte Ethel Le Neve

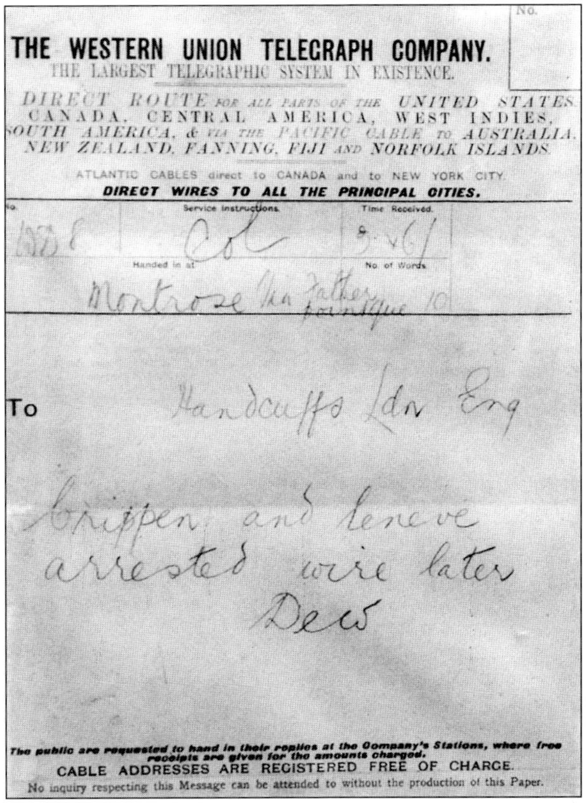
THE WESTERN UNION TELEGRAPH COMPANY.
THE LARGEST TELEGRAPHIC SYSTEM IN EXISTENCE.
DIRECT ROUTE FOR ALL PARTS OF THE UNITED STATES, CANADA, CENTRAL AMERICA, WEST INDIES, SOUTH AMERICA, & VIA THE PACIFIC CABLE TO AUSTRALIA, NEW ZEALAND, FANNING, FIJI AND NORFOLK ISLANDS.
ATLANTIC CABLES direct to CANADA and to NEW YORK CITY.
DIRECT WIRES TO ALL THE PRINCIPAL CITIES.
No. | Service Instructions. | Time Received.
Handed in at | No. of Words.
Montrose
To Handcuffs Ldn Eng
Crippen and Leneve arrested wire later Dew
The public are requested to hand in their replies at the Company's Stations, where free receipts are given for the amounts charged.
CABLE ADDRESSES ARE REGISTERED FREE OF CHARGE.
No inquiry respecting this Message can be attended to without the production of this Paper.

Inspektor Dews Telegramm an Scotland Yard: »Crippen und Le Neve festgenommen – Einzelheiten später – Dew«. Man beachte auch den Tarnnamen des Einsatzes: »Handcuffs« (Handschellen).

in Kajüte 8, wo sie fast die gesamten zwölf Stunden bis Quebec hysterisch schluchzte. Crippen wurde in der Kajüte der »Robinsons« eingeschlossen.

Das verschlafene Städtchen Rimouski war förmlich überschwemmt von Reportern, Photographen und Neugierigen, die einen Blick auf den Londoner Kellermörder und seine Komplizin zu erhaschen hofften. Kapitän Kendall gab der *Eureka* ein Signal, die daraufhin mit 40 Reportern längsseits kam. Diese durften bis Quebec an Bord bleiben, aber weder Crippen noch Ethel Le Neve interviewen. Kanadischen Boden betrat der Doktor in Handschellen und ganz und gar nicht so, wie er es sich in Gedanken ausgemalt hatte: nach einem wohlgelaunten Abschied von Kapitän Kendall und mit der Aussicht auf ein neues Leben in diesem Land. Nun war er gefesselt und wartete auf seine

Auslieferung. Er mußte sogar befürchten, vor einer Horde spottender, schreiender, sich um den besten Anblick rangelnder Reporter wie ein Monster zur Schau gestellt zu werden: eine tiefe, letzte Demütigung in aller Öffentlichkeit. Crippen hatte einen Tobsuchtsanfall, als er von Deck geführt wurde, und schleuderte Kendall einen Fluch entgegen: »Für diesen Verrat werden Sie noch bezahlen!« Über diese Äußerung wurde im *Daily Star* ausführlich berichtet.

Am 1. August wurde Crippen in einem bis zum letzten Platz besetzten Gerichtssaal in Quebec zur Anklage vernommen. Ethel Le Neve wurde nicht befragt, da sie sich seit der Verhaftung in einem Schockzustand befand und nicht vernehmungsfähig war. Tausende Menschen drängten sich vor dem Gerichtsgebäude. Als Crippen aus dem Gerichtssaal geführt wurde, waren zusätzliche Polizeikräfte nötig, um die Menge zurückzuhalten. Die Kutsche, in der man Crippen abtransportierte, wäre fast umgekippt, als jemand das Pferd scheu machte und es daraufhin fast durchgegangen wäre. Dabei wurde eine Frau fast unter einem der Wagenräder zerquetscht.

Isabel Ginnett, die Präsidentin der Artistengilde, wollte unbedingt miterleben, wie der Gerechtigkeit Genüge getan wurde. Sie reiste extra nach Quebec und wurde dort in Gegenwart von Inspektor Dew von Vertretern der örtlichen Untersuchungsbehörden vernommen. Mrs. Ginnett identifizierte drei Diamantringe, eine Diamantbrosche und einen Ring mit einem großen Diamanten in der Mitte, der von vielen kleinen Diamanten umrahmt wurde, als Eigentum

Inspektor Dew führt den mit Handschellen gefesselten Dr. Crippen in Liverpool von Bord der Megantic *der White Star Line.* (Illustrated London News)

von Belle Elmore. Diese fünf Schmuckstücke hatte man in Crippens Reisegepäck gefunden: Er hatte sie an seine Unterwäsche angenäht.

Wenn sich also keine Juwelen in dem kleinen Päckchen befunden hatten, das Ethel Le Neve über Bord geworfen hatte, was war es dann? Der Revolver, den Crippen angeblich besessen hatte? Etwas anderes Unbekanntes? Dies wird wohl immer ein Mysterium bleiben.

Dr. Crippen wurde innerhalb von drei Wochen ausgeliefert. Einige juristische Komplikationen waren dadurch entstanden, daß man es hier mit einem flüchtigen Amerikaner zu tun hatte, der in kanadischen Hoheitsgewässern für ein in England begangenes Verbrechen verhaftet worden war. Das Gesetz über flüchtige Straffällige verlangte eine fünfzehntägige Wartezeit vor der Auslieferung, um dem Angeklagten Gelegenheit zu geben, Beschwerde einzulegen. Crippen und Ethel Le Neve verzichteten auf einen Rechtsbeistand und versuchten erst gar nicht, die drohende Auslieferung zu verhindern. New Scotland Yard buchte für sie eine Passage nach London auf der *Megantic*, die wie die *Laurentic* zur White Star Line gehörte. Um keine Panik unter den Passagieren hervorzurufen und sich alle Neugierigen während der langen Überfahrt vom Leibe zu halten, trug Inspektor Dew sie alle unter falschem Namen ein. Er selbst nannte sich »Mr. Doyle«, Crippen wurde zu »Mr. Nield«. Ethel Le Neve war unter ständiger Bewachung in einer getrennten Kajüte untergebracht. Die *Megantic* lief am 20. August aus. Als sie im Liverpooler Hafen einlief, wurde sie bereits von einer wütenden Menge empfangen, die die Verhafteten mit wüsten Beschimpfungen und Verwünschungen überschüttete. Am 5. Oktober erhielt Kapitän Kendall einen Scheck über die ausgesetzte Belohnung von 250 Pfund Sterling; der Betrag war nur an ihn persönlich auszuzahlen. Unterschrieben war der Scheck vom damaligen britischen Innenminister Winston Churchill. Die Belohnung teilte er nicht mit dem Chefsteward, auch nicht mit dem Dritten Offizier Mowatt, die ihn auf den seltsamen Passagier aufmerksam gemacht hatten. Als Kendall unmittelbar nach Crippens Verhaftung von Reportern gefragt wurde, ob er die Belohnung mit jemand anders teilen würde, bestritt Kendall, irgend etwas von einer Belohnung zu wissen, und sagte, daß die unter seinem Kommando stehenden Leute stets bereit seien, ihre Pflicht zu tun. Wahrscheinlich fühlte sich Kendall berechtigt, die ganze Belohnung einzustecken, einmal wegen seiner hervorgehobenen Position und dann auch wegen seiner Entscheidung, das erste Telegramm abzusenden, welches Scotland Yard veranlaßte, sich an Crippens Fersen zu heften. Merkwürdigerweise löste Kapitän Kendall den Scheck nie ein. Er ließ ihn einrahmen und hängte ihn in seiner Kajüte auf der *Montrose* auf.

Laut dem ausgestellten Haftbefehl der kanadischen Behörden wurde Peter Crippen wegen Mordes an »einer unbekannten Frau« verhaftet. Nach seiner Ankunft in London wurde er formell des Mordes und der Verstümmelung seiner Frau angeklagt und Ethel Le Neve wegen Begünstigung eines Verbrechens. Die Verhandlung begann am 18. Oktober und dauerte fünf Tage.

Crippen erklärte sich für unschuldig. Er behauptete, die menschlichen Überreste, auf die man in der Hilldrop Crescent Road 39 gestoßen war, müßten schon vor dem Einzug vergraben worden sein und stammten nie und nimmer von Belle. Das hätte bedeutet, daß die Überreste mindestens fünf Jahre alt gewesen wären. Es war Crippens Pech, daß die Pyjamajacke von Jones Brothers, die er ebenfalls vergraben hatte, erst seit zwei Jahren im Handel erhältlich war. Damit brach seine Argumentation in sich zusammen.

Die Anklage mußte nun den Nachweis erbringen, daß es sich bei den Überresten tatsächlich um die von Mrs. Cora Crippen alias Belle Elmore handelte. Der junge Pathologe Dr. Bernard Spilsbury erlebte dabei eine Sternstunde seiner Karriere, denn es war ihm gelungen, Spuren von Hyoscin im Körpergewebe nachweisen. Er hatte auch Beweise für eine Ovariektomie, eine operative Entfernung der Eierstöcke, gefunden, und eine solche war ja an Belle noch vor ihrer Hochzeit durchgeführt worden. Außerdem konnte er nachweisen, daß das von der Polizei gefundene Haar die natürliche Farbe des Haars von Belle aufwies. Nach einer Beratung von 27 Minuten verkündete die Jury ihr Urteil: Sie befand Crippen für schuldig und verurteilte ihn zum Tode durch den Strang. Am 23. November 1910 wurde er im Gefängnis von Pentonville gehängt und dort auch begraben. In sein Grab legte man einige Briefe von Ethel und eine Photographie von ihr. Crippens Abbild kann man heutzutage im Wachsfigurenkabinett von Madame Tussaud in London bewundern.

Ethel Le Neve wurde freigesprochen und war gezwungen, das Land zu verlassen, um den Fragen der Reporter zu entgehen. Sie verließ England im November 1910. Verschleiert und im schwarzen Kleid einer trauernden Witwe bestieg sie in Southampton die *Majestic.* In New York wollte sie ein neues Leben beginnen; dies hatte ihr einst Peter Crippen versprochen. Sie hatte aber stets Angst, erkannt zu werden, und kehrte daher sechs Jahre später als Ethel Nelson wieder nach England zurück. Einige Jahre später heiratete sie und nahm den Namen ihres Mannes an. Von da an hieß sie Ethel Smith. Sie bekam einen Sohn und eine Tochter, wurde Großmutter und starb im Alter von 84 Jahren in Dulwich.

Der Fall Crippen unterstrich dramatisch die gewaltige Bedeutung der neuen Form der drahtlosen Kommunikation. Als Crippen verhaftet wurde, gab es gerade einmal 60 Schiffe, die mit Funkanlagen ausgerüstet waren. Die Zahl stieg innerhalb weniger Monate um das Vielfache an. Auch die *Empress of Ireland* war von Anfang mit einer Funkanlage ausgestattet. Und das war nur eine der zahllosen technischen Neuerungen, die die *Empress* zu einem sicheren Schiff machten.

3

Ein sicheres Schiff

Das Funkschapp der *Empress of Ireland* war mit einem 1,5 Kilowatt starken Marconi-Sender, einem Empfänger sowie einem Notaggregat ausgerüstet. Die Bezeichnungen »Funkschapp« oder auch »Funkbude« stammen noch aus der Zeit, als Funkräume in provisorischen Anbauten untergebracht waren; später wurden sie dann beim Schiffsentwurf berücksichtigt und fest eingebaut. Das Funkschapp auf der *Empress of Ireland* befand sich ursprünglich achtern auf dem unteren Promenadendeck und wurde später auf das Bootsdeck vor das Oberlicht des Maschinenraums verlegt. Die Funkstelle war rund um die Uhr besetzt. Im Notfall war Hilfe so nah wie das nächste per Funk herbeizurufende Schiff.

War keine Hilfe in der Nähe, so war die Lage noch nicht hoffnungslos. Denn die Konstruktion der *Empress* ermöglichte es, Wasser aufgrund eines Systems wasserdichter Schotten und Türen am Eindringen in den Schiffskörper zu hindern. Die *Empress* hatte zehn Querschotten, die elf wasserdichte Abteilungen bildeten. Diese Schotten waren von vorn nach achtern durchnumeriert – beginnend mit Schott Nr. 1 im Bug –, und sie waren so ausgelegt, daß zwei nebeneinanderliegende Abteilungen voll Wasser laufen konnten, ohne daß das Schiff gleich unterging. Das Oberdeck bildete die Begrenzung der wasserdichten Unterteilung. Selbst wenn zwei Abteilungen bis über das Hauptdeck hinaus voll Wasser laufen sollten, war die Schwimmfähigkeit des Schiffes noch immer sichergestellt. Der Abstand zwischen den Schotten betrug zwischen 22 und 87 Fuß, wobei die größten Abstände in der Schiffsmitte lagen. Die Schotten 4 bis 6 begrenzten die 175 Fuß lange Mittelsektion. Diese großen Abteilungen in den Maschinen- und Kesselräumen waren zudem noch durch ein mittschiffs verlaufendes Längsschott unterteilt, das allerdings nicht wasserdicht ausgelegt war.

Für Durchgänge nach vorn und achtern auf dem Hauptdeck und auf den darunterliegenden Decks waren an verschiedenen Stellen Öffnungen in die wasserdichten Schotten geschnitten. Jede Öffnung konnte durch eine wasserdichte, mit einem Süll versehene Tür geschlossen werden. Die *Empress of Ireland* war insgesamt mit zweiundzwanzig horizontalen und mit zwei vertikalen wasserdichten Schiebetüren ausgestattet. Diese Türen mußten mühsam von Hand geschlossen werden. Dazu mußte man auf dem darüberliegenden Deck eine Kurbel auf den viereckigen Zapfen eines Ritzels aufstecken, und mit dieser Kurbel wurde dann ein Getriebe in Gang gesetzt, das wiederum in eine an der Tür befestigte Zahnstange eingriff. Ein durchschnittlich kräftiger Steward benötigte etwa eine Minute, um eine solche wasserdichte Tür zu schließen. Jeden Morgen pünktlich um 10 Uhr wurden Notfallübungen durchgeführt, so daß jedes Besatzungsmitglied wußte, wo sich seine jeweilige Seenotstation befand und wie die wasserdichten Türen richtig und schnell zu schließen waren. Bei diesen Übungen wurde wiederholt unter Beweis gestellt, daß die Besatzung in der Lage war, alle Abteilungen innerhalb weniger Minuten wasserdicht zu verriegeln. Dabei darf man nicht vergessen, daß diese Übung unter optimalen Bedingungen stattfand. Für eine erfolgreiche Durchführung waren 22 Stewards vonnöten. Wäre aber im Ernstfall jeder Steward auch tatsächlich imstande, seine Station rechtzeitig zu erreichen und die Türen zu schließen? Auch damals schon hätte es die technische Möglichkeit gegeben, eine Art Fernbedienung einzubauen, mit der alle wasserdichten Türen geschlossen werden konnten (eine ähnliche Vorrichtung war auch in die hydraulisch betätigten Türen der *Lusitania* eingebaut. Es ist nicht bekannt, ob eine derartige Anlage jemals bei der *Empress of Ireland* in Erwägung gezogen wurde. Die

Was die Unterbringung der Passagiere betraf, war die *Empress of Ireland* in Wirklichkeit ein Vier-Klassen-Schiff, auch wenn die Speiseräume die traditionelle Dreiteilung aufwiesen. In der ersten Klasse gab es 310 Plätze, 468 in der zweiten Klasse und 488 in der dritten Klasse. Das Zwischendeck war auf 270 Plätze ausgelegt. Es konnten also insgesamt 1 536 Passagiere mit diesem Schiff reisen. In der Forschungsliteratur zur *Empress of Ireland* werden die Unterbringungsmöglichkeiten im Zwischendeck bei der Berechnung ihrer Gesamtkapazität der dritten Klasse zugeschlagen. Das ist nicht ganz richtig, denn dadurch ignoriert man doch recht große Unterschiede. Passagiere der dritten Klasse waren in Kammern untergebracht, von denen einige abgebaut werden konnten, um weiteren Platz für Ladung zu schaffen. Im Zwischendeck gab es aber keine Kammern; Zwischendeckpassagiere schliefen in zweistökkigen Doppelkojen.

Die Rettungsmittel wurden in Übereinstimmung mit den damals geltenden Vorschriften des Handelsministeriums, der zuständigen Regierungsbehörde, bereitgestellt. Wie auch im Fall der *Titanic* gab es daher nicht genügend Rettungsboote, um jeden an Bord retten zu können. Die Originalausrüstung bestand aus sechzehn stählernen Rettungsbooten, die von der Seamless Steel Boat Co. hergestellt worden waren, sowie aus vier zusammenklappbaren Berthon-Booten. Von diesen sechzehn Stahlbooten waren sieben auf Backbord- und sieben auf Steuerbordseite des Bootsdecks untergebracht. An Steuerbord waren sie mit fortlaufenden ungeraden Nummern und an Backbord mit geraden Nummern versehen. Die Stahlboote Nr. 15 und Nr. 16 wurden ganz am achteren Ende des unteren Promenadendecks aufgestellt. Jedes dieser 2,5 Tonnen schweren Rettungsboote stand in Klampen unter einem Davit. Die 28 Fuß langen Berthon-Boote waren zu beiden Seiten des Maschinenraum-Oberlichts auf dem Bootsdeck untergebracht. Die gesamte Aufnahmekapazität betrug 940 Passagiere, vorausgesetzt, daß alle Rettungsboote erfolgreich zu Wasser gebracht werden konnten. War das Schiff aber voll ausgebucht und wollte man auch die Mannschaft nicht vergessen, so wurde die doppelte Anzahl von Plätzen benötigt. Was die persönlichen Rettungsmittel betraf, kam die Originalausrüstung dem Bedarf ziemlich nahe. Insgesamt 1 770 Schwimmwesten für Erwachsene, 150 für Kinder und 24 Rettungsbojen, von denen neun über kleine eingebaute Lampen verfügten, wurden zusammen mit dem Schiff ausgeliefert. Auf der Brücke befand sich ein 30-Zoll-Firebrand-Megaphon für Notfälle. Nach dem Untergang der *Titanic* und kurz vor Inkrafttreten der neuen, geänderten Bestimmungen des englischen Handelsministeriums bezüglich der Ausstattung mit Rettungsmitteln im Januar 1913 wurde die Ausstattung der *Empress of Ireland* den neuen Erfordernissen angepaßt. Die Davits wurden verlängert, damit sechzehn zusammenlegbare Englehardt-Boote zusätzlich unter den Stahlbooten verstaut werden konnten. Weitere vier Englehardt-Boote wurden unter den stählernen Rettungsbooten auf dem unteren Promenadendeck gestaut. Dadurch verdoppelte sich die Kapazität der Rettungsboote an Bord, so daß nunmehr maximal 1 860 Leute in 40 Booten untergebracht werden konnten. Die Anzahl der Rettungswesten wurde um 180 aufgestockt, so daß jetzt insgesamt 2 100 vorhanden waren, mehr als genug, um für eine Katastrophe gewappnet zu sein.

Das Schiff war mit Spezialtelephonen ausgestattet, die weniger zur Kommunikation dienten denn als Navigationshilfe. Sie wurden von der Submarine Signal Company hergestellt, hatten aber nichts mit jenen in Unterseeboote eingebauten Telephonen gemein. Unterwassersignalempfänger, denn das waren diese »Telephone« im Grunde, wurden eingesetzt, um Signale von submarinen Warnglocken aufzufangen, die entlang bestimmten Häfen und Küstenrouten ausgelegt waren. Die Signale wurden von Mikrophonen im Inneren von Tanks aufgefangen, die unterhalb der Wasserlinie der Schiffe angebracht waren. Eine Telephonleitung verband diese »Horchtanks« mit entsprechenden Empfangseinrichtungen auf der Brücke. Somit konnte ein Wachoffizier abwechselnd die Mikrophone an Backbord und an Steuerbord abhören und beurteilen, von welcher Seite die Warnsignale kamen. Viele moderne Atlantikliner, auch die *Titanic*, waren mit solchen Abhöranlagen ausgerüstet. Einer dieser einst auf der Brücke installierten Signalempfänger ist heute im Bernier Maritime Museum in L'Islet-sur-Mer im kanadischen Bundesstaat Quebec in der der *Empress of Ireland* gewidmeten Abteilung zu sehen.

Der Erste Offizier Mansfield R. Steede. (Mit freundlicher Genehmigung seines Enkels Mansfield R. Steede)

Bei der *Empress of Ireland* gehörten einige Besatzungsmitglieder quasi zum lebenden Inventar, so z. B. der aus Irland gebürtige Leitende Ingenieur William Sampson, der schon an Bord des Schiffs gekommen war, als es noch im Ausrüstungsdock der Fairfield-Werft lag. Sampson befand sich nicht nur während ihrer Jungfernreise an Bord, sondern auch bei allen anderen Fahrten. Der »Chief« – sein englischer Titel lautete Chief Engineer – verfügte über sage und schreibe 34 Jahre Berufserfahrung, die er fast vollständig auf See gesammelt hatte. Er lebte in Liverpool. Mansfield Richard Steede, ein Decksoffizier und ebenfalls Ire, stieß kurz nach der Jungfernreise zur Besatzung der *Empress.* Er war groß und schlank und wurde von allen sehr geschätzt. Der am 22. September 1872 in Whitegate in der Grafschaft Cork geborene Steede wuchs dort auch auf, denn sein Vater hatte ein Geschäft auf der Main Street. Im Alter von vierzehn Jahren verließ Steede sein Elternhaus, vermutlich nach einem Streit mit seinem Vater, und folgte in Liverpool dem Ruf der See. Seine frühen nautischen Erfahrungen bekamen den letzten Schliff auf der Viermastbark *Silverhorn.*

Dann wechselte Steede zur Dampfschiffahrt, ging zur Elder Dempster Line und machte dort rasch Karriere. Schon bald übertrug man ihm das Kommando über einen afrikanischen Küstendampfer. Später wurde ihm von Elder Dempster der Posten eines Reedereiinspektors an der westafrikanischen Küste übertragen. Nach seiner Rückkehr nach Liverpool heiratete er und bekam mit seiner Frau, einer früheren Miss Stuart, drei Kinder. Sein ältester Sohn wurde ebenfalls Mansfield Richard Steede getauft. Obwohl er das Kapitänspatent samt Zusatzprüfungen vorweisen konnte, heuerte er auf der *Empress of Ireland* nur als Zweiter Offizier an. So konnte er alle zwei Wochen bei seiner Familie in Liverpool sein.

Der Herzog und die Herzogin von Connaught reisten am Freitag, den 6. Oktober 1911, auf der *Empress of Ireland,* die unter dem Kommando von Kapitän Forster stand, von Liverpool nach Quebec. Grund ihrer Reise war die Ernennung des Herzogs zum Generalgouverneur von Kanada. Selbstverständlich waren für den Ehrengast seitens der Canadian Pacific die besten Kajüten, die sogenannten »Herzog«- und »Herzogin«-Suiten, reserviert worden. Diese Suiten waren in Erwartung dieser besonderen Überfahrt eingebaut worden. Die Suite des Herzogs – mit einem vollständig eingerichteten Badezimmer, einem Schlafraum mit zwei Betten und einem zusätzlichen Sofa sowie einem Wohnraum mit Schreibtisch und Bettcouch – lag hinter dem Café der ersten Klasse an Backbordseite. Anordnungen an den Steward konnte der Herzog bequem im Bett liegend erteilen, denn ein Telephonapparat war direkt über dem Kopf seines Betts installiert. Die Wände waren mit Lincrusta tapeziert, einer reich strukturierten Prägetapete. Die massiven Möbel

Links:
Der Schlafraum der Herzogin im Jahr 1911.
(National Maritime Museum, London)

Rechts:
Der Aufenthaltsraum der Herzogin.
(National Maritime Museum, London)

waren dick gepolstert und harmonisch auf Teppich, Vorhänge und auf die Bettüberwürfe abgestimmt. Die Suite der Herzogin an Steuerbordseite war ebenso luxuriös ausgestattet. Die Liste der an Bord befindlichen Kajütspassagiere der ersten Klasse widmete allein den Mitgliedern der königlichen Gesellschaft fast eine ganze Seite, auf der folgendes zu lesen war:

Feldmarschall, Seine Königliche Hoheit
Herzog von Connaught und Strathearn, K.G. etc.

Ihre Königliche Hoheit,
Herzogin von Connaught

Miss Pelly (Hofdame der
Herzogin von Connaught)

Oberstleutnant H. C. Lowther,
C.M.G., M.V.O., D.S.O.,
(Militärattaché und Sekretär)

Hauptmann W. Long, D.S.O. (Adjutant)
Leutnant A. Ramsay, R.N. (Adjutant)

Die von der Seamless Lifeboat Company Ltd. hergestellten Rettungsboote aus Stahl.
(Illustrated London News, Bildarchiv)

Zu diesem Zeitpunkt war die *Empress of Ireland* sechs Jahre in Diensten der CPR. Der designierte Gouverneur lobte ihre Einrichtung als »superb«. Die *Empress* verfügte wie nur wenige andere Schiffe über eine geradezu magische Qualität, so daß sich die Passagiere nicht nur sicher, sondern auch zu Hause fühlten. Vor allem Iren wußten es zu schätzen, den Ozean auf einem Schiff zu überqueren, das den Namen ihrer Heimat trug. Die sehr gepflegte Einrichtung und ihr Ruf, auch bei rauher See eine beständige Leistung zu zeigen, ließen die *Empress of Ireland* bei reich und arm gleichermaßen beliebt werden.

Der Herzog von Connaught schätzte Mansfield Steedes Gesellschaft sehr. Steede war ein charmanter Gesprächspartner, der sich auf dem gesellschaftlichen Parkett hervorragend bewegen konnte. Am Ende der Reise machte der Herzog ihm eine mit Diamanten geschmückte Krawattennadel aus Gold zum Geschenk. Später stieg Steede zum Ersten Offizier auf.

Die *Empress of Ireland* gehörte auch zu den 35 Liniendampfschiffen und Kreuzern, die für die königliche Flottenparade von Handels- und Kriegsschiffen am 11. Juli 1913 in Liverpool ausgewählt worden waren. Das Königspaar hatte den Vorsitz bei dieser Ehrenbezeugung der britischen Seestreitkräfte inne; zugleich wurde auch das Gladstone-Dock feierlich eingeweiht. Bei diesem Salut auf dem Mersey River war der *Empress of Ireland* Platz Nr. 13 zugewiesen worden, somit war sie fast gleichauf mit den Dampfschiffen *Mauretania* und *Carmania* der Cunard Line.

Das der *Empress of Ireland* vom englischen Handelsministerium ausgestellte Passagierzertifikat wurde im Februar 1914 für ein Jahr verlängert. Der Kontrolleur des Handelsministeriums begrenzte die Zahl der Passagiere in der dritten Klasse und im Zwischendeck auf 714. Diese Einschränkung erfolgte aufgrund des vorherigen Passagierzertifikats, bei dem man von einer Kapazität der Rettungsboote von 1 860 Plätzen ausgegangen war. Irgendwann wurde zu beiden Seiten des Funkraums je ein Berthon-Boot aufgestellt. Damit stieg die Gesamtkapazität um 100 Plätze auf insgesamt 1 960.

Am 15. Mai 1914 wurde die *Empress of Ireland* für die Überfahrt von Liverpool nach Quebec klargemacht. Beamte der Auswanderungsbehörde inspizierten das Schiff gründlich und prüften, ob alle Sicherheitsbestimmungen des Handelsministeriums eingehalten worden waren. Nach einem Trompetensignal kam der Befehl: »Alle Boote ausschwingen!« Daraufhin wurden alle sechzehn Rettungsboote aus Stahl ausgeschwenkt. Der zuständige Beamte Thomas E. Thompson faßte die Untersuchungsergebnisse in seinem Bericht an das Handelsministerium vom 4. Juni 1914 zusammen. Darin stellte er fest, daß jeweils zwei Mann in jedes Rettungsboot stiegen, um das Ruder einzuhängen und die Ruderpinne anzubringen. Diese Seeleute trugen Jacken, an die Abzeichen mit der jeweiligen Bootsnummer genäht worden waren. Inzwischen nahmen andere an Deck die Fallen klar. Vier Minuten nachdem der Befehl ausgegeben worden war, waren alle Rettungsboote klar zum Fieren. Thompson konnte außerdem zufriedenstellende Ergebnisse der Inspektion der wasserdichten Türen melden, die bei der Untersuchung geschlossen werden mußten. Nachdem die Rettungsboote wieder eingesetzt waren, wurde eine Feuerlöschübung angesetzt. Dazu deponierten ausgesuchte Wachmänner Notbeleuchtungen (Öllampen) in gefährdeten Gängen. Schläuche wurden mit Druck beaufschlagt und willkürlich ausgesuchte Handfeuerlöscher inspiziert. Alle Geräte arbeiteten einwandfrei. In seinem Bericht schrieb Thompson, daß 2 212 Rettungsgürtel sowie 150 Rettungsgürtel für Jugendliche an Bord mitgeführt wurden. Somit war die Stückzahl der Rettungswesten für Erwachsene seit dem drei Monate vorher ausgestellten Passagierzertifikat um 120 erhöht worden.

Am 22. Mai 1914 machte die *Empress of Ireland* nach einer reibungslos und recht angenehm verlaufenen Überfahrt in Quebec fest. Der von der Canadian Pacific eingesetzte Inspektor der Rettungsgeräte, Kapitän Hugh G. Staunton, setzte für den nächsten Tag eine Rettungsbootsübung an. Dabei wurden drei Boote tatsächlich zu Wasser gelassen und erprobt sowie zwei zusammenlegbare Englehardt-Boote einsatzklar gemacht. Da das Schiff zur gleichen Zeit längsseits Kohle lud, konnten bei dieser Übung keine weiteren Boote zu Wasser gebracht werden. Die *Empress* bestand im Mai 1914 alle erforderlichen Sicherheitskontrollen. In dem Bericht von Thompson sind keinerlei Mängel verzeichnet – für eine amtliche Untersuchung in jenen Jahren ein ungewöhnlich gutes Ergebnis. Die Schiffsbesatzung war zweifellos gut ausgebildet und für jeden Notfall gerüstet. Das war nicht weiter überraschend, denn Sicherheitsaspekte genossen bei der Canadian Pacific höchste Priorität. In der Dienstanweisung der CPR für ihre Kapitäne hieß es, daß sichere Navigation Vorrang vor allem anderen habe. Die Sicherheit der Menschen an Bord käme zuallererst, eine Zeitersparnis »darf nicht mit dem Risiko eines Unfalls erkauft werden«. Im gleichen Tenor, allerdings nicht ganz so allgemein formuliert, war ein Brief an alle Kapitäne der Cunard Line nach dem Untergang der *Titanic* gehalten. Alfred Booth, der Präsident von Cunard, wies darin seine Kapitäne an, sich vor der »Torheit« und »Dummheit« anderer Schiffsführer zu hüten: »Wenn Ihr Schiff verlorengeht oder beschädigt wird, ist es für uns, und auch für Sie, nur ein schwacher Trost zu wissen, daß Sie eigentlich keine Schuld daran hatten.«

Die Besatzung freute sich auf die 96. Reise der *Empress of Ireland,* denn es ging zurück nach Liverpool, und dort war die Mehrzahl der Crew zu Hause. Etwas an Bord würde aber auf dieser Fahrt für Offiziere und Mannschaften anders sein. Das Kommando war einem neuen Kapitän übertragen worden, der am 1. Mai 1914 in Halifax Kapitän Murray abgelöst hatte. Die Mannschaft fühlte sich ein wenig unbehaglich, da sie sich erst an die Launen des Neuen gewöhnen mußte. Denn jedes Schiff hatte »seinen eigenen Langspleiß«, einen eigenen Charakter, wie man sagte. Dem neuen »Alten« eilte sein Ruf voraus, denn es war noch gar nicht so lange her, daß er landes-, ja weltweit berühmt wurde als der Mann, der den Mörder Dr. Crippen in die Falle gelockt hatte. Der neue Kapitän war niemand anders als Henry George Kendall.

Ein Offizier entspannt sich auf dem Bootsdeck.
(Illustrated London News, Bildarchiv)

Passagiere der zweiten Klasse auf dem unteren Promenaden-deck. Im Hintergrund das Rettungsboot Nr. 15, das mit einer Persenning abgedeckt ist.
(The British Library)

4

Bon Voyage

Kapitän Kendalls Blick schweifte ruhig über den Hafen. Stumm ließ er vor seinem geistigen Auge die Ereignisse Revue passieren, die ihn auf die Brücke der *Empress of Ireland* geführt hatten. Stets hatte er daran geglaubt, daß jeder in gewissem Maß seines eigenen Glückes Schmied sei. Stolz hielt er Rückschau und dachte über die unglaubliche Wegstrecke nach, die er zurückgelegt und die nun ihren Höhepunkt erreicht hatte: Er hatte das Kommando auf der *Empress of Ireland.*

Henry George Kendall wurde am 30. Januar 1874 im Londoner Stadtteil Chelsea geboren. Als er noch ein Junge war, starb sein Vater; somit war er das einzige männliche Mitglied der Familie. Schon früh stand er auf eigenen Beinen; dies wurde durch den Verlust des Vaters noch zusätzlich verstärkt. In der Schule bekam ihm sein Freiheitsdrang nicht sonderlich gut, denn wegen seiner Streiche mußte er oft Schläge einstecken.

In Kendalls engerer Verwandtschaft gab es niemanden, der zur See fuhr. Mehrere Generationen zuvor war zwar einst ein Kapitän John Kendall mit seinem Schiff untergegangen, aber ein Beruf auf hoher See gehörte nicht zur Familientradition der Kendalls. Viele seiner Altersgenossen waren von den ein- und auslaufenden Schiffen auf der Themse fasziniert, nicht so Kendall.

Der junge Kendall besaß einen scharfen Verstand und konnte Dinge schnell und präzise durchdenken. Er war fünfzehn Jahre alt, als er zu überlegen begann, was er mit seinem Leben anfangen sollte: Er wollte Abenteuer erleben und außerdem etwas von der Welt sehen. Da von der Familie kein Erbe zu erwarten war und er zudem weder besonders ausgeprägte handwerkliche Talente besaß noch Neigung verspürte, einen kaufmännischen Beruf zu ergreifen, entschied sich Henry Kendall für die Seefahrt – eine naheliegende und logische Entscheidung, die es ihm auch erlaubte, sein Zuhause ohne größere Gewissensbisse zu verlassen. Seine Mutter, seine Schwestern und weitere Verwandte veranstalteten für ihn eine kleine Abschiedsparty, bevor er als Mannschaftsmitglied an Bord der *City of Berlin* ging. Kurz darauf starb seine Mutter.

Dieses als Bark getakelte Dampfsegelschiff mit einem Schornstein, das 1875 von Caird and Company im schottischen Greenock gebaut worden war, gehörte der Inman Line und verkehrte zwischen Liverpool und New York. Henry Kendall kam im Dezember 1889 an Bord; zwei Jahre zuvor war das Schiff mit neuen Dreifachexpansionsmaschinen ausgerüstet worden. Die *City of Berlin* konnte eine Höchstgeschwindigkeit von 16 Knoten erreichen, ihre schnellste Überfahrt dauerte 7 Tage und 14 Stunden. Auch war sie das erste Dampfschiff auf der Transatlantikroute, das über elektrisches Licht an Bord verfügte. Für einen angehenden Seemann gab es kaum ein besseres Schiff als die *City of Berlin.*

Zwei rauhe Atlantiküberquerungen ließen Kendall zur Überzeugung kommen, daß ihm eine etwas südlichere Reiseroute besser liegen würde. Außerdem wollte er die besondere Atmosphäre und die Eigenschaften eines unter Segeln gehenden Schiffs kennenlernen, bevor das letzte von ihnen endgültig von der See verschwunden war. So heuerte er als Jungmann auf der *Iolanthe* an. Dieses Schiff hatte Stahlschienen für den Bau der ersten Eisenbahnstrecke im Norden Australiens geladen, und ihr Zielhafen auf dem fünften Kontinent war Normanton.

Kendall war schon fünf Monate mit der *Iolanthe* auf See, als sie nach dem Durchqueren der Timorsee in den Golf von Carpentaria einlief. Die Besatzungsmitglieder waren einander mehr als überdrüssig, und Schlägereien an Bord ware mittlerweile an der Tagesordnung. Eine Auseinandersetzung zwischen einem schwarzen Amerikaner und einem aus der Karibik stammenden Matrosen endete fast tödlich, denn der Amerikaner hatte mehrere Male auf den Seemann von den Westindischen Inseln eingestochen. Dessen Blutverlust war so massiv, daß er an Deck bewußtlos zusammenbrach.

Kendall und ein Schiffskamerad namens Louie waren die einzigen Zeugen des Verbrechens. Dies wußte der Täter, der behauptete, in Notwehr gehandelt zu haben. Aufgrund der Aussagen von Kendall und Louie wurde er allerdings des versuchten Mords beschuldigt. Der Kapitän der *Iolanthe* hatte vor, den Fall nach der Ankunft in Normanton den dortigen Justizbehörden zu übergeben. Als Louie kurze Zeit später im Besanmast arbeitete, wurde ihm auf einmal schlecht, und er fiel beinahe auf das Deck hinunter. Man schaffte es gerade noch, ihn heil hinunterzuschaffen, doch er starb noch vor Sonnenaufgang – er war vergiftet worden. Der Kapitän zog es vor, ihn gleich auf See zu bestatten, anstatt den Leichnam für eine spätere Obduktion auf Eis zu legen. Ein Zeuge der Tat war somit beseitigt.

Kendall sagte als einziger gegen den Amerikaner aus. Das Gericht stufte die Angelegenheit als Streit zwischen Seeleuten ein, der zwar ausgeartet sei, aber eine Anklage wegen Mordes nicht gerechtfertigt erscheinen ließ. Zudem habe der Täter in Notwehr gehandelt. Die Klage wurde abgewiesen. Als freier Mann durfte der Messerstecher das Gericht verlassen und kehrte an Bord zurück.

Kendall war nun in einem echten Dilemma. Eine Rückkehr auf die *Iolanthe* war geradezu selbstmörderisch, denn der andere würde irgendwann versuchen, sich an ihm zu rächen. Die Vernunft gebot ihm, nicht mehr auf das Schiff zurückzukehren. Statt dessen beschloß Henry Kendall, nach Croydon aufzubrechen. Croydon war eine Kleinstadt ungefähr 100 Meilen landeinwärts, die während des Goldrausches gegründet worden war. Auf dem langen Marsch dorthin ernährte sich Kendall von wilden Datteln. Er wurde gastfreundlich aufgenommen und fand auch Arbeit, aber kein Gold.

Er hielt es dort nicht lange aus und wollte wieder zurück auf See. Also machte er sich auf den Weg zurück nach Normanton. Zu seiner großen Überraschung lag die *Iolanthe* immer noch im Hafen. Als Deserteur stand ihm eine sehr strenge Bestrafung bevor, ganz davon zu schweigen, daß es ihm ohnehin gelingen müßte, der Rache des Messerstechers zu entgehen. Kendall ließ sich etwas anderes einfallen: Heimlich ging er an Bord des Küstendampfschiffs *Yaralla*, das zum Postschiff umfunktioniert worden war und kurze Zeit später auslief.

Natürlich wurde er umgehend entdeckt, und der Kommandant der *Yaralla*, Kapitän Ussher, war keineswegs erfreut, einen blinden Passagier an Bord zu haben. Schlimmer war allerdings, daß der Erste Offizier der *Yaralla* Kendall als Deserteur der *Iolanthe* erkannte. Anstatt umzudrehen und somit die an Bord befindliche Post verspätet abzuliefern, setzte der Kapitän die Reise fort. Ussher wollte sich nicht vorhalten lassen, einen Deserteur an Bord versteckt zu halten; daher ließ er Kendall zusammen mit der Post beim nächsten Halt in Thursday Island an Land bringen.

Thursday Island gehört zu einer Inselgruppe in der Torres-Straße zwischen Kap York, Australien und Neuguinea. Für Dampfschiffe, die den Südpazifik überquerten, war sie eine beliebte Anlegestelle. Die Eigentümerin des größten der drei Hotels auf Thursday Island, eine Mrs. McNulty, nahm sich Kendalls an, dem auf dieser Insel seine nautischen Kenntnisse zugute kamen. Denn er arbeitete auf Booten, die als Basen für die Perlentaucher dienten, um sich etwas Geld zu verdienen. Das Leben in dieser paradiesischen Idylle war aber keineswegs ungefährlich. So wurde er einmal auf einem Perlentaucherboot von einem Skorpion genau zwischen Daumen und Zeigefinger gestochen. Kurz darauf schwoll sein Arm stark an. Die Eingeborenen retteten ihm nur dadurch das Leben, daß sie das Gift aus der Wunde saugten und ihn wach hielten, damit er nicht das Bewußtsein verlor. Nach mehr als einem Jahr auf Thursday Island hatte Kendall starkes Heimweh. Mit seinem schwerverdienten Geld aus der Perlenfischerei kaufte er sich auf einem norwegischen Schiff ein, das über Kap Hoorn nach England unterwegs war. Die Ladung des Norwegers mit elf Mann Besatzung war nicht gerade angenehm, denn er hatte Guano geladen, einen übelriechenden, aber sehr begehrten Dünger aus Seemöwenkot. Trotz dieser Ladung ging Kendall als Vollmatrose an Bord.

Die Crew entging nur knapp dem nassen Tod, denn das 40 Jahre alte Schiff wäre beinahe in einem Sturm vor der neuseeländischen Küste untergegangen. Dieses Unwetter war so stark, daß der Besanmast herausgerissen und über Bord gespült wurde. Im Verlauf der weiteren, 12 000 Meilen langen Reise ging bei schwerem Wetter auch noch die Großmaststenge über Bord. Außerdem war die Bark von 350 BRT so leck wie ein Sieb.

Der Proviant wurde im Verlauf der Überfahrt so knapp, daß die Mannschaft schon überlegte, ob sie nicht das Schiffsmaskottchen, ein Schwein namens Dennis, schlachten sollten. Die auf Wache ziehenden Besatzungsmitglieder hatten sich angewöhnt, ihre Kleidung über Dennis auszubreiten, damit diese angewärmt wurde, so daß sie nach Ablauf der Wache nicht in klammes Zeug schlüpfen mußten. Später bezeichnete Kendall Dennis »als einen guten Bordkameraden mit ausgezeichneten Gewohnheiten«. Zum Glück konnten sie in einem Hafen in Südamerika Proviant an Bord nehmen, bevor es notwendig wurde, dem Maskottchen an die Schwarte zu gehen.

Nach 197 Tagen auf See kam das Schiff schließlich in London an, nachdem es das letzte Stück auf der Themse hinaufgeschleppt worden war. Kendall war wieder zu Hause – völlig überraschend für seine Schwestern, die ihn für tot gehalten hatten. Denn seit seinem Abschied waren über zwei Jahre ins Land gegangen, und in dieser Zeit hatten sie kein einziges Lebenszeichen von ihrem Bruder erhalten. Kendall hatte nie einen Brief oder eine Karte geschickt. Erst jetzt erfuhr er, daß seine Mutter gestorben war.

Seine erste reguläre Offiziersposition auf einem Schiff der Nordatlantikroute war die eines Vierten Offiziers auf der *Lake Superior*, einem Dampfschiff von 5 000 BRT und mit einem Propeller, das der Beaver Line gehörte, eine Höchstgeschwindigkeit von 13 Knoten erreichte und Liverpool mit Quebec verband. Schon bei der ersten Überfahrt erinnerte sich Kendall an seine Entscheidung, lieber auf einer wärmeren Route Dienst zu tun, aber seine anfänglichen Bedenken zerstreuten sich relativ schnell. In seiner Autobiographie mit dem Titel *Adventures on the High Seas* schrieb er:

> *... die schrecklichen Nebel vor Neufundland veranlaßten mich, ernstlich darüber nachzudenken, ob ich die richtige Entscheidung getroffen hatte. Trotz des Verlangens, vor der Kälte in angenehmere Gewässer auszuweichen, begann ich diese nördliche Route zu schätzen, denn sie fesselte mich, und schließlich sträubte ich mich gegen eine andere Einsatzroute. Alle hier herrschenden Bedingungen und Verblüffungen waren ein Teil von mir geworden.*

Anfang 1903 konnte man in den Zeitungen zahllose Berichte über eine bevorstehende Übernahme einer atlantischen Flotte durch die Canadian Pacific lesen. Damals stand Kendall noch in Diensten der Beaver Line, die von Elder Dempster aufgekauft worden war. Kendall verfolgte gewissenhaft die Nachrichten in den Zeitungen und machte sich umgehend daran, seine Karriere zu sichern und voranzutreiben. Er suchte Arthur Piers auf, den für den Dampfschiffahrtsverkehr zuständigen Direktor der CPR.

Piers konnte Kendalls Bedenken zerstreuen, nachdem er dessen Lebenslauf studiert hatte, der für eine Weiterverwendung durch die CPR unbedingt erforderlich war. Offiziere mit einem Schifferpatent nebst Zusatzprüfungen sowie mit einem Offizierspatent der Marinereserve würde man, so Piers, auf jeden Fall behalten. Und beides konnte Kendall vorweisen.

Im Jahr 1907 wurde Kendall unter dem Kommando von Kapitän John V. Forster Erster Offizier auf der *Empress of Ireland.* Während dieser zwölf Monate bemerkte er, wie ungeheuer beliebt die *Empress of Ireland* war. Fast bei jeder Überfahrt war das Schiff komplett ausgebucht, und unter den prominenten Gästen waren unter anderem Earl Grey, der Generalgouverneur von Kanada, der Schriftsteller Rudyard Kipling sowie Guglielmo Marconi, dessen Erfindung der drahtlosen Übermittlung per Funk Kendall wenige Jahre später eine gewisse Berühmtheit verschaffte.

Kendall war nicht nur ein erfahrener Seemann, sondern zudem noch ein geselliger Kapitän, der seine Passagiere gern mit amüsanten Anekdoten oder einer improvisierten Rede unterhielt. Im folgenden will ich einen leicht bearbeiteten Auszug eines Bittgebets zitieren, das Kendall am 31. Mai 1908 auf See vortrug (das Originalmanuskript befindet sich heute im Archiv der Canadian Pacific):

Ethel Sabina Grundy Paton, eine prominente Angehörige der gehobenen Gesellschaft von Sherbrooke, die ihre Brüder in Übersee besuchen wollte. (*La Tribune,* aus einem am 19. Juli 1962 veröffentlichten Artikel)

mußte man am ersten Tag an Bord noch mit dem Chefsteward Gaade verhandeln, um den bestmöglichen Platz im Speiseraum der ersten Klasse zu erhalten.

Die Passagiere, die am 28. Mai im Speiseraum der ersten Klasse soupierten, waren reich, berühmt und gehörten zur obersten gesellschaftlichen Schicht. So war beispielsweise Ethel Sabina Grundy Paton an Bord, eine Dame der Gesellschaft aus Sherbrooke, Quebec, deren einzige Bürde das Gewicht ihrer unverzichtbaren Juwelen war. Ethel Paton wurde in Wales geboren und kam als kleines Kind nach Sherbrooke, wo ihr Vater, Frank Grundy, Vizepräsident der Quebec Central Railway wurde. Sie hatte William E. Paton geheiratet, den Eigentümer von Paton Manufacturing Company, Ltd., einer Wollspinnerei, die von Williams Vater gegründet worden war. Ethel und Willam Paton hatten einen Sohn, der sich anschickte, das Familienunternehmen weiterzuführen.

Der junge Paton begleitete seine Mutter auf dieser Reise nicht. Sie war ohne Begleitung unterwegs; ihr Ziel war Ägypten, wo ihre Brüder Fred und Robert als Zeitungskorrespondenten tätig waren. Mrs. Paton schritt über die höchste, ausschließlich für die Passagiere der ersten Klasse reservierte Gangway an Bord, die direkt auf das Schutzdeck und zu den exklusiven darüberliegenden Kabinen führte. Die 34jährige Stewardeß Helena Hollies leitete Mrs. Paton zu der für sie reservierten Kabine Nr. 32 auf dem oberen Promenadendeck, die in der Nähe des zweiten Schornsteins lag. Der Preis für die Überfahrt in dieser Kabine betrug 40 Pfund Sterling.

Ein weiterer Passagier in der ersten Klasse war Major Henry Herbert Lyman, ein Millionär aus Montreal. Der kahlköpfige, bärtige 59jährige hatte erst zwei Jahre zuvor die Tochter des New Yorker Geistlichen William Kirkby geheiratet. Es war seine erste Ehe. Lyman hatte seine Zeit seiner kränklichen Mutter, seiner Arbeit und anderen Interessen gewidmet, so daß er nie Zeit für den Bund fürs Leben gefunden hatte. Nachdem seine Mutter gestorben war, erlag er jedoch den Reizen der bezaubernden Miss Kirkby. Henry Lyman hatte seiner jungen Braut eine romantische Reise durch Europa versprochen. Seine junge Frau liebte ihn nicht nur und leistete ihm Gesellschaft, sie diente ihm sozusagen auch als Ohr zur Außenwelt, denn Lyman war im Lauf der Jahre fast taub geworden (das Hörrohr, das er benutzte, machte diesen Verlust kaum wett).

Henry Herbert Lyman hatte 1880 an der McGill University in Toronto sein Studium abgeschlossen. Unmittelbar danach war er in das väterliche Unternehmen eingetreten, der größten kanadischen Großhandelsfirma für pharmazeutische Produkte. Als er fünf Jahre später Partner wurde, änderte man den Firmennamen in Lyman Sons & Company. Nach dem Tode von Lyman senior wurde die Firma reorganisiert, in Lymans Ltd. umbenannt, und entwickelte sich zu einem großen, sehr profitablen Unternehmen.

Aufgrund seiner zahlreichen Verbindungen und Mitgliedschaften war Henry Lyman eine bekannte Figur diesseits und jenseits des Atlantiks. Er hatte als Fähnrich bei den Royal Scots of Canada, einem sehr traditionsreichen Regiment und zugleich Vorläufer der Royal Highlanders, gedient und den Dienst im Rang eines Majors quittiert. Sein großes Steckenpferd war die Entomologie, das Sammeln und Erforschen von Käfern und Schmetterlingen. Lyman entwickelte sich zu einem wahren Experten auf diesem Gebiet, hielt Vorträge und publizierte Aufsätze über Schmetterlinge. Er war Mitglied entomologischer Gesellschaften in Ontario, New York, Cambridge und London. Auch die American Association for the Advancement of Science, die amerikanische Gesellschaft zur Förderung der Wissenschaften, verlieh ihm die Mitgliedschaft. Am Abend vor der Abfahrt hielt er vor der Entomologischen Gesellschaft von Montreal noch einen Vortrag.

Henry Lyman war ein Mann voller Tatendrang und war auf so vielen Feldern tätig, daß ein biographisches Porträt kaum in aller Kürze zu bewältigen ist. So war er auch Mitglied der Royal Geographic Society, Vizepräsident der Graduate Society, des Promotionskollegiums, der McGill University, Aufsichtsratsvorsitzender des Montreal General Hospital, Direktor des British and Colonial Press Service, eines Pressedienstes, und Gründer der Imperial Federation League, einer Liga, die den Aufbau des britischen Empire auf bundesstaatlicher Grundlage befürwortete. In dieser Eigenschaft ergriff er vehement für den englischen Imperialismus Partei und nannte es die Pflicht Kanadas, dem britischen Weltreich militärisch beizustehen. Lyman nahm diese diversen Ehrenämter zusätzlich zu seinen geschäft-

neuseeländischen Küste untergegangen. Dieses Unwetter war so stark, daß der Besanmast herausgerissen und über Bord gespült wurde. Im Verlauf der weiteren, 12 000 Meilen langen Reise ging bei schwerem Wetter auch noch die Großmaststenge über Bord. Außerdem war die Bark von 350 BRT so leck wie ein Sieb.

Der Proviant wurde im Verlauf der Überfahrt so knapp, daß die Mannschaft schon überlegte, ob sie nicht das Schiffsmaskottchen, ein Schwein namens Dennis, schlachten sollten. Die auf Wache ziehenden Besatzungsmitglieder hatten sich angewöhnt, ihre Kleidung über Dennis auszubreiten, damit diese angewärmt wurde, so daß sie nach Ablauf der Wache nicht in klammes Zeug schlüpfen mußten. Später bezeichnete Kendall Dennis »als einen guten Bordkameraden mit ausgezeichneten Gewohnheiten«. Zum Glück konnten sie in einem Hafen in Südamerika Proviant an Bord nehmen, bevor es notwendig wurde, dem Maskottchen an die Schwarte zu gehen.

Nach 197 Tagen auf See kam das Schiff schließlich in London an, nachdem es das letzte Stück auf der Themse hinaufgeschleppt worden war. Kendall war wieder zu Hause – völlig überraschend für seine Schwestern, die ihn für tot gehalten hatten. Denn seit seinem Abschied waren über zwei Jahre ins Land gegangen, und in dieser Zeit hatten sie kein einziges Lebenszeichen von ihrem Bruder erhalten. Kendall hatte nie einen Brief oder eine Karte geschickt. Erst jetzt erfuhr er, daß seine Mutter gestorben war.

Seine erste reguläre Offiziersposition auf einem Schiff der Nordatlantikroute war die eines Vierten Offiziers auf der *Lake Superior*, einem Dampfschiff von 5 000 BRT und mit einem Propeller, das der Beaver Line gehörte, eine Höchstgeschwindigkeit von 13 Knoten erreichte und Liverpool mit Quebec verband. Schon bei der ersten Überfahrt erinnerte sich Kendall an seine Entscheidung, lieber auf einer wärmeren Route Dienst zu tun, aber seine anfänglichen Bedenken zerstreuten sich relativ schnell. In seiner Autobiographie mit dem Titel *Adventures on the High Seas* schrieb er:

> *... die schrecklichen Nebel vor Neufundland veranlaßten mich, ernstlich darüber nachzudenken, ob ich die richtige Entscheidung getroffen hatte. Trotz des Verlangens, vor der Kälte in angenehmere Gewässer auszuweichen, begann ich diese nördliche Route zu schätzen, denn sie fesselte mich, und schließlich sträubte ich mich gegen eine andere Einsatzroute. Alle hier herrschenden Bedingungen und Verblüffungen waren ein Teil von mir geworden.*

Anfang 1903 konnte man in den Zeitungen zahllose Berichte über eine bevorstehende Übernahme einer atlantischen Flotte durch die Canadian Pacific lesen. Damals stand Kendall noch in Diensten der Beaver Line, die von Elder Dempster aufgekauft worden war. Kendall verfolgte gewissenhaft die Nachrichten in den Zeitungen und machte sich umgehend daran, seine Karriere zu sichern und voranzutreiben. Er suchte Arthur Piers auf, den für den Dampfschiffahrtsverkehr zuständigen Direktor der CPR.

Piers konnte Kendalls Bedenken zerstreuen, nachdem er dessen Lebenslauf studiert hatte, der für eine Weiterverwendung durch die CPR unbedingt erforderlich war. Offiziere mit einem Schifferpatent nebst Zusatzprüfungen sowie mit einem Offizierspatent der Marinereserve würde man, so Piers, auf jeden Fall behalten. Und beides konnte Kendall vorweisen.

Im Jahr 1907 wurde Kendall unter dem Kommando von Kapitän John V. Forster Erster Offizier auf der *Empress of Ireland.* Während dieser zwölf Monate bemerkte er, wie ungeheuer beliebt die *Empress of Ireland* war. Fast bei jeder Überfahrt war das Schiff komplett ausgebucht, und unter den prominenten Gästen waren unter anderem Earl Grey, der Generalgouverneur von Kanada, der Schriftsteller Rudyard Kipling sowie Guglielmo Marconi, dessen Erfindung der drahtlosen Übermittlung per Funk Kendall wenige Jahre später eine gewisse Berühmtheit verschaffte.

Kendall war nicht nur ein erfahrener Seemann, sondern zudem noch ein geselliger Kapitän, der seine Passagiere gern mit amüsanten Anekdoten oder einer improvisierten Rede unterhielt. Im folgenden will ich einen leicht bearbeiteten Auszug eines Bittgebets zitieren, das Kendall am 31. Mai 1908 auf See vortrug (das Originalmanuskript befindet sich heute im Archiv der Canadian Pacific):

Kapitän Henry George Kendall.

Durch ew'gen Nebel suchen wir mühsam unsre Wege,
entlang der Bänke, die des leck'ren Dorschs Gehege…

Der Kapitän, der schlaflos auf der Brücke schaut:
Tausend Seelen sind seinen Händen anvertraut.
Wir sind wachsam, auf daß hinter Nebelschleiern
keine gespenstischen Barken oder Eisschollen lauern.
Durch einsame Stille dringt der tiefe Ton
des Nebelhorns, und er schwebt leicht davon.
Die Fenster sind von feuchten Tränen fast erblindet,
und der Ozean in nasser Luft verschwindet…

Der »Empress« *mit der frommen Mannschaft hier*
hienieden
sei ein glücklicher und leichter Kurs beschieden!
Und möge die See ihrer stolzen rot-weißen
Hausflagge stets respektvoll Tribut verheißen.

1908 erhielt Kendall, der inzwischen achtzehn Jahre auf See verbracht hatte, das Kommando auf dem Dampfschiff *Milwaukee.* In den folgenden sechs Jahren machte er sich als Kapitän der *Monmouth,* der berüchtigten *Montrose* und der *Lake Champlain* einen Namen (letztere wurde später in *Ruthenia* umbenannt). Im Jahr 1912 war Kendall Kapitän auf der *Lake Champlain* und kam mit seinem Schiff der *Corsican,* die der Allan Line gehörte, zu Hilfe, denn diese hatte vor Neufundland einen Eisberg gerammt.

Zeitweilig führte Kendall in Vertretung des erkrankten Kapitäns auch das Kommando auf dem Dampfschiff *Lake Erie.* Nachdem die *Lake Erie* in Boston angelegt hatte, erhielten Kendall und die ranghöchsten Offiziere von der örtlichen Theatervereinigung Freikarten für das Stück »Caught by Wireless« (Das Funkgerät fing ihn). Für sie war eine luxuriöse Privatloge reserviert worden. Kurz bevor der Vorhang zum II. Akt hochgezogen wurde, trat der Theaterdirektor vor den Vorhang und wies das Publikum darauf hin, daß sich der Held der Crippen-Affäre heute unter ihnen befände. Kendall erhielt stehende Ovationen von den Theaterbesuchern.

Als Kendall sein fünftes Kommando, nämlich die *Empress of Ireland,* übernahm, war er 40 Jahre alt. Er unternahm eine Rundreise von Halifax nach Liverpool; die Rückfahrt ging über den Sankt-Lorenz-Strom bis nach Quebec. Die folgende Reise wäre Kendalls erste, bei der er mit der *Empress* von Quebec aus in See ging.

Kapitän Kendall stand auf der Backbord-Brückennock und überwachte die letzten Vorbereitungen vor dem Auslaufen. Es war der Nachmittag des 28. Mai 1914, einem Donnerstag. Die Vorbereitungen für eine Atlantiküberquerung waren damals nicht ganz so hektisch wie heutzutage. Die *Empress of Ireland* hatte sieben Tage Zeit, um 2 600 Tonnen Kohle und 1 100 Tonnen Frachtgut zu übernehmen. Heutzutage hat die Besatzung der *Queen Elizabeth II* Glück, wenn zwischen Ankunft und Abfahrt acht Stunden liegen. Natürlich war der Ladungsumschlag anno 1914 aus heutiger Sicht recht primitiv, denn die Kohle wurde noch in Eimern, die von Hand zu Hand gingen, von längsseits liegenden Leichtern an Bord gegeben.

In der dritten Klasse und im Zwischendeck war die *Empress* mit 714 Passagieren bis auf den letzten Platz ausgebucht. In der ersten und zweiten Klasse sah es jedoch nicht ganz so gut aus. Nur ein Drittel der Betten in der ersten Klasse war belegt, und auch die zweite Klasse war halb leer. Für eine Atlantiküberquerung mit der *Empress* war dies sehr ungewöhnlich. Die Stewards freuten sich jedoch auf eine weniger arbeitsreiche Überfahrt.

Die Firma Gunn's Ltd. war für die Versorgung der CPR-Schiffe mit Lebensmitteln verantwortlich. Nachdem der Proviant übernommen war, setzte sich Mr. Paulhus von Gunn's mit dem Chefsteward Augustus Gaade zu einer Tasse Tee zusammen. Sie saßen in einer Nische des Speiseraums der ersten Klasse. Auf dem Tisch lag die Quittung für die übernommenen Lebensmittel, unter anderem 7 000 Pfund frisches Rind- und Schweinefleisch, 1 200 bratfertige Hähnchen und mehrere Tonnen landwirtschaftlicher Produkte.

Paulhus und Gaade kamen gut miteinander aus. Aber Gaade konnte es sich am Abfahrtstag nicht leisten, lange mit dem Mann von Gunn's zu plaudern. Er war schon lange bei der CPR und seinem Arbeitgeber gegenüber loyal; es war weithin bekannt, daß seine Betreuung der Passagiere exzellent war. Schon seit der Jungfernfahrt war Gaade auf der *Empress.* Sie beendeten ihr freundschaftliches Gespräch und tranken ihren Tee aus. Der Chefsteward stand auf und bürstete die Manschetten seiner blauen Stewardjacke ab. Er versprach, für zwei Tage in Montreal zu bleiben, sobald er wieder aus England zurück sei. Dann verschwand Gaade durch die vordere Tür des Speiseraums. Paulhus ging kurz vor 16 Uhr 15, der planmäßigen Abfahrtszeit, von Bord.

Dem Ladungsverzeichnis ist zu entnehmen, daß die Fracht der *Empress* diesmal recht kostbar war. Die Nipissing Mine in Cobalt im kanadischen Bundesstaat Ontario schickte 212 Silberbarren im Wert von 1 099 000 Dollar nach London. Die Sendung war am Tag zuvor mit der Eisenbahn aus Quebec eingetroffen. Sie war in zwei Ladungen aufgeteilt: in 49 Barren im Wert von 275 000 Dollar und in 163 Barren, deren Wert auf rund 824 000 Dollar veranschlagt war. Das Edelmetall wurde sorgfältig von privaten Wachleuten bewacht, die die Barren genau im Auge behielten, bis sie im Schiffsinneren verschwanden. Kapitän Kendall beobachtete den Ladevorgang von der Brücke aus. Ein Wächter wollte es sich einen Augenblick bequem machen und lehnte sich gegen die Silberkisten. Als er den Kopf hob, fing er Kendalls Blick auf und nahm sofort wieder Haltung an – so groß war der Respekt vor der Befehlsgewalt des Kapitäns der *Empress of Ireland.*

Das Gepäck der Passagiere war schon im Lauf des Tages an Bord gebracht worden. Das war anstrengend, umständlich und oft recht chaotisch, denn die Taschen und Koffer der Passagiere wurden auf Karren zur nächsten Luke gefahren und dann von Hand verladen. Größere Kisten und Gepäckstücke wurden mit Hilfe der Dampfwinden des Schiffes an Bord gehievt. Das Reisegepäck wurde zunächst an Deck abgestellt, wo es sortiert werden mußte. Die CPR händigte den Passagieren bei der Buchung Gepäckanhänger aus, auf denen »Wanted« (Erwünscht) oder »Unwanted« (Nicht erwünscht) stand. Gepäckstücke mit »Unwanted«-Anhängern wurden in die nach Klassen getrennten Gepäckräume gebracht. »Wanted«-Gepäck wurde sofort in die jeweilige Kajüte geschafft. Kajütspassagiere hatten 20 Kubikfuß Stauraum für ihr Gepäck zur Verfügung; alles, was dies überschritt, mußte zusätzlich bezahlt werden.

Zu denen, die das Gepäck verluden, gehörte auch William Lawrence Hughes, ein achtzehn Jahre alter Hilfssteward aus Liverpool. Schon mit 14 war er an Bord gekommen und hatte inzwischen 49 Reisen auf der *Empress* mitgemacht. Dieser adrette und schlanke Bursche war unbekümmert und sprach nie böse über andere. Er hatte lokkige, braune Haare und ein breites Lachen, das bis an beide – recht groß geratene – Ohren reichte, wobei dann eine kleine Lücke zwischen den oberen Schneidezähnen zu sehen war. Wegen seiner entwaffnenden Art im Umgang mit den Passagieren und seiner Beliebtheit bei der Mannschaft, die er seinen witzigen Bemerkungen verdankte, nannten ihn seine Kameraden freundschaftlich »Billy Boy«.

Die Kajütspassagiere wurden persönlich von einem Steward in ihre Kabinen geleitet. Dort mußten gewisse Absprachen getroffen werden. So wurde dem Steward mitgeteilt, wie lange vor dem Essen man benachrichtigt werden wollte. Außerdem mußten die Kajütspassagiere den Badezimmer-Steward instruieren, zu welcher Zeit und wie warm sie das tägliche Bad nehmen wollten. Und schließlich

Ein Passagier kennzeichnet »unerwünschtes« Gepäck, das im Laderaum gelagert werden soll. (Peabody Essex Museum, Salem, Massachusetts)

Ethel Sabina Grundy Paton, eine prominente Angehörige der gehobenen Gesellschaft von Sherbrooke, die ihre Brüder in Übersee besuchen wollte. (*La Tribune,* aus einem am 19. Juli 1962 veröffentlichten Artikel)

mußte man am ersten Tag an Bord noch mit dem Chefsteward Gaade verhandeln, um den bestmöglichen Platz im Speiseraum der ersten Klasse zu erhalten.

Die Passagiere, die am 28. Mai im Speiseraum der ersten Klasse soupierten, waren reich, berühmt und gehörten zur obersten gesellschaftlichen Schicht. So war beispielsweise Ethel Sabina Grundy Paton an Bord, eine Dame der Gesellschaft aus Sherbrooke, Quebec, deren einzige Bürde das Gewicht ihrer unverzichtbaren Juwelen war. Ethel Paton wurde in Wales geboren und kam als kleines Kind nach Sherbrooke, wo ihr Vater, Frank Grundy, Vizepräsident der Quebec Central Railway wurde. Sie hatte William E. Paton geheiratet, den Eigentümer von Paton Manufacturing Company, Ltd., einer Wollspinnerei, die von Williams Vater gegründet worden war. Ethel und Willam Paton hatten einen Sohn, der sich anschickte, das Familienunternehmen weiterzuführen.

Der junge Paton begleitete seine Mutter auf dieser Reise nicht. Sie war ohne Begleitung unterwegs; ihr Ziel war Ägypten, wo ihre Brüder Fred und Robert als Zeitungskorrespondenten tätig waren. Mrs. Paton schritt über die höchste, ausschließlich für die Passagiere der ersten Klasse reservierte Gangway an Bord, die direkt auf das Schutzdeck und zu den exklusiven darüberliegenden Kabinen führte. Die 34jährige Stewardeß Helena Hollies leitete Mrs. Paton zu der für sie reservierten Kabine Nr. 32 auf dem oberen Promenadendeck, die in der Nähe des zweiten Schornsteins lag. Der Preis für die Überfahrt in dieser Kabine betrug 40 Pfund Sterling.

Ein weiterer Passagier in der ersten Klasse war Major Henry Herbert Lyman, ein Millionär aus Montreal. Der kahlköpfige, bärtige 59jährige hatte erst zwei Jahre zuvor die Tochter des New Yorker Geistlichen William Kirkby geheiratet. Es war seine erste Ehe. Lyman hatte seine Zeit seiner kränklichen Mutter, seiner Arbeit und anderen Interessen gewidmet, so daß er nie Zeit für den Bund fürs Leben gefunden hatte. Nachdem seine Mutter gestorben war, erlag er jedoch den Reizen der bezaubernden Miss Kirkby. Henry Lyman hatte seiner jungen Braut eine romantische Reise durch Europa versprochen. Seine junge Frau liebte ihn nicht nur und leistete ihm Gesellschaft, sie diente ihm sozusagen auch als Ohr zur Außenwelt, denn Lyman war im Lauf der Jahre fast taub geworden (das Hörrohr, das er benutzte, machte diesen Verlust kaum wett).

Henry Herbert Lyman hatte 1880 an der McGill University in Toronto sein Studium abgeschlossen. Unmittelbar danach war er in das väterliche Unternehmen eingetreten, der größten kanadischen Großhandelsfirma für pharmazeutische Produkte. Als er fünf Jahre später Partner wurde, änderte man den Firmennamen in Lyman Sons & Company. Nach dem Tode von Lyman senior wurde die Firma reorganisiert, in Lymans Ltd. umbenannt, und entwickelte sich zu einem großen, sehr profitablen Unternehmen.

Aufgrund seiner zahlreichen Verbindungen und Mitgliedschaften war Henry Lyman eine bekannte Figur diesseits und jenseits des Atlantiks. Er hatte als Fähnrich bei den Royal Scots of Canada, einem sehr traditionsreichen Regiment und zugleich Vorläufer der Royal Highlanders, gedient und den Dienst im Rang eines Majors quittiert. Sein großes Steckenpferd war die Entomologie, das Sammeln und Erforschen von Käfern und Schmetterlingen. Lyman entwickelte sich zu einem wahren Experten auf diesem Gebiet, hielt Vorträge und publizierte Aufsätze über Schmetterlinge. Er war Mitglied entomologischer Gesellschaften in Ontario, New York, Cambridge und London. Auch die American Association for the Advancement of Science, die amerikanische Gesellschaft zur Förderung der Wissenschaften, verlieh ihm die Mitgliedschaft. Am Abend vor der Abfahrt hielt er vor der Entomologischen Gesellschaft von Montreal noch einen Vortrag.

Henry Lyman war ein Mann voller Tatendrang und war auf so vielen Feldern tätig, daß ein biographisches Porträt kaum in aller Kürze zu bewältigen ist. So war er auch Mitglied der Royal Geographic Society, Vizepräsident der Graduate Society, des Promotionskollegiums, der McGill University, Aufsichtsratsvorsitzender des Montreal General Hospital, Direktor des British and Colonial Press Service, eines Pressedienstes, und Gründer der Imperial Federation League, einer Liga, die den Aufbau des britischen Empire auf bundesstaatlicher Grundlage befürwortete. In dieser Eigenschaft ergriff er vehement für den englischen Imperialismus Partei und nannte es die Pflicht Kanadas, dem britischen Weltreich militärisch beizustehen. Lyman nahm diese diversen Ehrenämter zusätzlich zu seinen geschäft-

Der Großwildjäger und Weltreisende Sir Henry Seton-Karr, der auch Kapitän des Royal Wimbledon Golf Club war. (The British Library)

lichen Verpflichtungen wahr. Die Reise auf der *Empress of Ireland* war für die Lymans daher eine willkommene Abwechslung, denn an Bord konnten sie etwas Zeit miteinander verbringen.

Sir Henry Seton-Karr, der ebenfalls in der ersten Klasse reiste, vereinigte in seiner Person Reichtum, hohes gesellschaftliches Ansehen und Prominenz. Er stammte aus Schottland und war als Großwildjäger, Forschungsreisender, Bergsteiger, Lachsfischer, Schriftsteller und exzellenter Golfspieler bekannt. Er war ein ähnliches Rauhbein wie der amerikanische Präsident Theodore Roosevelt, aber Seton-Karr verfügte in gleichem Maße ebenfalls über die Kultiviertheit eines Adligen. Diese männlichen Qualitäten und sein ungewöhnlich gutes Aussehen halfen ihm, Hand und Herz von Edith Pilkington zu gewinnen. Sie stammte aus der Familie des Glasfabrikanten William Pilkington, dem die bekannte Manufaktur in Liverpool, ein etabliertes und florierendes Unternehmen, gehörte. Henry Seton-Karr schloß seine juristische Ausbildung mit Prädikat ab und wurde 1879 als Anwalt zugelassen. Ein Jahr darauf heiratete er die 27jährige Edith Pilkington. Schon kurze Zeit später profitierte Seton-Karr von seiner Heirat in die angesehene Industriellenfamilie. Als Kandidat der Tories, der englischen Konservativen, wurde er ins Parlament gewählt – seinen Sitz behielt er zwanzig Jahre – und schließlich geadelt.

Er liebte das Bergsteigen in den Rocky Mountains und in Norwegen. In Ostafrika entdeckte er nach eigener Aussage während einer Löwenjagd zufällig die Geburtsstätte der menschlichen Rasse. Er sei auf mehrere paläolithische Objekte gestoßen, von denen er ernstlich annahm, daß sie aus dem Garten von Eden stammen würden. Seton-Karr sagte, er habe vielleicht »den Spaten in der Hand gehabt, mit dem Adam grub«.

Als Seton-Karr sich auf der *Empress* einschiffte, war er 61 Jahre alt. Nachdem seine erste Frau überraschend gestorben war, hatte er Jane Jarvie Thorburn aus Edinburgh geheiratet. Der schnurrbärtige Abenteurer war zwar etwas schwerer geworden und hatte die meisten seiner Haare eingebüßt, war aber immer noch ein schneidiger Mann. Man kann ihn sich gut mit Tweedjackett, Seidenkrawatte, Flanellweste und sportlichen Knickerbockers bekleidet vorstellen – nie zu beschäftigt, um sich nicht in ein neues Abenteuer zu stürzen.

Bevor er sich auf der *Empress* einschiffte, war Seton-Karr in British Columbia auf der Jagd gewesen, denn seiner Meinung nach wurde British Columbia von keinem anderen Jagdgebiet übertroffen. Und er hatte auch einen Elch mittlerer Größe geschossen. Die Schaufeln hatte er als Trophäe mit seinem »Unwanted«-Gepäck in den Laderaum schaffen lassen.

Ohne seine Frau und seine beiden Kinder reiste Clayton R. Burt, Direktor der Russell Motor Car Company in Toronto. Seine Firma schickte ihn erster Klasse nach Europa, damit er sich vor Ort über Hersteller und Lieferanten informieren konnte. Die Russell Motor Car Company importierte von dort nämlich einige Teile für ihre Automodelle, wie beispielsweise Zündmagneten für elektrische Starter.

Burt war laut und herzlich, hatte zwar etwas grobe Gesichtszüge, sah aber dennoch gut aus. Er liebte seine Arbeit und fand beinahe poetische Worte, wenn er auf die Russell-Knight-Automobile zu sprechen kam. Der »Knight« war ein langgestrecktes Fahrzeug, das für seinen starken Motor und seine Ausstattung bekannt war. Burr rühmte vor allem die 12 Zoll dicke Polsterung. In ihren Werbeprospekten schrieb die Russell Motor Car Company, daß der Knight in erster Linie entworfen worden sei, um allerhöchste Anforderungen zu erfüllen, weniger, um für einen möglichst niedrigen Preis angeboten zu werden. Der Preis des Wagens war auch entsprechend hoch: Ein Russell-Knight kostete 2 975 Dollar.

Ein weiterer Erste-Klasse-Passagier mit beruflichen Verbindungen zur Automobilindustrie war Charles R. Clark. Er kehrte nach London zurück, nachdem er an einigen geschäftlichen Besprechungen der Hupp Motor Car Company in Detroit teilgenommen hatte. Clark war Verkaufsdirektor bei der Firma Whiting Ltd., einem Generalvertreter von »Hupmobiles« in England und Irland. Hupmobile waren leicht zu erkennen: Sie hatten eine flache, aerodynamisch geformte Frontpartie, einen feinen, maschenartigen Kühlergrill und geschwungene Kotflügel.

Passagiere der höchsten Gesellschaftsschicht konnte man leicht erkennen, denn sie reisten mit eigenen Bediensteten. Persönliche Diener tauchten auf der Passagierliste namentlich nicht auf, sondern wurden im Anschluß an die Namen ihrer Herrschaft mit der jeweiligen Funktion aufgelistet: Familie XY »und Zofe«. Für jeden Dienstboten wurde ein Fahrpreis von 15 Pfund Sterling erhoben. Für die Überfahrt des 28. Mai verzeichnete die Kajütliste der ersten Klasse drei Familien, die »mit Zofe« reisten. Es waren dies: Mrs. Cullen, ihre Tochter Maudie und ihr Sohn aus Toronto; das Ehepaar O'Hara mit ihrer Tochter, ebenfalls aus Toronto; und Mr. und Mrs. Laurence Irving aus London. Die Zofe der Cullens, Jennie Blyth, war eigentlich deren Kindermädchen.

Die Irvings waren wohl die berühmtesten Passagiere auf der *Empress.* Laurence Irving war ein bekannter Theaterschauspieler, der ein schweres Erbe angetreten hatte, denn sein Vater war der weltberühmte Shakespeare-Darsteller Sir Henry Irving. Dessen Stil wirkte noch stark auf viel jüngere Schauspieler wie Laurence Olivier und John Gielgud. Eine Rolle gab es jedoch, in der Sir Henry nicht brillierte – und das war die des Ehemanns und Vaters. Er verließ seine Familie, als Laurence noch klein war. Die beiden Söhne mußten von der Mutter allein großgezogen werden.

Laurence Irving wollte unbedingt in die Fußstapfen seines Vaters treten, aber sowohl seine Mutter als auch sein Vater rieten ihm heftig davon ab. Henry Irving weigerte sich, ihn in sein Ensemble aufzunehmen. Er hätte viel lieber gesehen, daß Laurence in die Armee eingetreten wäre. Laurence Irving war so außer sich, daß er versuchte, sich das Leben zu nehmen, aber sein Versuch schlug – glücklicherweise – fehl. Seine Familie begann seinen Wunsch zu respektieren, Schauspieler zu werden. Er wurde dann sogar in die Schauspieltruppe seines Vaters aufgenommen und lernte dort auch seine spätere Frau Mabel Hackney kennen.

Sir Henry Irving starb 1905 nach einer Aufführung von *Becket* im Grand Theatre in Bradford. Sein Sohn arbeitete hart an seiner Karriere und erfuhr allmählich die gebührende Anerkennung als Schauspieler. Im Jahr 1910 schrieb er *The Unwritten Law* (Das ungeschriebene Gesetz), eine Bearbeitung des Romans *Schuld und Sühne* von Fjodor Dostojewski, ein Stück, in dem er auch selbst die Hauptrolle übernahm. 1914 war Irving mit seinem Ensemble auf Tournee in Kanada und spielte *Das ungeschriebene Gesetz* und ein anderes Stück, *Typhoon.* Diese Tournee wurde zu einem gewissen Teil von der British-Canadian Theatrical Organization unterstützt. Die Irvings und die Martin Harvey & Company waren bis dato die ersten, die Theaterstücke ausschließlich für Gastspiele in Kanada einstudiert hatten. Die Aufführungen der Irvings waren sehr große Erfolge, auch wenn *Typhoon* von der Kritik recht unterschiedlich aufgenommen wurde.

In diesem Stück spielte Irving den japanischen Patrioten Doktor Takeramon, der, von seinem Diplomatenstatus geschützt, den Widerstand gegen die französische Besat-

Szenen aus Typhoon *mit Laurence Irving und Mabel Hackney.* (Illustrated London News, Bildarchiv)

Links:
Mabel Hackney in The Degenerates.
(The British Library)

Rechts:
Irving als der ehrgeizige Graf Skule in The Pretenders, *der den norwegischen Königsthron erobern will.*
(Illustrated London News, Bildarchiv)

zungsmacht in Indochina schürt. Irvings Frau spielte die Helene, eine attraktive Verführerin, die für die Franzosen arbeitet und dem Diplomaten zum Verhängnis wird, da Takeramon sich hoffnungslos in sie verliebt. Zerrissen zwischen der Liebe zu seiner Feindin und dem Unvermögen, seine patriotische Pflicht zu erfüllen, begeht Takeramon schließlich Selbstmord. Seine letzten Worte sind: »Was bedeutet Tod? Der Tod ist nur der Übergang in ein anderes Leben.«

Typhoon war auch im königlichen Theater in Montreal zu sehen gewesen, doch die letzte Vorstellung, die die Irvings gaben, bevor sie an Bord der *Empress of Ireland* gingen, war eine Aufführung von *Das ungeschriebene Gesetz* am 23. Mai in Winnipeg. In der Schlußszene dieses Schauspiels beschwört Sonja (Mabel Irving) Rodion (Laurence Irving), sich vor einem mit Ikonen geschmückten Altar zu bekreuzigen. Rodion weigert sich, denn er wolle keine bemalte Pappe anbeten, sondern lieber den Geist, der Sonja ist. Er dreht dem Altar den Rücken zu und schlägt das Kreuz vor Sonja, während der Vorhang fällt. Kurioserweise bekreuzigte sich auch sein Vater in der Rolle des Thomas Becket im gleichnamigen Drama, bevor der Vorhang nach seiner letzten Vorstellung fiel.

Beide Irvings waren außergewöhnliche Schauspieler, die für den Bühnenerfolg bis an ihre Grenzen gingen. Auch mit seinem Publikum konnte Laurence Irving streng sein. Niemand durfte während der Vorstellungen husten, ja sich nicht einmal räuspern, denn es war bekannt, daß er einmal eine Vorstellung unterbrochen hatte, nachdem jemand im

Publikum die Schauspieler durch Husten gestört hatte. Die Vorstellung ging weiter, nachdem Irving dem Unglücksraben ironisch ein Hustenbonbon angeboten hatte.

Eigentlich war geplant, daß Irvings gesamte Theatergruppe auf der *Empress of Ireland* die Rückreise antreten sollte, aber es war nicht genug Zeit, alle Kulissen abzubauen und zudem noch die Kostüme für die 1 600 Meilen lange Reise von Winnipeg nach Quebec zu verstauen. Deshalb buchte das Ensemble, auch die Irvings, Plätze auf der *Teutonic* der White Star Line, die am 31. Mai in See gehen sollte. Nun gab es allerdings keinen zwingenden Grund, weshalb die Irvings ihre Abreise verschieben sollten, bis die Truppe fertig war. Daher buchten sie erneut Plätze auf der *Empress of Ireland.* Ihre Zofe, Hilda Haggerston, und der Kammerdiener wollten mit den übrigen Schauspielern auf der *Teutonic* zurückreisen. Was den Kammerdiener anging, gab Laurence nach, aber Mabel weigerte sich strikt, eine Ozeanreise ohne ihre Kammerzofe zu machen. Widerstrebend ging Hilda mit den Irvings an Bord der *Empress.*

Laurence Irvings gesellschaftliches Auftreten entsprach voll und ganz seiner Präsenz auf der Bühne. In der Rolle eines prominenten Passagiers auf einem Ozeandampfer war er die perfekte Besetzung. Die anderen Gäste erkannten den hageren Schauspieler sofort, denn er kleidete sich ausgesprochen extravagant. Seidenes Halstuch, seidengefütterter Umhang, Mantel mit Pelzkragen, Filzhut mit herabhängender Krempe und dazu der stechende Blick aus seinen pechschwarzen Augen machten Irving zu einer der faszinierendsten Gestalten, die je auf dem oberen Promenadendeck der *Empress* zu sehen gewesen waren.

Während Irving solcherart über die Decks spazierte, dachte er intensiv über seine nächste Inszenierung nach. Er hatte gerade ein Stück über Napoleon fertiggestellt. Das einzige Exemplar des Manuskripts befand sich in seiner Kajüte, und er sehnte sich danach, zu Hause die Einzelheiten der Inszenierung in Angriff zu nehmen. Mabel war ebenfalls begeistert von dem neuen Stück und hatte dieses Projekt schon bei einem Gespräch mit einem Journalisten in Toronto in höchsten Tönen gelobt. Die Irvings, die selber keine Kinder hatten, freuten sich schon darauf, in London ihre Hunde wiederzusehen, die geduldig auf ihr Herrchen und ihr Frauchen warteten.

Dabei waren Hunde, Katzen, Vögel und andere Haustiere an Bord der *Empress of Ireland* durchaus zugelassen. Der Preis für ihre Beförderung war angemessen; Einzelheiten über die am 28. Mai mit an Bord genommenen Tiere sind aber nicht bekannt.

Über eines dieser Tiere erschien ein Artikel in der *New York Times;* allerdings handelte es sich nicht um ein Tier, das einem Passagier gehörte. Die *Times* meldete, daß ein Ehrenmitglied der Mannschaft nach zwei Jahren treuer Dienste von Bord desertiert sei. Der vierbeinige Deserteur war die orangefarbene Schiffskatze Emmy, deren Dienste von Kapitän Kendall geschätzt wurden. Wahrscheinlich fand er, sie sei ein guter Kamerad. Manche dachten, sie sei die Katze des Kapitäns.

Als die Stunde der Abfahrt näherrückte, machte Emmy einen vorsichtigen und wohlüberlegten Abgang. Ihr frecher Versuch, sich einen ungenehmigten Landurlaub zu verschaffen, blieb nicht lange unentdeckt. Ein Steward wurde losgeschickt, um die eigenwillige Mäusejägerin einzufangen. Emmy wurde in einem Schuppen am Kai aufgespürt und wieder auf das Schiff zurückgebracht. Unbeeindruckt von dieser Zwangsverpflichtung, unternahm Emmy kurze Zeit später einen weiteren Ausbruchsversuch. Sie flitzte geschickt an den menschlichen Hindernissen auf der Gangway vorbei und erreichte sicher das Land. Da die Gangway gleich danach eingeholt werden mußte, gab die Besatzung weitere Versuche auf, die Katze ein zweites Mal zurückzuholen.

Offiziere und Mannschaften begaben sich auf ihre Seestationen. Der jüngste Zugang bei den Offizieren war der neue Schiffsarzt, Dr. James Frederic Grant. Der 26jährige Arzt sah jungenhaft aus, hatte eine gewisse Ähnlichkeit mit dem Schauspieler Tom Hanks. Grant, der das zweite Mal mit der *Empress of Ireland* unterwegs war, besaß keinerlei Erfahrung als Schiffsarzt. In Victoria, British Columbia, geboren, hatte er 1913 an der McGill University promoviert. Danach arbeitete er als Assistenzarzt am Montreal General Hospital. Der medizinische Direktor dieses Krankenhauses, Dr. William Alexander Molson, war der Ansicht, daß Grant eine Luftveränderung guttun würde, und riet ihm zu Seeluft. Er stellte Grant ein Empfehlungsschreiben für den Posten des Schiffsarztes der *Empress* aus.

An Bord war Doktor Grant in Kabine Nr. 300 untergebracht. Diese Kabine befand sich an Steuerbordseite auf dem Oberdeck, gerade vor dem vordersten Schornstein. Sie war mit Einbauschränken für die besonderen Bedürfnisse des Schiffsarztes ausgelegt. Vor dem Auslaufen überprüfte Grant noch einmal die medizinische Ausstattung. Alles war an Ort und Stelle, und an einer Wand hing sein respekteinflößendes Diplom der McGill University. Von den Passagieren wurde erwartet, daß sie die Honorare des Bordarztes auf der Stelle beglichen. Der Grund hierfür war, daß Schiffsärzte als selbständige Unternehmer galten. Allerdings erwartete die Canadian Pacific nicht, daß Passagiere für Verletzungen oder Krankheiten bezahlten, die durch die Reise selbst verursacht wurden. So übernahm die CPR die Kosten für die häufigste Krankheit an Bord – die Seekrankheit.

Selten wurden die Passagiere jedoch schon auf dem Sankt-Lorenz-Strom vom »mal de mer« erfaßt. Daher boten sich die ersten beiden Tage der Reise geradezu an, das Schiff zu erkunden und die anderen Passagiere zu beobachten. Reichtum, gesellschaftliche Stellung und Prominenz waren nicht die einzigen Faktoren, die die Neugier nährten. Einige Kajütspassagiere waren interessant wegen ihrer beruflichen Tätigkeit oder aufgrund ihrer Verbindung zu anderen Reisenden, andere, vornehmlich Alleinreisende, weil sie rätselhaft waren.

Lionel Kent war Direktor der Energetic Explosives Company, die Sprengstoffe produzierte, und lebte in Widdifield im kanadischen Bundesstaat Ontario. Kent, in Irland geboren und in Detroit aufgewachsen, war zehn Jahre zuvor nach Montreal gezogen. Ein weiterer prominenter Bürger aus Montreal war Louis A. Gosselin. Er war Syndikus in der Rechtsanwaltskanzlei, die Kents Firma vertrat – kein Unternehmen, das Sprengstoffe herstellte, konnte ohne Rechtsanwälte auskommen –, und galt als einer der besten seines Berufes. In Kleiderfragen war er wählerisch und anspruchsvoll. Lionel Kent wollte sich von seinem Anwalt allerdings nicht ausstechen lassen und kleidete sich mit ausgesuchter Eleganz. Beide Männer trugen taillierte Cutaways, deren gestärkte Kragen abgerundete Ecken hatten. Sie hatten nebeneinanderliegende Suiten gebucht, nämlich die Kabinen 40 und 41 auf dem oberen Promenadendeck.

Ein Deck darunter lagen die Erste-Klasse-Kabinen von Frederick J. Rutherford aus Montreal und seinen Bekannten. Wie die Irvings hatte auch Rutherford seine Buchung kurzfristig geändert. Ursprünglich hatte er einen Platz auf der *Baltic* gebucht, entschied sich dann aber doch für die *Empress,* um in Gesellschaft von J. J. Cayley zu reisen. Beide Männer hatten ihre Kabinen in der Nähe des Rauchersalons. Rutherford war Einkäufer für J. C. Watkins (The Right House) aus Hamilton, Ontario, gewesen und später dann für Ogilvy & Sons aus Montreal. Cayley war Rutherfords Nachfolger bei J. C. Watkins. Für Frederick Rutherford war dies bereits die 33. Ozeanüberquerung. Zu seinen Bekannten gehörte außerdem noch Walter Hirxheimer aus Montreal, der den Zorn der Besatzung schon vor Betreten des Schiffs auf sich gezogen hatte. Er hatte an einer »Bon-Voyage«-Party für die *Empress* in Quebec teilgenommen, bei der auch einige Offiziere dieses Schiffes anwesend waren. Als ein Toast auf die *Empress of Ireland* und ihre Besatzung ausgebracht wurde, weigerte sich Hirxheimer, sein Glas zu erheben.

F. P. Godson aus Kingston, Ontario, hatte seine Kabine auf dem oberen Promenadendeck, reiste aber »tout seul«. Er war in Kabine 21 an Backbordseite neben dem Musikraum untergebracht. Godson stammte aus der englischen Grafschaft Wiltshire, hatte Cambridge absolviert und gerade zwei Jahre Bergbau- und Geologiestudium an der Queen's University in Kingston, Ontario, hinter sich. Nun fuhr er nach England zurück, um den Sommer im Haus seiner Eltern in Fenbury in Worcestershire zu verbringen. Als er sich von Freunden in Kingston verabschiedete, sagte er im Scherz: »Wenn ich auf dem Weg nach England nicht ertrinke, bin ich im Herbst wieder zurück.«

Faszinierend wirkten auch Reisende, die aus entlegenen Ecken der Welt stammten. Dazu gehörte auch Tiria Townshend, ein siebzehn Jahre altes Mädchen aus Blenheim auf Neuseeland, die nicht zu übersehen war. Sie war eine stämmige, athletische Person und trug, als sie an Bord kam, ganz à la mode einen ausgestellten, knöchellangen Trägerrock, eine gerüschte Bluse und eine Jacke mit Perlmuttknöpfen

Kapellmeister Edward J. Hanagan und seine Frau mit Tochter Gracie. (Salvation Army Heritage Centre, Toronto)

und abgerundeten Vorderschößen. Tiria Townshend trug ebenso wie Ethel Grundy Paton und viele andere Passagiere exquisite Hüte. An ihrem typischen Hut war die Krempe nach einer Seite heruntergezogen und mit Seidenrosetten und echten Straußenfedern dekoriert. Sie wurde von ihrer Tante, Wynnie Price, auf einer Reise um die Welt begleitet. Es war keineswegs ungewöhnlich, Australiern oder Neuseeländern an Bord eines Atlantikdampfers zu begegnen. Die Canadian Pacific bot ein Gesamtpaket an: von Australien oder Neuseeland mit dem Dampfschiff nach Vancouver und dann weiter per Eisenbahn nach Quebec, dem Einschiffungshafen nach Europa

Mit der Abreise der *Empress* am 28. Mai wurden die Kabinen der zweiten Klasse quasi zum schwimmenden Hauptquartier der kanadischen Heilsarmee. Mitglieder der Heilsarmee aus der ganzen Welt waren auf dem Weg nach London, dem Gründungsort ihrer Organisation, denn dort fand die dritte globale Konferenz der Heilsarmee statt, die bei ihnen nur Internationaler Kongreß hieß. Die *Empress of Ireland* war von der kanadischen Heilsarmee dazu auserkoren worden, ihre 171 Teilnehmer zu der internationalen Feier der Brüderlichkeit, des Gebets und der Musik nach England zu bringen.

Sehr beliebt bei diesen internationalen Zusammenkünften waren die Musikzüge. Die Kapelle der Heilsarmee in Toronto war eine derjenigen, die an der Parade durch die Regent Street in London teilnehmen sollte. Der Kapellmeister war der 35 Jahre alte Edward James Hanagan, der in der Heilsarmee den Rang eines Adjutanten bekleidete und der seine Frau Edith und auch die siebenjährige Tochter Grace mitgenommen hatte.

Der Kommandeur der Heilsarmee von Kanada – und dazu gehörten auch die kanadischen Territorien und Bermuda – war David Matthias Rees. Bevor er der Heilsarmee beigetreten war, hatte er als Bäcker bei Huntley & Palmer's gearbeitet. Der distinguierte, silberhaarige Rees reiste zweiter Klasse mit seiner Frau Ruth; sein Sohn Harding und seine Tochter Madge waren ebenfalls mit an Bord. Für den 60jährigen Patriarchen der kanadischen Heilsarmee war eine Reise mit einem Dampfschiff nichts Neues. Im Lauf der Jahre, in denen er die Arbeit des Herrn getan hatte, war Rees schon um die ganze Welt gereist. Er freute sich auf seinen bevorstehenden Ruhestand.

Der Heilsarmee in den Vereinigten Staaten saß Evangeline »Eva« Booth vor, eine Tochter William Booths, des Gründers der Heilsarmee. Sie hatte ursprünglich geplant, das Abgeordnetenkontingent der Vereinigten Staaten ebenfalls auf der *Empress of Ireland* unterzubringen. Die Canadian Pacific bot attraktive Fahrpreise an: die Hin- und Rückfahrt kosteten 10 Pfund Sterling pro Kopf. Diese niedrigen Preise waren möglicherweise William Measures zu verdanken, einem Angestellten im Passagierbüro der CPR in Toronto, der auch Mitglied in der Kapelle der Heilsarmee war. Eva Booth entschloß sich jedoch, Plätze auf dem White-Star-Dampfschiff *Olympic* zu buchen. Die *Empress* war nicht groß genug, um

Der Zeichner Teddy Gray aus Toronto. (War Cry)

alle Mitglieder der amerikanischen und der kanadischen Heilsarmee in der zweiten Klasse unterzubringen.

Auch jetzt schon belegten die Mitglieder der kanadischen Heilsarmee viele Kabinen der zweiten Klasse bis zur Fassungsgrenze. Vier Offiziere aus Toronto – Captain Guido Whatmore, Captain Rufus T. Spooner, Lieutenant Stanley Bigland und Lieutenant Alfred Keith – teilten sich eine Kabine am achteren Ende des Oberdecks.

Drei Mitglieder des Musikzugs – Ernie Aldridge, Kenneth McIntyre, Sohn eines Colonels der Heilsarmee aus New York, und Edwin P. Gray – teilten sich eine Kabine mit dem CPR-Beamten William Measures. Edwin Gray, Zeichner in Diensten der in Toronto erscheinenden Zeitung *Daily Star,* wurde allgemein nur Teddy genannt und war ein ebenso beliebtes wie begeistertes Mitglied der Heilsarmee. Er lieferte regelmäßig Zeichnungen für den *War Cry*, das Verbandsorgan der Heilsarmee. Gray war ein ausgezeichneter Karikaturist, konnte aber auch andere Zeichnungen für den *Daily Star* liefern. So fing er auch die dunkleren Seiten des Lebens ein, wie zum Beispiel ausgebrannte Ruinen nach einem Feuer oder das Wrack eines verunglückten Wagens.

Dabei war Grays Charakter keineswegs düster. Er war ein gutaussehender, lebhafter junger Mann, der seine Arbeit sehr mochte und Sadie Bilham, seine Verlobte, liebte. Das glückliche Paar hatte vor, zwei Wochen nach Grays Rückkehr aus London zu heiraten. Da Sadie Bilham ihren Verlobten nicht auf seiner Reise begleitete, besuchte er sie am Abend des 26. Mai im Haus ihrer Eltern. Es war ihr letzter gemeinsamer Abend vor der Reise.

In seinem Buch *Till We Meet Again* schildert Herbert Wood eine etwas peinliche, aber auch amüsante Unterhaltung zwischen Teddy Gray und Sadies Vater. Teddy bat Mr. Bilham, ein wenig mit Sadie alleine sein zu dürfen. Mr. Bilham sagte Teddy in aller Unschuld, er möge ruhig aus dieser Nacht das Beste machen, und schlug ihm vor, die Abgeschiedenheit des Salons auszunutzen. Beide wurden ein wenig verlegen, als ihnen die Doppeldeutigkeit dieses Satzes bewußt wurde.

Allerdings war es nicht dieses etwas unschickliche Intermezzo, das dem normalerweise lebhaften Gray auf der Seele lag. Er war den ganzen Abend über in düsterer Stimmung. Der Gedanke an die Ozeanreise verursachte ihm Unbehagen. Gray war derart beklommen, daß er sogar ein Testament aufsetzte, um sich etwas Seelenruhe zu verschaffen. Er vermachte Sadie seinen gesamten Besitz; außerdem schloß er eine Lebensversicherung über 2 000 Dollar zu ihren Gunsten ab.

In der Ungestörtheit des Salons erzählte Gray seiner Verlobten von den ungewöhnlichen Maßnahmen, die er an diesem Tag ergriffen hatte. Sie war alles andere als erfreut darüber und akzeptierte schließlich widerstrebend eine Abschrift seines Letzten Willens. Das Paar umarmte sich lange wortlos, bevor sie wieder zu Sadies Eltern hineingingen. Als Teddy ging, standen Sadie und ihre Eltern vor der offenen Haustür. Als sie Teddy »Bon Voyage« wünschten, vermischte sich die Freude auf baldiges Wiedersehen mit einem merkwürdigen Gefühl der Leere.

Gray war nicht der einzige Passagier, der in letzter Minute eine Lebensversicherung abschloß. Ernie Evans, der zum Musikzug gehörte, schloß für sich und seine Frau ebenfalls eine solche Versicherung ab. Sie nahmen ihr Baby mit auf die Reise. Evans erzählte E. C. Wickham, einem Freund der Familie aus Toronto, daß er diese Versicherung deshalb abschließen wolle, weil er in bezug auf die Überfahrt ein ungutes Gefühl habe, und die Versicherungssumme seiner

Mr. und Mrs. Ernest Evans aus Toronto. Gray und Evans schlossen noch in letzter Minute Lebensversicherungen ab. (The British Library)

Mutter zugute kommen sollte. Er teilte seine Vorahnungen auch Captain Weeks von der Heilsarmee in Earlscourt mit.

Alice Bales aus Southbank, Middlesbrough, hatte einen Albtraum von der *Empress,* erzählte aber vor der Abfahrt niemand davon, ganz zu schweigen, daß sie in einem dramatischen Anflug eine Lebensversicherung abgeschlossen hätte Die oft als mädchenhaft beschriebene, kleine Alice Bales war 21 Jahre alt, wirkte aber viel jünger. Ihr langes Haar fiel altmodisch bis auf die Schultern herab. Sie war achtzehn Monate in Kanada gewesen und freute sich sehr, ihre Mutter wiederzusehen. In Toronto hatte sie bei einem Onkel gewohnt, der auch ihre Rückreise arrangiert und die *Empress of Ireland* »ein phänomenales Schiff« genannt hatte. Alice Bales war nicht verheiratet, sah aber gespannt der Hochzeit einer Freundin entgegen, auf der sie hoffte, den Brautstrauß zu fangen. Sie hatte eine Summe von 200 Pfund Sterling, viel Schmuck und Hochzeitsgeschenke dabei.

Eine von Alice Bales' Kabinengefährtinnen war Rose Butler, die zufälligerweise auch auf dem Weg zu einer Hochzeit war. Sie wollte nach Surrey, um an der Hochzeit ihrer Schwester teilzunehmen. Rose Butler war Dienstmädchen bei R. W. Prittie, der am High Park Boulevard in Toronto wohnte. Mrs. Prittie war unmittelbar vor Roses Abfahrt mit der *Empress* von Liverpool angekommen und hatte mit ihrem Dienstmädchen gescherzt: »Nun, Rose, ich habe dein Schiff hergebracht, damit du jetzt mit ihm zurückfahren kannst.«

Rose beabsichtigte, nach ihrer Rückkehr einen Engländer namens John Dwyer zu heiraten. Kurz bevor sie den Zug nach Quebec nahm, hatte sie noch ihre gesamten bescheidenen Ersparnisse von der Bank abgehoben. Mrs. Prittie hatte Rose Vorhaltungen wegen des sorglosen Umgangs mit dem Geld gemacht. Rose wußte selber, daß es besser wäre, etwas Geld in Reserve zu haben, plünderte ihr Konto aber trotzdem. Sie hatte Angst, daß sie während ihres Besuchs plötzlich ohne Geld dastehen könnte. Der dritte Passagier in dieser Kabine war Miss E. Willmot aus Campbellford, Ontario.

Auf der Passagierliste der *Empress of Ireland* fanden sich mehrere frisch verheiratete Paare. Thomas und Mary Greenaway, Mitglieder der Heilsarmee, hatten sich erst drei Tage vor der Abreise das Jawort gegeben. Die Greenaways planten, nach dem Ende des Internationalen Kongresses Verwandte in England zu besuchen. Toms Bruder Bert war ebenfalls an Bord. Ein anderes Paar in den Flitterwochen waren Reginald Frank Simmonds und seine Frau Mary. Sie hatten eine zweiwöchige Hochzeitsreise durch Kanada hinter sich und wollten mit der *Empress* zurück nach Hause. Ganze sieben Tage verheiratet waren John Edward »Eddy« und Violet Dodd aus Toronto. Dodd war Captain der Heilsarmee und Redakteur des *War Cry.*

Einige Paare unter den Passagieren dagegen standen kurz vor der Hochzeit. Schließlich sollte die *Empress* im Juni in England anlegen, eine sehr beliebte Jahreszeit für Trauungen. Dr. Murdoch Alexander Lindsay aus Halifax, der eine Kabine in der ersten Klasse hatte, wollte Mitte Juni Kathleen Webb aus Warwickshire heiraten. Der 32jährige Rugby- und Tennisstar hatte Halifax 1908 verlassen, um seine medizinische Ausbildung im schottischen Edinburgh abzuschließen. Vier Jahre später kehrte er nach Halifax zurück und wurde Pathologe am Victoria General Hospital. Ein Passagier der zweiten Klasse, James J. Lennon, der als Versicherungsvertreter in Winnipeg tätig war, hatte die Absicht, in Irland zu heiraten. Christian und Theophile Bartschi aus der dritten Klasse waren Farmer, die elf Jahre zuvor aus der Schweiz nach Alberta ausgewandert waren. Die beiden Brüder hatten es zu Wohlstand gebracht und kehrten jetzt in ihr Vaterland zurück, um zu heiraten.

Das Zwischendeck auf der *Empress of Ireland* war ein wahrer Schmelztiegel verschiedenster Nationalitäten. Die Immigranten der ersten Generation entstammten oft der

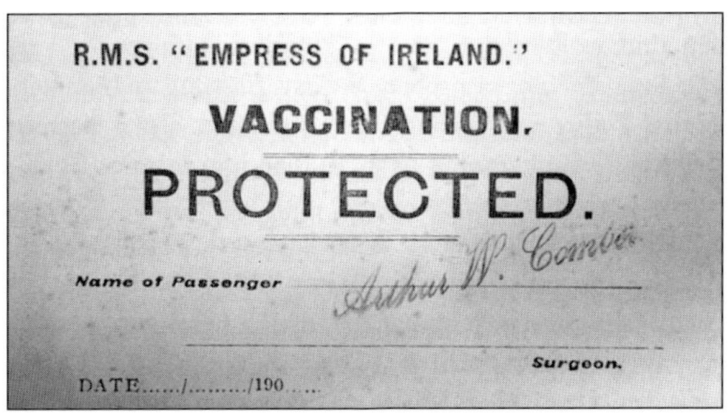
R.M.S. "EMPRESS OF IRELAND."

VACCINATION.

PROTECTED.

Name of Passenger

Surgeon.

DATE....../........./190.....

Eine Impfkarte. (Privatsammlung von W. B. Chung)

nach England.« Einer Nachbarin erzählte George Felstead, daß seine Frau abergläubisch sei. »Sie will, daß ich mein Testament mache«, sagte er, setzte aber keines auf.

Wie die Gattrells, von denen bereits die Rede war, schnell herausfanden, bedeutete eine Unterbringung in der dritten Klasse, daß man seine Kabine mit Fremden teilen mußte. Dies traf auch auf Sarah Woods zu, eine Witwe aus England, die längere Zeit in Toronto gelebt hatte. Aber jetzt hatte ihr Arzt ihr empfohlen, nach Birkenhead in England zurückzukehren, wo sich ihre Schwester um sie kümmern konnte. Der Gesundheitszustand von Mrs. Woods war so angegriffen, daß sie nicht sicher war, ob sie die Reise überhaupt antreten sollte, doch ihr Arzt bestand darauf. Widerstrebend buchte Mrs. Woods bei der Agentur Plenty & Wilson in Toronto einen Platz in Kabine 629. Ihr wurde gesagt, daß dies die letzte noch freie Koje in der dritten Klasse für den Abreisetermin am 28. Mai sei. Sie überlegte kurz, ob sie nicht doch lieber auf einem Schiff der Allan Line reisen sollte, beließ es dann aber bei der ursprünglichen Buchung; sie freute sich, daß die Kapelle der Heilsarmee ebenfalls an Bord war – Trost und Ablenkung für eine einsame, alte Dame.

Fast alle Passagiere in der dritten Klasse reisten »en masse«, also in größerer Gesellschaft, so auch die Delamonts, die zu fünft unterwegs waren: Mr. und Mrs. John Delamont aus Toronto, Leonard und Arthur Delamont aus Moose Jaw, Saskatchewan, die beide zur Musikkapelle gehörten, und Lieutenant Elizabeth Delamont aus Prince Albert, Saskatchewan.

Es war keineswegs ungewöhnlich, wenn zwei oder drei Mitglieder der Besatzung die Abfahrt ihres Schiffes verpaßten. Seeleute sind gut im Erfinden von Gründen, warum sie gerade an diesem Tag »achteraus gesegelt« sind. Eigentlich sollte die Aussicht, in den Heimathafen zurückzukehren, genügen, um rechtzeitig an Bord zu sein, doch die fünf Heizer und die zwei Kohlentrimmer, die vorsätzlich die *Empress* verließen, hatten wohl etwas anderes im Kopf als den Gedanken an die Heimat. Vielleicht wurden sie auch durch die Desertion von Emmy, der Bordkatze, zusätzlich inspiriert.

Aber einige Passagiere verpaßten das Schiff wirklich, so zum Beispiel Mrs. Charles Atkins, die sich ein kombiniertes Bahn/Schiff-Billett der Canadian Pacific gekauft hatte. Sie hatte Vancouver drei Wochen zuvor verlassen, um rechtzeitig zur Abfahrt der *Empress* in Quebec zu sein. In Winnipeg und in Toronto unterbrach sie die Fahrt, um einige Freunde zu besuchen. In Montreal angekommen, erlitt sie einen Hitzschlag und konnte ihre Reise nicht weiter fortsetzen. Auch Robert Dunn war auf dieser Fahrt der *Empress,* für Kabine 263, gebucht. Auf dem Weg nach Quebec rief ihn allerdings sein Büro aus zwingenden geschäftlichen Gründen wieder nach Vancouver zurück, und die *Empress* legte demzufolge ohne ihn ab.

Unter den Passagieren, die sich an Bord befanden, sollten noch Wallace Leonard Palmer und seine Frau erwähnt werden. Palmer war Leitender Redakteur der Londoner *Financial News.* Er hatte für britische Industrielle, die neue Absatz- und Investitionsmärkte erkunden wollten, eine Tour durch Nordamerika organisiert. Eigentlich waren die Palmers für den 14. Mai gebucht, hatten aber ihre Abreise verschoben, da sich noch die Möglichkeit zu einem Gespräch mit dem Landwirtschaftsminister J. A. Murray bot. Murray war ein wichtiger Ansprechpartner, denn er war für Investitionsförderung und Landzuteilung in New Brunswick zuständig.

Elizabeth Hailey, die Mutter von Kapitän A. J. Hailey, der die *Empress of India* befehligte, befand sich ebenfalls an Bord. Sie war aus Neuseeland nach Vancouver gereist, um dort gemeinsam mit ihrem Sohn vier Wochen zu verbringen. Die *Empress of India* verließ den Hafen von Vancouver mit Ziel Hongkong am gleichen Tag, an dem die *Empress of Ireland* in Quebec auf die Reise ging. Elizabeth Hailey wollte weiter nach England, um dort Verwandte zu besuchen.

Auch David Johnston befand sich an Bord. Der 40jährige war der Sohn Sir Henry Johnstons, eines Senators am College of Justice, dem höchsten schottischen Gerichtshof, in Edinburgh, lebte aber mittlerweile in Kanada, wo er im April 1913 eine zwölf Morgen große Farm und zwei weitere Grundstücke am St. John River im Bundesstaat New Brunswick erworben hatte. Nachdem er erfahren hatte, daß sein Bruder, der in Schottland lebte, gestorben sei und er dessen Besitz erben würde, buchte er eine Passage auf der *Empress.* Seine Farm hatte er zwei Wochen vor der Abfahrt verkauft, denn er hatte vor, den Rest seines Lebens in Schottland zu verbringen.

Ein weiterer, ebenfalls aus Edinburgh stammender Passagier war Robert A. Cunningham aus Winnipeg. Er war Professor für Chemie am Manitoba Agricultural College, einem landwirtschaftlichen Lehrinstitut. Die Regierung von Manitoba sandte ihn als Bevollmächtigten der Einwanderungsbehörde der Provinz auf unbefristete Zeit nach Schottland. Dort würde er auch Gelegenheit haben, seine Eltern wiederzusehen, die noch in Edinburgh lebten. Cunningham wurde die Kabine Nr. 206, eine Außenkabine an der Steuerbordseite des Schutzdecks, zugewiesen.

Heim nach Schottland wollte auch Jane Elinslie, eine Krankenschwester aus Aberdeen. Sie beendete einen ausgedehnten Besuch bei ihrer Tochter, die in einer Kleinstadt in Saskatchewan lebte, und freute sich, in Aberdeen mit ihrer Familie wieder vereint zu sein. Alexander Bunthrone und George Johnston, 20 beziehungsweise 22 Jahre alt, wollten nach Faulkland in Fifeshire, Schottland, zurückkehren. Sie hatten einige Zeit auf einer Farm in der Nähe von Santa Barbara im US-Bundesstaat Kalifornien gearbeitet.

Mr. und Mrs. John W. Black aus Ottawa planten, in Paris an einem Treffen der Internationalen Handelskammer teilzunehmen. John Black war elf Jahre zuvor nach Ottawa ausgewandert. In seiner Funktion als Buchhalter einer großen Holzfirma repräsentierte er die Handelskammer von Ottawa.

Ebenso wie Rose Butler war die 19jährige Grace Kohl, die in Montreal lebte, nach Surrey unterwegs. Dies war ihre zweite Atlantiküberquerung innerhalb von zwei Wochen. Sie wollte nach England, um dort eine Tante zu besuchen.

George Bogue Smart aus Brockville in Ontario war als Aufsichtsbeamter der kanadischen Einwanderungsbehörde für die Immigration von Kindern zuständig. Er hielt Vorträge und publizierte viel über Themen und Probleme der Immigration. Aufgrund dieser Tätigkeit war er aufgefordert worden, dem Author's Club in London beizutreten. Aus beruflichen Gründen war Smart viel auf Reisen. Auch auf dieser Reihe war er wie stets vorzüglich untergebracht. Smart bekam die Kabine 212 zugewiesen, die vor dem Salon auf dem Schutzdeck lag.

George Smart, Miss Kohl, das Ehepaar Palmer, Mrs. Hailey, David Johnson und Robert Cunningham hatten alle Kabinen der ersten Klasse; Jane Elinslie, die beiden jungen Arbeiter aus Santa Barbara und die Blacks waren in der zweiten Klasse untergebracht.

Eine Reisende der ersten Klasse war mit dem Kolonialminister für die Bahamas, William Hart-Bennett, verheiratet. Ella Hart-Bennett und ihr Mann waren 1905 nach Nassau gezogen, als Mr. Hart-Bennett dort seinen Posten antrat. Dort gründete sie einen Ableger von »Our Dumb Friends League«, einer Organisation zur Rettung und Pflege mißhandelter und kranker Tiere. Ella Hart-Bennett war auch als Autorin zweier Bücher – *An English Girl in Japan* und *A Bahamas Souvenir Almanac* – hervorgetreten. Sie freute sich, in diesem Jahr den Sommer in Europa zu verbringen. Auf dieser Reise wurde sie von Alise Lee, einer Tochter eines mit den Hart-Bennetts gut befreundeten Ehepaars, begleitet.

Ella Hart-Bennett aus Nassau. (Illustrated London News, Bildarchiv)

Auch eine Amerikanerin reiste in der ersten Klasse. Es war Mrs. Frank H. Dunlevy aus Denver, eine Berühmtheit der gehobenen Gesellschaft, die für ihr Durchsetzungsvermögen und ihre Liebe zur Leichtathletik bekannt war (siehe Abb. S. 82). Zudem war sie eine ausgezeichnete Schwimmerin. Ihr Mann war Immobilienmakler und Finanzier. Das Paar war seit sieben Jahren verheiratet, und ihr Name fand sich im »Social Register« für das Jahr 1913, einem Verzeichnis der angesehensten Familien von Denver. Schon Wochen vor der Reise hatte sich Dunlevy in einem Brief an einen Vizepräsidenten der CPR mit der Bitte gewandt, seiner Frau eine angemessene Behandlung angedeihen zu lassen. Am Abreisetag machte ein Leitender Angestellter der Canadian Pacific Mrs. Dunlevy mit Kapitän Kendall bekannt. Der Beamte sagte Kendall, daß er Mrs. Dunlevy für die Dauer der Überfahrt seiner persönlichen Fürsorge anvertraue. Sie erhielt die Suite, in der ein Jahr zuvor die Herzogin von Connaught gewohnt hatte.

Insgesamt 24 Amerikaner hatten Kabinen in der zweiten Klasse gebucht. Dazu zählten auch das Ehepaar Richards aus Terre Haute, Indiana, und Gordon Charles Davidson aus San Francisco. Mr. Richards, aus England gebürtig, Ab-

sollte nämlich mit der Albert-Medaille für besondere Tapferkeit ausgezeichnet werden. Am 9. Oktober 1913 hatte er, damals noch auf der *Devonian,* zwei Passagieren des in Brand geratenen Auswandererschiffs *Volturno* das Leben gerettet. Ein Sturm hatte die Rettung seinerzeit fast unmöglich gemacht. Und Prices Rettungsboot kenterte längsseits der *Devonian,* nur wenige Momente nachdem die Passagiere an Bord geholt worden waren.

Kapitän Kendall hatte gehofft, um 16 Uhr 15 auslaufen zu können. Aber in den letzten 60 Minuten vor dem geplanten Auslaufen der *Empress* war es sehr hektisch geworden, denn der letzte Anschlußzug war mit einer Stunde Verspätung am Kai eingetroffen. Die Mehrzahl der Angehörigen der Heilsarmee war noch nicht an Bord, ihr Gepäck sowie die Musikinstrumente standen immer noch am Kai und mußten sehr rasch vom Zug aufs Schiff geladen werden.

Der Erste Wachoffizier Edward J. Jones.

Die Musikkapelle der Heilsarmee erregte großes Aufsehen. Jene Passagiere, die bereits vorher wußten, daß zahlreiche Mitglieder der Heilsarmee auf der *Empress* reisen würden, kommentierten dies mit Bemerkungen wie »Hoppla, hier kommt die ›Sally Ann‹« – wie die Heilsarmee (englisch: Salvation Army) salopp genannt wurde. Dagegen mußten wohl andere, die nichts vom Internationalen Kongreß in Übersee wußten, denken, die *Empress of Ireland* würde von Polizisten der Royal Canadian Mounted Police gestürmt, denn die Musiker hatten sich als Uniform rote Röcke und große Stetson-Hüte wie die der »Mounties« ausgesucht, nicht nur des optischen Effektes wegen, sondern auch um beim Treffen der Heilsarmee in London als Kanadier erkannt zu werden.

Der Erste Offizier Steede hatte um 16 Uhr den Befehl gegeben, alle Trossen bis auf eine loszuwerfen. Auf ein Hornsignal hin gingen Stewards über alle Decks und riefen: »Alle Gäste von Bord!« Einige Musiker der Heilsarmee packten ihre Instrumente aus und gaben zum Abschied ein improvisiertes Bon-Voyage-Konzert. Sie begannen mit *O, Canada,* auf das *Auld Lang Syne* folgte. Die Gangway der dritten Klasse wurde bereits abmontiert und festgezurrt. Die der ersten Klasse dagegen wurde noch nicht seefest gezurrt, da der Lotse später über diese Gangway von Bord gehen würde. Kapitän Kendall gab um 16 Uhr 27 den Befehl, die Leinen loszuwerfen. Die Musiker spielten mittlerweile *God Be With You Till We Meet Again.* Die Melodie dieses Liedes setzte langsam und gedämpft ein, und steigerte sich schließlich mit dem Einsetzen der Blasinstrumente zu einem machtvollen Crescendo. Die Entfernung zwischen dem Schiff und der Pier nahm unmerklich zu, die Musik war noch gut zu hören. Nur wenig später war das Festland schon weiter entfernt, und der Abstand vergrößerte sich rasch. Die Musik wurde gelegentlich vom tiefen Ton der Dampfpfeife des Schiffes übertönt. Die *Empress of Ireland* war in Fahrt.

Der Klang der Dampfpfeife des mächtigen Schiffes gab der Menge auf der Pier den Einsatz. Hunderte, die gewinkt und laute Lebewohls gerufen hatten, brachen jetzt in einen letzten Hochruf aus. Flaggen, die von Kindern und ihren Eltern geschwenkt wurden, bereiteten der *Empress* einen patriotischen Abschied.

Mr. Paulhus, der Proviantlieferant, machte an diesem Tag etwas für ihn ganz Ungewöhnliches. Nach dem Abschied von Chefsteward Gaade fuhr er normalerweise gleich in die Stadt zurück. Dieses Mal jedoch blieb er am Kai stehen und sah zu, wie die *Empress* Kurs auf die Mitte des Flusses nahm.

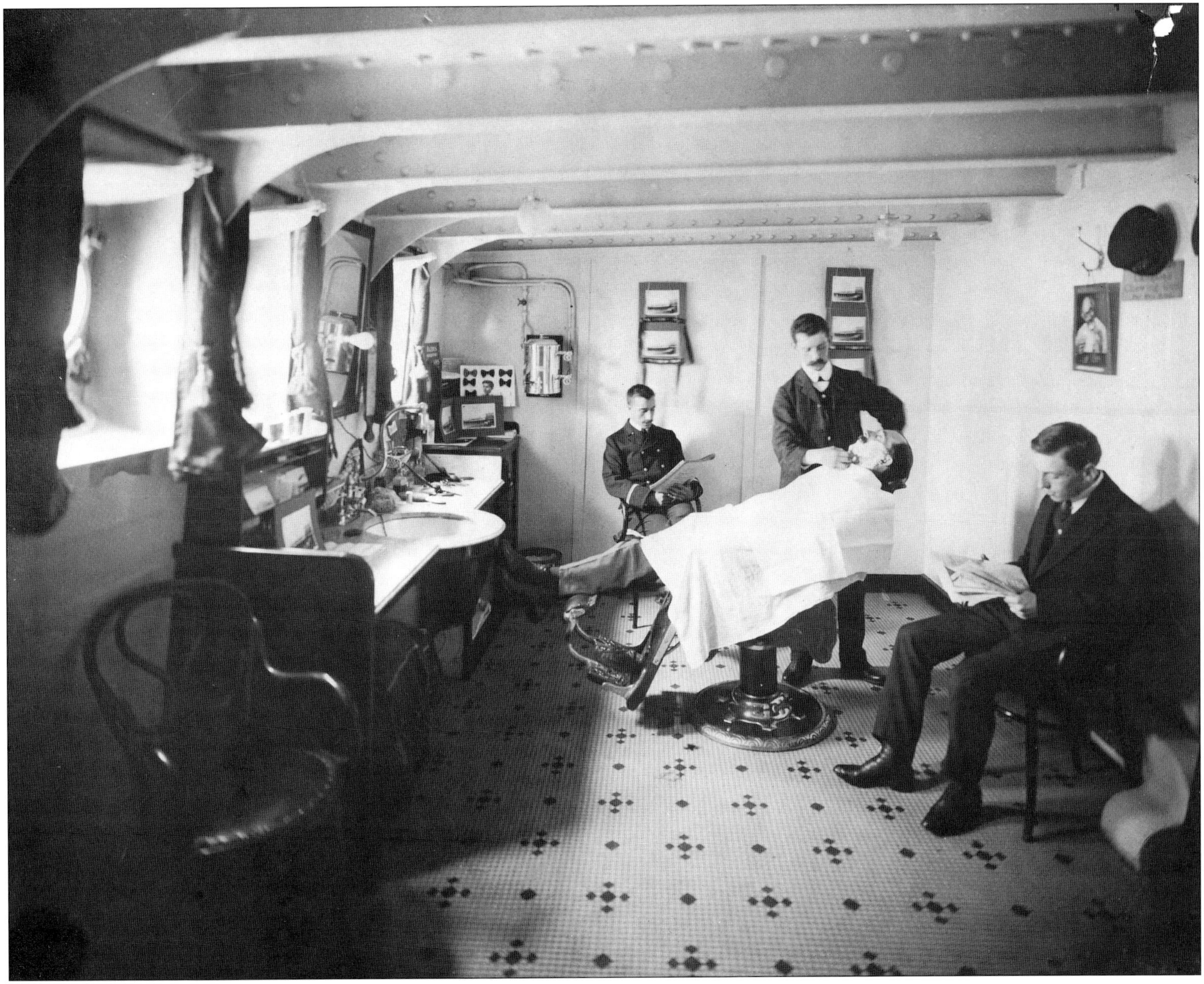

Der Friseursalon der ersten Klasse auf der Empress of Ireland. *Die Räumlichkeiten wurden gemäß der Änderungswünsche der CPR vergrößert. Im Vordergrund (nicht zu sehen) standen ein Sofa und ein Schaukasten. Souvenirphotographien eines Schiffes beim Stapellauf sind auf dem Toilettentisch aus Marmor und an der hinteren Wand zu sehen.* (Peabody Essex Museum, Salem, Massachusetts)

Die Offiziere auf der Brücke spürten das berauschende Hochgefühl, das nur der kennt, der mit einem großen Schiff auf die hohe See geht – eine Mischung aus dem Gefühl von Unabhängigkeit einerseits und Zuversicht und Vertrauen in die Technik andererseits, die es ermöglichte, die See je nach Bedarf zu überqueren. Dabei ging es auch um die einzigartige Position des Kapitäns an Bord. Der Kapitän allein trug die volle Verantwortung für den sicheren Transport von Menschen und Gütern über eine oft rauhe und unversöhnliche See. Autorität und Respekt, die aus dieser gigantischen Verantwortung erwuchsen, waren für junge, ehrgeizige Offiziere außerordentlich verlockende Ziele. Loyalität und harte Arbeit würden vielleicht auch ihnen eines Tages ein eigenes Kommando verschaffen und sie zum Herrn über eine eigene schwimmende Welt machen. Im Augenblick war Kapitän Kendall der Herr über dieses Schiff, die riesige, schwarze und eindrucksvolle *Empress of Ireland.* Sie gehörte ihm allein.

Emmy, die geflohene Bordkatze, beobachtete den Abschied, der ihrem einstigen Zuhause im Hafen von Montreal bereitet wurde, aus luftiger Höhe vom Dach des Frachtschuppens 27. Als der Ton der Dampfpfeife der *Empress* von der Kaimauer zurückgeworfen wurde, weiteten sich ihre Augen, und sie starrte auf die Rauchfahnen, die aus den Schornsteinen hochstiegen und sich zu einer großen Wolke vereinigten. Sie miaute laut, aber niemand hörte sie.

Die kleine Tochter von Edward Hanagan, dem Kapellmeister – eines von 138 Kindern an Bord –, sorgte jedoch dafür, daß sie gehört wurde. Ihr war eine Koje in der Nähe des Kabinen-Bullauges reserviert worden, doch sie weigerte sich hartnäckig, dort zu schlafen: »Da will ich nicht schlafen«, sagte sie, »da kommt Wasser rein.«

5

»Legen Sie eine Schwimmweste an!«

Edith Hanagan fand eine Lösung für das Problem mit Koje C. Sie schlug ihrer Tochter vor, doch statt dessen die innenliegende Koje B zu nehmen, die außerdem weiter vom Bullauge entfernt war. Damit war die vorwitzige, frühreife Gracie einverstanden.

Zur gleichen Zeit nahm Joseph Wallett seine Kabine in der ersten Klasse kurz in Augenschein. Die ergonomischen Details, die überall in der Kabine zu sehen waren, wußte er durchaus zu würdigen. Besonders sinnreich erschien ihm das Schränkchen aus poliertem Mahagoni, das über dem Waschbecken angebracht war. Es bot reichlich Platz für Toilettenartikel und Medikamente. Wallett öffnete auch die rechte Tür des *armoire.* Nur mit halbem Bewußtsein nahm er die im Schrank liegende Schwimmweste wahr. Zufrieden mit seiner Unterbringung, ging Wallett auf das Promenadendeck; währenddessen packte ein Steward seine Koffer aus und hängte seine Kleidung in den Schrank.

Joseph Wallett hatte fast sein ganzes Leben für nordenglische Firmen gearbeitet, die durchweg mit Schiffbau zu tun hatten. Die tiefen Zweifel und krisenhaften Grübeleien seiner mittleren Jahre konnte er überwinden, indem er Trost und Erfüllung bei Gott fand. Er trat der United Methodist Church in Westcliff-on-Sea bei und wurde Pastor dieser Gemeinde. Wallett kehrte aus einem Urlaub in Kanada zurück; das Schiffsbillett war ein Geschenk seiner Gemeinde.

Die siebenjährige Gracie Hanagan. Dieses Bild wurde in der Illustrated London News veröffentlicht.

Oben an Deck traf Reverend Wallett auf J. J. Cayley, der an der Reling stand. Sie sprachen miteinander, als wären sie schon seit undenklichen Zeiten miteinander bekannt, dabei hatten sie sich erst kurz zuvor an Bord kennengelernt. Die Zugehörigkeit zur Gemeinschaft der ersten Klasse war der Grund für diese schnelle Vertrautheit.

Einige Passagiere kamen zwanglos miteinander ins Gespräch, indem sie sich der bewährten Methode bedienten, eine Bemerkung über das Wetter zu machen. Reisende, die aus Toronto kamen, konnten mit einer recht ungewöhnlichen Geschichte zu diesem Thema aufwarten. Am Dienstag, also zwei Tage vor dem geplanten Auslaufen der *Empress,* war über Toronto eine äußerst merkwürdige Himmelserscheinung zu sehen gewesen: Auf einer Seite war der Himmel wolkenlos, auf der anderen konnte man die unheilverkündenden Vorboten eines Sturms erkennen. Ein gewaltiges Wetterleuchten zuckte lautlos über den östlichen Himmel. Der *Toronto Daily Star* fand dies derart bemerkenswert, daß in der Ausgabe vom 28. Mai diese seltsame »Schrift am Himmel« in einem Leitartikel ausführlich kommentiert wurde. Der Autor beschrieb darin eine Lichterscheinung, die hinter leuchtenden Wolken zu sehen ge-

Reverend Joseph Wallet, dem die Reise von seiner Gemeinde geschenkt worden war. (Illustrated London News, Bildarchiv)

wesen war und eine »goldene Kette« gebildet hatte, die irgendwie »unheilverkündend« wirkte, als handelte es sich um eine mit Lichtstrahlen geschriebene Warnung. Diese Erscheinung am Firmament und der Artikel sorgten noch tagelang für Gesprächsstoff, ob nun in der Straßenbahn, bei der Arbeit, in der Kirche und auf den auslaufenden Dampfschiffen.

Jeder einzelne Transatlantikdampfer hatte sich bei den Reisenden schnell einen besonderen Ruf erworben. Etwas aus der Geschichte oder von den technischen Besonderheiten eines Schiffes reduzierte man auf einen kurzen Ausdruck, oder man verlieh dem Schiff einen aussagekräftigen, liebevollen Spitznamen. Einen speziellen Spitznamen, wie beispielsweise »Old Reliable« (Die alte Zuverlässige) für die *Olympic,* trug die *Empress of Ireland* nie. Sie wurde aber weithin für die Leichtigkeit gerühmt, mit der sie auf ihrer Jungfernreise mit schwerem Seegang fertig geworden war. Man konnte es getrost den Passagieren überlassen, dies auf anschauliche Weise an andere weiterzugeben. Bei jeder Ausreise fanden sich Passagiere, die an der Reling standen und das Lob auf das Schiff anstimmten mit Wendungen wie: »Sie liegt so ruhig im Wasser wie ein Fels.«

Ernest Hayes, der Gehilfe des Zahlmeisters.

Jene, die etwas mehr von Technik verstanden, versuchten vermutlich, damit anzugeben und ihre Mitreisenden zu beeindrucken. Sicherlich hörte man hie und da Sätze wie: »Es sind die Schlingerkiele, die das Rollen der *Empress* verhindern. Von allen Postdampfschiffen hat sie nämlich die größten.« Neulinge, die keinen Schimmer davon besaßen, was denn ein Schlingerkiel war, wahrten ihr Gesicht, indem sie mit gespielter Begeisterung zustimmend nickten. Von distinguierten Herren hörte man häufig die Bemerkung: »Man kann ein volles Glas Whisky und Soda auf die Reling stellen, und nicht ein Tropfen schwappt über.« Man kann sich lebhaft Sir Henry Seton-Karr vorstellen, wie er dieses Experiment sehr zum Entzücken der jungen Tiria Townshend vorführte, während ihre Tante die Szene mit gespieltem Wohlwollen betrachtete.

Die Rituale, an denen sich die Passagiere am Abreisetag beteiligten, interessierten David Johnston überhaupt nicht. Daß er sein Leben in New Brunswick aufgegeben hatte, um jetzt wieder nach Schottland zurückzukehren, erfüllte ihn mit gemischten Gefühlen; andererseits war er jetzt zu seinem rechtmäßigen Familienerbe gekommen. Die rechtlichen und finanziellen Probleme, die im Zusammenhang mit dem Grundbesitz seines verstorbenen Bruders zu regeln waren, würden ihn noch die nächsten zwölf Monate beschäftigen. Danach stünde ihm die Welt offen. Johnston ging zum Schiffsbüro, das zwei Decks tiefer war. Er wollte das Geld, das er für seine Farm erhalten hatte, und etwas Bargeld im Tresor des Zahlmeisters einschließen lassen. Dem Zahlmeistergehilfen Ernest Hayes übergab er einen Umschlag mit Schecks im Wert von 1800 Pfund Sterling, die auf die Bank von Montreal ausgestellt waren. Alle Schecks waren bei Vorlage an David Johnston persönlich auszuzahlen.

Auch andere suchten an diesem Nachmittag das Schiffsbüro auf, so z. B. Walter Hirxheimer aus Montreal, Dr. Alec Lindsay aus Halifax, Charles Clark, ein Passagier in der ersten Klasse, der in London wohnte, und George Richards aus Indiana. Hirxheimer ließ ein Scheckheft der International Mercantile Marine, das 15 Scheckformulare im Wert von jeweils 50 Dollar enthielt, im Tresor einschließen. Dr. Lindsay vertraute dem Zahlmeister 90 Dollar und 80 Pfund Sterling zur sicheren Aufbewahrung an. Charles Clark deponierte 48 Dollar im Safe; Richards hinterlegte 100 Dollar in bar sowie 480 Dollar in Reiseschecks. Das Bargeld wurde, bevor es weggeschlossen wurde, in Sicherheitsumschläge gesteckt, die von dem Besitzer gegenzuzeichnen waren.

Der Nachmittagstee wurde ganz traditionell um 17 Uhr serviert. Reverend Wallett und J. J. Cayley blieben, wie viele andere Passagiere auch, an der Reling stehen. Sie zogen den prächtigen Anblick des vorbeigleitenden Ufers dem Nachmittagstee vor. Außerdem, so dachte Wallett, würden sie noch oft genug Gelegenheit haben, zur gewohnten Stunde ihren Tee zu nehmen.

Während die *Empress* majestätisch flußabwärts glitt, bestaunten die Passagiere an Deck die gepflegten Farmen mit Weißblechdächern, die leuchtendgrünen Felder, das frische Heu und die Kiefernwälder links und rechts an den Ufern. Neue Ausblicke ergaben sich, während man noch damit beschäftigt war, die rasch vorbeiziehenden Eindrücke zu verarbeiten. Für einige war das Tempo zu hoch, anderen entging nichts. Diese wachen Beobachter waren offensichtlich in der Lage, die ganze Schönheit der Natur in sich aufzunehmen.

Der Wind, der am späten Nachmittag aufkam und über die offenen Decks strich, brachte leichte Kühle mit sich. Die Menschen gaben nach und nach die begehrten Plätze an der Reling auf. Einige warteten in Liegestühlen, die in Richtung Achterschiff ausgerichtet waren, auf den Sonnenuntergang. Diese Liegestühle waren zur allgemeinen Benutzung bestimmt, mußten aber reserviert werden. Die Stewards brachten kleine Namensschilder an den reservierten Plätzen an. Viele Passagiere gingen jetzt am späten Nachmittag unter Deck, um einen Blick in den Speisesaal zu werfen und sich die Wege einzuprägen. Am Auslauftag waren die Bekleidungsvorschriften etwas lockerer als üblich, aber viele trugen bereits Smoking. Vor dem Essen brauchte man natürlich etwas Zeit für die Abendtoilette. Mit einem Trompetensignal wurde das Abendessen um 19 Uhr offiziell eröffnet.

Die imposante Niedergangstreppe, die in den Speisesaal der ersten Klasse hinunterführte, war gewissermaßen das Markenzeichen der Dampfschiffe der French Line und war das erstemal auf der 1912 gebauten *France* zu sehen. Sie bot Personen von Rang die Gelegenheit, sich in Szene zu setzen, und insbesondere die Damen konnten ihre Garderobe und ihre Juwelen vorteilhaft zur Geltung bringen. Auf der *France* führte die Treppe von einem Balkon kaskadenartig in den Speiseraum der ersten Klasse. Beim Hinunterschreiten überblickte man den gesamten Raum und die aufgebauten kulinarischen Köstlichkeiten; viel wichtiger war aber, von den anderen wahrgenommen zu werden. Die Atlantikdampfschiffe der Canadian Pacific besaßen am unteren Ende der Haupttreppe Türen, so daß ein direktes Hinabgehen in den Speisesaal nicht möglich war. Statt dessen versammelten sich die Passagiere aus den Kabinen des oberen und des unteren Promenadendecks in dem Vestibül vor dem Speiseraum. Dieser Auftritt war zwar weniger dramatisch, aber man wurde intensiver gemustert.

Der elegante Speiseraum der ersten Klasse besaß eine weiß gestrichene Decke und cremefarben lackierte Wände mit geschnitzten Zierleisten mit vergoldeten Akzenten. Die

Ein Messingschild an der Treppe zum oberen Promenadendeck.

Türen, die Schutzverkleidungen an den Wänden und die Nischen waren aus poliertem spanischem Mahagoni gearbeitet. An jeder Seite des Speiseraums waren acht halbrunde Tische aufgestellt, je zwei in einer Nische. Bis zu fünf Personen hatten bequem an einem Tisch Platz. Diese Anordnung kam auch den Stewards entgegen, da jeder Gast von Angesicht zu Angesicht bedient werden konnte. Natürliches Licht fiel durch zwei 16 Zoll große Bullaugen, so daß jeder Tisch tagsüber ausreichend hell war. Damit die Passagiere nicht durch die Bullaugen auf das Meer sehen konnten und eventuell seekrank wurden, waren in diese auf die übrige Ausstattung des Saales farblich abgestimmte Buntglasscheiben eingesetzt worden. Durch die großen, farbig schimmernden Bullaugen war daher die genaue Lage des Speiseraums der ersten Klasse auch von ferne ganz leicht auszumachen. Elektrische Leuchter mit drei Glühbirnen und eichelförmigen Kristallglocken hingen über jedem Nischentisch. Vor den Nischen standen auf jeder Seite vier lange, längs aufgestellte Tische und vor diesen wiederum je zwei weitere längsschiffs angeordnete Tische. Einer davon war für den Kapitän und die von ihm geladenen Passagiere bestimmt. Die Stewards konnten die Stühle an den längsschiffs aufgestellten Tischen mit Hilfe eines Fußhebels herumschwenken. Dadurch vermied man die Unannehmlichkeit, den Stuhl herausziehen und wieder an den Tisch rücken zu müssen. Alle Stühle im Speisesaal wie auch die Sitzbänke in den Nischen waren mit karminrotem Saffianleder bezogen. Der Raum war so groß, daß alle Passagiere der ersten Klasse gleichzeitig dinieren konnten.

Mr. Norman, einer der Schiffsmusiker. (Illustrated London News, Bildarchiv)

Eine Nische im Speiseraum der zweiten Klasse. (Peabody Essex Museum, Salem, Massachusetts)

Vorfreude auf das, was sie in London erwartete. Sie unterhielten sich über das Treffen in der Albert Hall, über die von Land zu Land unterschiedlichen Uniformen, die sie dort zu sehen bekämen, und sie waren sehr gespannt auf den friedlichen Wettstreit der Musikkapellen. Einige Mitglieder, die in England aufgewachsen waren, tauschten Kindheitserinnerungen aus. Lieutenant Ernie Pugmire war so hungrig, daß er allein eine ganze Schale Oliven aufaß, die eigentlich für sechs Personen bestimmt war. Ursprünglich war er für den Internationalen Kongreß gar nicht eingeplant gewesen, sprang dann aber in letzter Minute noch für seinen Bruder Bert ein, der seinen Platz zurückgegeben hatte. Alice Bales saß in der Nähe der gutgelaunten Musiker der Heilsarmee, allerdings einer Frau gegenüber, die ihr das Essen verdrießlich werden ließ. Diese namentlich nicht bekannte Frau zog die Sicherheit des Schiffes in Zweifel. »Mir gefällt dieses Schiff überhaupt nicht«, sagte sie immer wieder.

Alice Bales mußte sich dringend von dieser unangenehmen Person erholen. Sie verließ den Speiseraum, hatte aber keine besonderen Hoffnungen, noch viel unternehmen zu können, bevor sie sich in ihre Kabine zurückziehen würde. Zu ihrer Überraschung war an Deck jedoch ein Wurfringspiel im Gang. Ihre Stimmung stieg rasch, als sie eingeladen wurde, an diesem Spiel teilzunehmen. Ihr gelangen einige beachtliche Würfe in die auf das Holz gemalten Kreise, und sie traf sogar den innersten Kreis mit der höchsten Punktzahl. Sie freute sich sehr über ihren Erfolg und war gespannt auf die weiteren Aktivitäten, die dieses große Schiff noch zu bieten hatte.

Einer der Menschen an Bord, der Freude an seiner spezialisierten Arbeit hatte und große Schiffe sehr schätzte, war Adélard Bernier. Er war einer der von der CPR angestellten Lotsen, deren Aufgabe es war, die atlantischen *Empresses* sicher durch den Sankt-Lorenz-Strom zwischen Quebec und Father Point zu bringen. Lotsen sind Fachleute für Hafen- und Flußnavigation, sind aber an Bord dem Kapitän unterstellt. Kendall hatte Bernier gestattet, den

Das Café mit Blick auf den zentralen Lichthof links. (Peabody Essex Museum, Salem, Massachusetts)

Wachgängern auf der Brücke Ruder- und Maschinenbefehle zu geben, während sie auf dem Fluß waren. Aber der Kapitän konnte jeden Befehl des Lotsen auf der Stelle widerrufen, wenn er aus seiner Sicht falsch oder gefährlich war.

Bernier, einer der bevorzugten Lotsen der CPR, hatte bereits mehr als sieben Jahre Erfahrung mit der *Empress of Ireland.* Nicht ohne Grund schätzte er große Dampfschiffe, denn deren Eigner zahlten nicht nur höhere Lotsengebühren, die ja vom Tiefgang abhängig waren, sondern übernahmen zusätzlich noch die Kosten für die Rückfahrt, was bei Trampschiffen nicht der Fall war. So würde Bernier, wenn er in Father Point das Schiff verließ, die Fahrt nach Quebec erstattet bekommen.

Die »Belle Époque«, wie sie sich im Musikraum der ersten Klasse darstellte.
(Illustrated London News)

Der Zweite Offizier Roger Williams und der Vierte Offizier Tunstall hatten an jenem Abend von 20 Uhr bis 24 Uhr Dienst auf der Brücke. Jeder Wache waren zwei Quartermeister zugeteilt, die sich nach zwei Stunden am Ruder abwechselten. James Francis Galway aus Kensington, Liverpool, stand von zehn Uhr abends bis Mitternacht am Ruder. Er hatte drei Jahre Erfahrung als Quartermeister, die er noch dadurch bereichert hatte, daß er regelmäßig seine Stellung gewechselt und für verschiedene Schiffahrtslinien gearbeitet hatte. Dies war seine vierte Überfahrt auf der *Empress.*

Der Speiseraum der zweiten Klasse wurde nach 20 Uhr 30 allmählich leerer. Dagegen gingen die Passagiere der ersten Klasse beinahe alle auf einmal, nachdem die Musikkapelle um 21 Uhr ihr Konzert beendet hatte. Der Abend war noch jung, und für einen Spaziergang an Deck war es warm genug. Man hatte Zeit, einen Brief aufzusetzen, Karten zu spielen, jemanden zu einer Partie Schach aufzufordern oder ein Glas Port zu sich zu nehmen. Einige Herren zogen sich in den für Raucher reservierten Salon zurück, um in dieser reinen Männerbastion ungestört eine gute Zigarre zu genießen. Laurence Irving wußte solchen Luxus ebenfalls zu schätzen und begab sich in den Rauchsalon der ersten Klasse achtern auf dem unteren Promenadendeck. Und Dr. Grant ging ins Café, um eine Tasse Kaffee zu trinken.

Einige Passagiere zogen es vor, sich möglichst unauffällig aus dem Speisesaal zurückzuziehen. Andere dagegen wollten ganz bewußt größere Aufmerksamkeit auf sich ziehen. Zu letzteren zählte auch Ethel Grundy Paton, die den Speiseraum durch den Haupteingang verließ und die Treppe zum oberen Promenadendeck hinaufschritt. Dieser Weg zu ihrer Kabine führte sie zwangsläufig am Musikraum vorbei, in den sie noch einen Blick werfen wollte, um zu schauen, ob sich unter den dort Anwesenden geeignete Gesellschaft befand. War das nicht der Fall, so könnte sie

Diese Aufnahme vermittelt einen Eindruck der Innenarchitektur, die William Flockhart aus London entwarf. Der zentrale Lichtschacht war mit westindischem Seidenholz ausgekleidet und mit einer Kuppel überdeckt, die einer Calla nachempfunden war. Im Schacht befand sich auch ein Lüftungskanal, durch den die verbrauchte Luft aus dem Hauptsalon abgesaugt wurde. (Keeper of the Records of Scotland)

Eine Nische im Musikraum der ersten Klasse. (Peabody Essex Museum, Salem, Massachusetts)

sich mit einer charmanten Entschuldigung für die Nacht zurückziehen. Vielleicht traf sie ja auf Mrs. Dunlevy, die amerikanische Großgrundbesitzerin aus Denver, die es sich auf einem Sofa bequem gemacht hatte. Der Musikraum war aber fast verwaist, und Ethel Paton zog sich in ihre Kabine zurück.

Um 21 Uhr 20 aß der Lotse noch eine Kleinigkeit, die er sich vom Mittagessen aufgehoben hatte. Dabei sah er, wie der einlaufende Kohlendampfer *Alden* die *Empress* an Backbordseite passierte. Ein Ausweichmanöver war nicht erforderlich, da sich die beiden Schiffe auf einem geraden Flußabschnitt begegneten. Der Besatzung des Kohlendampfers muß die *Empress* mit ihren vielen elektrischen Lichtern und der kleinen Rauchfahne wie eine riesige schwimmende Geburtstagstorte vorgekommen sein.

Die Musiker der Heilsarmee, noch aufgekratzt von ihrem ersten Abendessen an Bord, gaben Stegreifvorstellungen zum besten. Lieutenant Oliver »Ollie« Mardall ging mit einer Handvoll Sänger über die achtere Treppe an Backbord zum unteren Promenadendeck hinauf. Sie drehten eine Runde auf Deck und bewunderten den schönen Mond. Vom romantischen Anblick inspiriert, stimmten Mardall und seine Freunde einige Lieder an. Andere Gäste an Bord kamen hinzu und fielen in den Gesang mit ein. Dieses spontane kleine Konzert schloß mit Hymnen wie »There's a Mansion up in Glory« und

Der Musik- oder Gesellschaftsraum der zweiten Klasse. (Keeper of the Records of Scotland)

Der Zahlmeister Alexander B. McDonald.

einem anderen Lied mit folgendem Refrain: »Never to be remembered, our sins are washed away. Oh, what peace and joy we've had since we began to pray!«

Der Gesellschaftsraum der zweiten Klasse schloß sich achtern an den Speiseraum der zweiten Klasse auf dem Schutzdeck an. Harry Green, der bei der Heilsarmee den Rang eines Adjutanten bekleidete, setzte sich an das Pianoforte und spielte einige schwungvolle Melodien, die alle in eine heitere Stimmung versetzten. Rufus Spooner, Captain der Heilsarmee, beschwatzte ein paar junge Burschen, auf dem offenen Deck hinter dem Gesellschaftsraum »Toter Mann« zu spielen.

Gegen 22 Uhr wies der Zahlmeister Alexander Betteley McDonald seinen Assistenten Ernie Hayes an, den Safe zu schließen und das Schiffsbüro zu verriegeln. Als letztes war eine aus Zinn gefertigte Nachbildung eines Rettungsboots in den Safe gelegt worden. Mit dieser Replik wurde um Spenden für die Royal National Lifeboat Institution, die Gesellschaft zur Rettung Schiffbrüchiger, gebeten.

Dr. Grant war es mittlerweile im Café langweilig geworden, und er hatte sich in den Rauchsalon der ersten Klasse begeben. Dort hatten sich zwei Pokerrunden gebildet. Auch eine Partie Bridge war im Gange. Dr. Grant bestellte einen Cocktail bei Tom Gerrard, dem Barkeeper, den alle bei seinem Vornamen nannten. Er war eine Institution auf dem Schiff und gehörte zu jenen bemerkenswerten Naturen, die allen Passagieren, auch jenen, die schon häufiger mit der *Empress* gereist waren, das Gefühl gaben, an Bord willkommen zu sein. Grant verfolgte aufmerksam eine Pokerpartie und aß eines der von Tom zubereiteten Sandwiches.

»Billy Boy« Hughes hatte die Plackerei des ersten Tages auf See endlich hinter sich und ging in seine Kammer im Zwischendeck, das von Seeleuten »Glory hole«, »Loch der Seligkeit«, genannt wurde. Sein Zuhause an Bord war ein Schlafraum mit sechzehn Kojen, der zwischen den Quartieren der Stewards und jenen der Hilfsstewards an Backbordseite lag. Hughes zog sein »Affenjäckchen« aus und warf es wie jeden Abend an eine bestimmte Stelle in der Wand, wo es ein Messinghaken zuverlässig auffing. Er stieg in seine Koje hinauf, schlüpfte in seinen Pyjama und versuchte, wie jeden Abend vergeblich, sein Kopfkissen aufzuschütteln. Hughes freute sich auf eine ruhige Nacht und den ersten Tag auf See.

Mr. und Mrs. Gattrell machten einen letzten Rundgang, bevor sie in ihr Quartier in der dritten Klasse mußten. Mr. Gattrell gab seiner Frau einen Gutenachtkuß, und sie zogen sich in getrennte Kabinen zurück. In Mrs. Gattrells Kabine waren noch drei andere Frauen untergebracht, eine davon kam aus Irland.

Chefsteward Gaade begann seine nächtliche Runde wie immer pünktlich um 22 Uhr. Das gab ihm die Möglichkeit, seine Leute zu kontrollieren, sich nach speziellen Wünschen der Passagiere zu erkundigen und die Gesellschaftsräume zu inspizieren. Der Chefsteward begann seinen Rundgang in der dritten Klasse und arbeitete sich langsam zur ersten Klasse hoch. Die Stewards waren angehalten, die zwischen den einzelnen Kabinen angebrachten Bullaugen in den Gängen bis spätestens 22 Uhr zu schließen. Außerdem oblag ihnen die Kontrolle der Bullaugen in den Außenkabinen. Wollte ein Passagier im Schutzdeck oder in einem darunterliegenden Deck nachts lieber mit geöffnetem Kabinenfenster schlafen, so war dies eine Ausnahme und mußte unbedingt an die Nachtwache weitergeleitet werden. Diese Anordnung wurde zwar im allgemeinen befolgt, aber ganz konnte man sich nie darauf verlassen. Gaade kümmerte sich stärker um Dinge wie Sauberkeit und vorschriftsmäßige Stauung. Um die Bullaugen würde sich dann die Nachtwache noch kümmern. Der Chefsteward war in Kabine Nr. 218 untergebracht, die sich auf dem Schutzdeck, nur zwei Kabinen von der Haupttreppe entfernt, an Steuerbordseite befand. Es war eine Innenkabine ohne Bullaugen. Gaade beendete seine Runde gegen 23 Uhr 45; als er die Tür seiner Kabine hinter sich schloß, schlug die Uhr Mitternacht.

Inzwischen hatten alle die Gesellschaftsräume verlassen, nur im Rauchsalon der ersten Klasse saß noch eine kleine Runde beim Pokern. Obwohl die meisten Passagiere in ihren Kabinen waren, fand nicht jeder sofort Schlaf. James Rankin, ein Ingenieur der CPR auf dem Weg nach Liverpool, lag in Kabine 510 an Steuerbordseite auf dem Hauptdeck wegen eines Hautausschlags wach. Um den Juckreiz zu mildern, hatte er sich mit Salbe eingerieben.

Lieutenant Pugmire in Kabine 432, die er mit zwei weiteren Angehörigen der Heilsarmee teilte, war auch hellwach, denn die vielen Oliven waren zu viel gewesen und hatten zu einer mittelschweren Magenverstimmung geführt.

Die Wachgänger wurden um Mitternacht abgelöst. Der Funker Edward Bamford löste seinen Vorgesetzten Ronald Ferguson im Funkschapp ab. Ferguson war im Jahr 1910 der Marconi-Gesellschaft in Liverpool beigetreten und hatte auf der *Megantic* und der *Mauretania* gearbeitet. Für Bamford dagegen war dies nach drei Reisen auf der *Michigan* seine erste Fahrt mit der *Empress of Ireland.* Auf der Brücke lösten der Erste Wachoffizier Edward J. Jones und der Dritte Offizier Charles Alwyn Moore Williams und Tunstall ab. Der Quartermeister John Murphy übernahm das Ruder von Galway. Und es war ebendieser John Murphy gewesen, der auch am 14. Oktober 1909 das Ruder in Händen gehabt hatte, als die *Empress* das unbekannte, unter der Wasseroberfläche treibende Objekt gerammt hatte. Quartermeister Sharples löste Gulcher ab, und Charles Spencer trat nun seinen Dienst als Läufer Brücke an. Die abgelösten Wachgänger meldeten keine besonderen Vorkommnisse. Die Fahrt flußabwärts war ohne Schwierigkeiten verlaufen. Die Arbeit des Lotsen Bernier war fast getan. In ungefähr anderthalb Stunden würde das Schiff vor Father Point ankommen, wo sich der Fluß trichterförmig erweitert, und dort würde Bernier von Bord gehen.

Küchenhelfer Patrick McAleavey, Pantrygast John Cope und Charles Spencer, der Läufer Brücke.

Vor allem der Nebel machte den Sankt-Lorenz-Strom zu einem schwierigen Gewässer. Es gab dort dichten Schiffsverkehr, kaum Warnsignale vor Untiefen sowie Tidenströmungen, aber all dies war, sofern kein Nebel herrschte, zu bewältigen. An manchen Tagen war der Nebel über dem Fluß so dicht, daß man kaum seine Hand vor Augen sah, so wie zu jener Zeit, als die *Montrose* Doktor Crippen der Polizei auslieferte. In solchen Augenblicken war das Navigieren höchst riskant, denn man fuhr wie durch Watte. Zu anderen Zeiten entwickelte der Nebel ein geisterhaftes Eigenleben und schien sich aus eigener Kraft in bestimmte Richtungen zu bewegen. Wer die Fernsehserie *Outer Limits* kennt, erinnert sich gewiß an die Anfangssequenz, in der ein Oszilloskop die Schwingungen einer elektrischen Welle zeigt. Der Zuschauer wird gewarnt, die Einstellung des Fernsehers zu ändern, während die Welle Gestalt annimmt. Zunächst wirkt sie unregelmäßig und in ihren Höhen und Tiefen recht willkürlich; dann entwickelt sie einen gleichmäßigen Rhythmus, wird flacher und flacher und schwebt schließlich davon. Genauso verhält sich auch der Geisternebel auf dem Fluß: Anfangs nur dünne Dunstschleier, werden die Nebelfetzen immer dichter, verschmelzen miteinander und steigen hoch, bis sie eine flache Form annehmen und niedrig über den Fluß hinwegziehen.

Eine halbe Stunde nach Mitternacht war das Schiff von einer solchen Nebelbank umgeben. Für die Anfahrt auf Rimouski war am Maschinentelegraphen gerade der Befehl erteilt worden, die Fahrt auf acht Knoten zu verlangsamen. Jones befahl dem Quartermeister, Signale mit dem Nebelhorn zu geben. Diese dampfbetriebene Pfeife saß vorn am ersten Schornstein, gleich unterhalb der obersten Schweißnaht. Murphy zog an der Leine, und ein langer Ton war zu hören. Bevor ein weiteres Signal nötig war, hatte die *Empress* den Nebel schon wieder hinter sich gelassen. Dies war das zweite Mal, daß an diesem Abend Nebelsignale zu hören waren, denn schon während der Wache zuvor war das Schiff in eine Nebelbank geraten.

Bibliothek und Schreibraum.

Die Besatzung war angewiesen, umgehend die Bullaugen zu schließen, wenn das Nebelsignal ertönte. Der Nachtwächter William Morl war für die auf dem Schutzdeck liegenden Kabinen 201 bis 229 verantwortlich. Er schloß alle Bullaugen auf den Gängen und in den nicht belegten Kabinen, allerdings nicht in jenen, in denen Passagiere untergebracht waren. Um die Bullaugen zu schließen, brauchte man einen Spezialschlüssel; mit anderen Worten: Passagiere konnten einmal verschlossene Bullaugen nicht eigenhändig öffnen.

Die Pokerspieler im Rauchsalon mußten langsam der späten Stunde Tribut zollen. Auch Dr. Grant machte sich auf den Weg zu seiner Kabine. Nachdem alle Gäste gegangen waren, klarte Tom Gerrard die Bar auf, nahm die leeren Gläser von den Tischen und schloß die Schränke mit den alkoholischen Getränken ab.

Um 0 Uhr 50 kam die *Empress* vor der Südküste zum Halt. Der Posttender *Lady Evelyn* kam von Rimouski herausgedampft, um bei dem ohne Fahrt im Wasser liegenden Atlantikliner längsseits zu gehen. Die Übergabe der Post hatte etwas Unheimliches an sich, obwohl es dafür eigentlich keinen Grund gab. Es war spät, und der Fluß war ungewöhnlich ruhig. Seine Oberfläche, die das Licht des Mondes reflektierte, war fast unbewegt. Der vertraute, rhythmische Puls der Maschinen unter Deck war unheilvoll verstummt. Der neben dem Schiff winzig erscheinende Posttender kam längsseits und legte genau dort an, wo sich eine Luke in der Schiffswand wie von Geisterhand auftat. Postsäcke mit normalen und mit eingeschriebenen Sendungen wurden ins Leere geschleudert. Tiefe Stimmen tauschten unverständliche Grüße aus – oder waren es Anweisungen? Dann flogen mit einem Mal zwei Postsäcke durch die Luft und landeten auf dem Deck des kleinen Posttenders, woraufhin er im Dunkel der Nacht verschwand.

Schon seit 1876 war Rimouski Umschlagort der königlichen Post. Diese Praxis des Umladens von Schiff zu Schiff wurde über Jahrzehnte aufrechterhalten und ließ diesen kleinen Ort zur zentralen Verbindung zwischen Kanada und Europa werden. Postzüge verkehrten zwischen Ontario, Quebec City und Rimouski, wodurch die Auslieferungszeit im Vergleich mit einer Beförderung der Sendungen per Schiff oder Fähre erheblich verkürzt werden konnte. Die Postzüge wurden weder durch unerwartete Nebelbänke noch durch gefährlich dichten Verkehr behindert, wie das bei den Schiffen auf dem Sankt-Lorenz-Strom so oft geschah.

Eine hochinteressante Postsendung, die auf dieser Fahrt auf der *Empress* aufgegeben wurde, war eine Karte von Teddy Gray an seine Verlobte Sadie. Teddy hatte eine Karikatur von sich in seiner Musikeruniform mitsamt Stetsonhut gezeichnet. Die Karte ließ er von Mitgliedern der Kapelle und Offizieren der Heilsarmee unterschreiben. Als er sie schließlich für eine Weiterbeförderung in Rimouski im Schiffsbüro aufgab, wimmelte sie nur so vor Unterschriften.

Der frisch verheiratete Eddy Dodd schrieb einen Bericht für den *War Cry,* den er rechtzeitig zur Ankunft der *Lady Evelyn* in die Post gab. Darin beschrieb er die Szene am Bahnhof in Toronto. Mitglieder der Heilsarmee hatten sich am Perron versammelt, um ihre Glaubensbrüder zu verabschieden, auch wenn die planmäßige Abfahrtszeit des Zugs erst 23 Uhr 30 war. Als Abschiedsgruß für die Reisenden sang ein kleiner Chor auch das Lied »Over the Sea«. Colonel Sydney Maidment las den 46. Psalm. Der Zug verließ Toronto aber mit einstündiger Verspätung, so daß das Abschiedskomitee bis lange nach Mitternacht in der Bahnhofshalle ausharren mußte. Dodd wies in seinem Bericht auch auf diese Verspätung hin:

> *Der Zug [von Toronto nach Quebec] verließ die Station erst um 0 Uhr 25. Ungewöhnlich, aber es passieren immer ungewöhnliche Dinge in der Heilsarmee! Darüber hat sich niemand gewundert.*

Major George Attwell aus Toronto schickte eine bunte Postkarte mit der Ansicht der *Empress of Ireland* auf der Vorderseite an seinen zwölf Jahre alten Sohn Cecil, der zu Hause geblieben war. »Lieber Cecil«, schrieb er, »schöne Reise bis jetzt. Werde die Karte in Rimouski aufgeben. Alles Gute von Mama und mir. Papa.«

An Bord wurden viele Karten und Briefe geschrieben, denn man hatte dafür ausreichend Zeit. Mit einer Postkarte, auf der das Schiff zu sehen war, mit dem sie reisten,

Captain Edward Dodd, Jungredakteur des War Cry, *und seine Frau, die kurz zuvor geheiratet hatten.* (Salvation Army Heritage Centre, Toronto)

konnte man den Lieben zu Hause zeigen, daß man an sie dachte. Captain George Wilson, ein überaus frommer Angehöriger der Heilsarmee, hielt sich nicht an die alte Weisheit, weder etwas zu borgen, noch etwas zu verleihen. Er hatte sich von seiner Frau Annie eine Bibel für die lange Fahrt ausgeborgt und schickte ihr einen Brief, in dem er sich noch einmal bei ihr bedankte. Die Briefmarke lieh er sich von William Wakefield aus Vancouver.

Um 1 Uhr 20 verlangsamte die *Empress* erneut ihre Fahrt, damit der Lotse von Bord gehen konnte. Etwa eine Meile nördlich der vor Father Point verankerten Leuchttonne kam das Schiff zur Ruhe. Die *Eureka,* ein Lotsenboot, war rechtzeitig zur Stelle, um Bernier aufzunehmen. Ein leichter Wind kam sporadisch von der Südküste herüber. Deshalb hatte die *Eureka* vor, in Lee längsseits zu kommen. Im letzten Augenblick beschloß der Kapitän des Lotsenbootes aber, den Lotsen nun doch an der Steuerbordseite zu übernehmen, da der Wind abgeflaut war. Adélard Bernier verabschiedete sich von Kapitän Kendall mit den Worten: »Ich glaube nicht, daß Sie noch viel Nebel zu erwarten haben.« Dann ging er die Gangway hinunter, die extra für ihn immer noch an der Bordseite ausgebracht war. An jener Stelle, an der sich eine Ladeluke zum Hauptdeck befand, stieß er auf den CPR-Agenten, der ebenfalls von Bord ging. Hinter diesem stieg Bernier die Fallreepsleiter hinunter, bis beide sicher an Bord der *Eureka* waren. Dann nahm die *Lady Evelyn* schnell wieder Fahrt auf und ließ das Ozeandampfschiff hinter sich. Dies geschah der Tagebucheintragung zufolge um 1 Uhr 30. Der Lotse grüßte noch einmal zu den Offizieren in der Steuer-

Blick von der Brücke nach vorn.

bordnock der Brücke hinauf und wünschte ihnen gewohnheitsmäßig eine gute Reise, auch wenn sie ihn nicht hören konnten. Einen Augenblick lang starrte Bernier noch nach oben zu dem grünen Steuerbordlicht, wo die Offiziere standen, und ging dann in die Kajüte des Schleppers hinunter, um sich aufzuwärmen.

Der Erste Wachoffizier Edward Jones befahl volle Fahrt voraus. Sein Befehl durch den Maschinentelegraphen hinunter in den Maschinenraum wurde sofort quittiert. Als die Propeller sich durchs Wasser wühlten, ging ein leichtes Zittern durch das Heck der *Empress.* Nach einer Weile kam sie auf eine Geschwindigkeit von 15 Knoten und folgte einem diagonalen Kurs von 50 Grad über den Sankt-Lorenz-Strom. Bei Father Point ist der Fluß nahezu 30 Meilen breit – somit gibt es reichlich Platz zum Manövrieren – und nimmt auf der Höhe der Gaspé-Halbinsel noch an Breite zu, bis er schließlich die Straße von Belle Isle erreicht, das Tor zum Nordatlantik. Deshalb galt Father Point als sehr geeigneter Ausgangspunkt für eine Überquerung des Atlantischen Ozeans. Der Chefingenieur Sampson zog sich für die restlichen Nachtstunden in seine Unterkunft zurück, die am achteren Ende des Oberdecks an Backbordseite lag.

Blick von der Brücke nach achtern. (The British Library)

Um 1 Uhr 36 hörte man hoch oben im Krähennest den durchdringenden Klang der Glocke im Ausguck. John Carroll meldete, das Licht der Cock-Point-Boje gesichtet zu haben. Jones dachte zuerst, Cock Point anpeilen zu können, aber die Boje geriet wieder außer Sicht. Wahrscheinlich hatte sie der Nebel verschluckt. Jones hatte bereits zwei Reisen als Zweiter Offizier auf der *Empress* hinter sich und besaß seit zwölf Jahren ein Kapitänspatent, aber bei diesen so plötzlichen Veränderungen der Sicht fühlte er sich gar nicht wohl. Schließlich war diese Fahrt seine erste als Erster Wachoffizier. Sicher wäre es am besten, den Kapitän davon in Kenntnis zu setzen, so dachte er. Kendall hatte sich mit einem Becher Kaffee in seine Kabine zurückgezogen.

Just in diesem Augenblick erschien der Kapitän auf der Brücke, den Kaffeebecher in der Hand. Dabei hatte Jones den Läufer, der den Kapitän benachrichtigen sollte, noch gar nicht losgeschickt, aber Kapitäne haben ein besonderes Sensorium für brenzlige Situationen. Um 1 Uhr 38 schlug der Ausguck wieder die Glocke an. Dieses Mal meldete Carroll: »Objekt an Steuerbord voraus!«

Kendall griff nach einem Fernglas. Die Sicht war gut. Am Horizont sahen Jones und er die Topplichter eines Schiffs etwa drei bis vier Strich an Steuerbord. Ein Strich entspricht 11,25 Grad, so daß sich das unbekannte Fahrzeug rund 40 Grad rechts vom Bug der *Empress* befunden haben muß. Kendall schätzte die Entfernung zu dem anderen Schiff auf etwa sechs Meilen. Der nächste Schritt für ihn und die Wache war, die Absichten des als Dampfschiff erkennbaren Schiffes herauszufinden. Kam es herein, war es auf der Ausreise, oder lag es ohne Fahrt im Wasser? Wenn es sich um ein einlaufendes Dampfschiff handelte, hatten sie nicht viel Zeit, die navigatorischen Verhältnisse zu klären, denn die beiden Schiffe würden sehr schnell aufeinander zulaufen. Der Abstand zwischen der mit voller Geschwindigkeit laufenden *Empress* und dem entgegenkommenden, zehn Knoten schnellen Trampdampfer nahm jede Minute um eine halbe Meile ab. Ihr Zusammenstoß würde theoretisch also in zwölf Minuten erfolgen. Wenn sich die Peilung zum anderen Schiff nicht veränderte und die Entfernung zwischen ihnen weiterhin so rapide abnahm, käme es unausweichlich zur Kollision. Jetzt mußten Kapitän Kendall und sein erster Wachoffizier die Peilung des Schiffes genau im Auge behalten, um zu überprüfen, ob und wie sie sich während der nächsten ein bis zwei Minuten veränderte.

Bevor Kendall aber eine Peilung nahm, um sich ein klares Bild von der Richtung des anderen Dampfers zu machen, hatte er bereits beschlossen, seinen Kurs auf die Cock-Point-Boje beizubehalten. Bei einer Ausfahrt war es nicht ungewöhnlich, in der Nähe von Cock Point den Kurs zu ändern und parallel zur Küste zu laufen. Kendall entschied sich genau dafür – erst danach würde er eine Peilung des anderen Dampfschiffs nehmen. Um 1 Uhr 41 gab Jones Murphy den Befehl, das Ruder backbord zu legen und das Schiff auf einen neuen Kurs von 76 Grad zu bringen. Das bedeutete eine Drehung um rund zwei Strich nach Steuerbord.

Damals gab man bei Ruderbefehlen noch die umgekehrte Richtung an, in die man steuern wollte. Das Ruder backbord zu legen, bedeutete eine Drehung nach rechts. Wurde das Ruder nach Steuerbord gelegt, drehte das Schiff nach links. Der Ruderbefehl gab an, wie das Ruderblatt ausgerichtet werden sollte. Wenn es nach links, also nach Backbord, zeigte, ließ die Kraft des auf die Ruderfläche wirkenden Wassers das Schiff nach rechts drehen und vice versa. Um die alten Ruderbefehle am leichtesten nachzuvollziehen, stellt man sich am besten die Ruderpinne eines kleinen Segelboots vor, bei dem die Pinne, gewissermaßen eine Verlängerung der Ruderfläche, in die Richtung gedreht wird, die der Richtung, in die man will, genau entgegengesetzt ist.

Kendall ging hinaus auf die offene Brücke, um mit dem in das Kompaßhäuschen eingebauten Prismenkompaß eine Peilung zu nehmen. Die Sicht war immer noch gut, aber längs der Küste sah man ersten Nebel. Die Lichter auf den Masten des anderen Schiffes ließen deutlich erkennen, daß es sich um ein hereinkommendes Schiff handelte, das sich an der Steuerbordseite der *Empress* zu befinden schien. Kendall peilte es in 87 Grad oder einen Strich an Steuerbord voraus. Er schätzte den Abstand zum anderen Schiff nunmehr auf zwei Meilen, also ungefähr vier Minuten, bis sie einander passierten. Nachdem er wieder in die geschlossene

Empress schien gestoppt. Kendall befahl: »Alle Maschinen stopp.« Sein Schiff lag nach wie vor auf einem Kurs von 75 Grad. Der Quartermeister ließ zwei lange Töne mit der Dampfpfeife abgeben, um zu signalisieren, daß das Schiff ohne Fahrt im Wasser lag.

Von der *Storstad* war ein drittes Mal ein langes Pfeifsignal zu hören. Mittlerweile hatte sie begonnen, Fahrt aufzunehmen. Toftenes wollte die Abdrift kompensieren, daher befahl er Johannsen, das Ruder »ein wenig« nach Backbord zu legen. Das würde den Dampfer nach rechts, nach Steuerbord, bringen und den Abstand zwischen beiden Schiffen vergrößern, denn er nahm ja an, daß sich die Schiffe an Backbordseite passieren würden. Toftenes rief den Kapitän über die Sprachrohrleitung an und meldete, daß es »diesig« würde. Der Kapitän fragte seinen Ersten Offizier, ob das Licht von Father Point schon zu sehen wäre. Toftenes erwiderte, es sei gerade vom Nebel verschluckt worden. Er sprach weder den Umstand an, daß sich ein anderes Schiff ganz in der Nähe aufhielt, noch daß akustische Signale mit diesem Schiff gewechselt worden waren. Während Toftenes sorgfältig den Worten des Kapitäns lauschte, die aus der Messingröhre an sein Ohr drangen, bemerkte Saxe, der Dritte Offizier, daß das Schiff nur langsam nach Steuerbord drehte. Er griff Johannsen ins Steuerrad und drehte es hart nach Backbord, um den Befehl des Ersten Offiziers schneller auszuführen.

Einen Augenblick lang, der den Anwesenden wie eine Ewigkeit vorkam, war es auf der Brücke der *Empress* vollkommen still. Die Maschinen arbeiteten nicht. Kendall dachte an die Geschichte mit den Schlachtschiffen zurück. Seiner Ansicht nach hatten die Kommandanten sehr viel Glück gehabt, kein Schiff während der schnellen Fahrt durch den Nebel gerammt zu haben. Was die Gegenwart anging, so verhielt er sich mit großer Vorsicht. Oder hatte er die Übersicht über die Lage verloren? Kendall wußte, daß der Sankt-Lorenz-Strom eine äußerst verkehrsreiche Wasserstraße war. Allein die Dominion Coal Company hatte 14 Schiffe im Einsatz, die regelmäßig auf dem Fluß verkehrten. Und vor weniger als zwei Jahren war im selben Flußabschnitt, in dem Kendall jetzt mit seinem Schiff trieb, die *Empress of Britain* mit dem norwegischen Kohlenschiff *Helvetia* kollidiert, und der Kohlendampfer war gesunken. Der Kapitän der *Empress of Britain* wurde hart kritisiert, weil er im Nebel zu schnell gelaufen war. Kendall dachte kurz nach und fand, daß er richtig entschieden hatte. Er steckte den Kopf in den Kartenraum hinter dem Ruderhaus, um festzustellen, wie spät es war. Der Dritte Offizier Moore war gerade damit beschäftigt, Eintragungen in die Kladde zu machen, die später in das Schiffstagebuch übertragen werden sollten. Moore sah, wie Kendall sich den Hals verrenkte, um die Uhr zu sehen, und sagte ihm die korrekte Zeit: »1 Uhr 47, Sir.«

»Erinnern Sie sie lieber daran, daß wir gestoppt liegen, Mr. Jones«, erwiderte Kendall. Jones zog zweimal lang an der Dampfpfeife.

Da der Lotse bei Father Point an Bord kommen sollte, war Kapitän Andersen bereits halb angezogen. Hastig schnürte er seine Schuhe zu. Seine Frau, die ihn auf allen seinen Fahrten begleitete, fragte ihn, ob er nervös sei. »Ich weiß nicht, warum, aber ich bin's«, antwortete er.

Kapitän Andersen ging umgehend auf die Brücke. Er hatte kaum den Kompaß erreicht, als er auch schon die *Empress* sah. Er konnte ihren gesamten Rumpf sehen, die Topplichter und – was ihn am meisten erschreckte – ihr grünes Steuerbordlicht. Die viel größere *Empress* kam ihm vor wie eine gigantische Wand aus Stahl, die schnell von links nach rechts vor dem Bug der *Storstad* vorbeilief. Andersen befahl sofort »Äußerste Kraft zurück«. Toftenes gab das entsprechende Signal – drei kurze Pfeiftöne. Die *Storstad*, die 10400 Tonnen Kohle geladen hatte, schüttelte sich, als ihre Maschinen rückwärts zu arbeiten begannen.

Ohne Fahrt im Nebel zu sitzen, machte Kendall nervös. Um 1 Uhr 53 steckte er erneut den Kopf in den Kartenraum. Genau zwei Minuten später sah Kendall auf einmal das vordere Topplicht und das rote und grüne Seitenlicht der *Storstad* weniger als eine Schiffslänge entfernt an Steuerbord voraus. Die *Empress* war, bewegungslos wie sie lag, eine leichte Beute. Als letzte Maßnahme begann Kendall sofort, lautstark Befehle zu erteilen, um sein Schiff zu retten. Er mußte aus voller Lunge brüllen, damit er

neben dem »Voll-Zurück«-Signal der *Storstad* zu hören war. Die Wachgänger waren vor Schreck zu Salzsäulen erstarrt und erwachten nur langsam aus diesem Zustand. Kendall starrte auf den Bug der *Storstad,* um deren genauen Kurs zu erkennen. Ihm war klar, daß das andere Dampfschiff sein Achterschiff an Steuerbordseite rammen würde. Er sah auch, daß die *Storstad* Fahrt machte. Den von den Steuerbordseiten der beiden Schiffe gebildeten Kollisionswinkel schätzte er auf 75 Grad. Die *Storstad* würde also fast im rechten Winkel auf die *Empress* auftreffen. Das Rückwärtssignal der *Storstad* riß einige Passagiere aus dem Schlaf, so auch Reverend Wallett und die Freemans aus Wisconsin.

Ludwig Fremmerlid, der Ausguck der *Storstad,* sah, wie das riesige Ozeandampfschiff plötzlich vor ihm im Nebel auftauchte. Instinktiv sprang er an Deck ein paar Schritte zurück, um sich zu schützen. Währenddessen zog sich Kapitän Andersens Frau Schuhe und Mantel an und machte sich bereit, zu ihrem Mann auf die Brücke zu gehen.

John Fowler aus Vancouver schlief vorne in einer Dritte-Klasse-Kabine im Unterdeck. Die Kakophonie der Nebelhörner weckte ihn auf. Er öffnete das Bullauge und steckte den Kopf hinaus, um zu sehen, was draußen los war. Er sah aber nur dichten Nebel, der über das Wasser hinwegzog. Die Bullaugen im Unterdeck befanden sich nur fünf Fuß über der Wasseroberfläche. Zu seiner Verblüffung sah er Anker, Ankerklüse und Bug eines anderen Schiffes rasch auf sich zukommen. Der Nebel schien von diesem Schiff zerschnitten zu werden; ihm kam es vor, als würde er dem aus dem Nichts erschienenen Dampfschiff den Weg freimachen. Hastig schloß Fowler das Bullauge.

Alexander Radley, der Bootsmaat der Wache, kontrollierte auf dem Schutzdeck, ob alle Lukendeckel gesichert und die Ladebäume seefest gezurrt waren. Zudem wollte er nach dem Matrosen Crayton sehen, der als Ausguck auf der Back eingeteilt war. Ein Ausguck an Deck galt angesichts des Ausgucks im Krähennest als überflüssig, daher mußte er noch andere Aufgaben ausführen, beispielsweise das Deck reinigen. Und genau das tat Crayton auch zu diesem Zeitpunkt.

Bootsmann Radley, der schon 25 Jahre zur See fuhr, war natürlich klar, daß das nächtliche Pfeifkonzert Gefährliches zu bedeuten hatte. Noch bevor er auf Crayton gestoßen war, hatte er einen Blick nach Steuerbord geworfen und die *Storstad* herankommen sehen. Radley rannte in das Logis unter der Back, in der 50 Mann der Besatzung fest schliefen, ermüdet von der harten Tagesarbeit. Er hämmerte mit der Faust an die Türen und warnte die Männer lautstark vor der drohenden Gefahr.

Price, der heldenhafte Matrose von der *Volturno,* hatte den Befehl, das vom Lotsen Bernier benutzte Seefallreep einzuholen. Er war auf der Steuerbordseite des Schutzdecks nach vorn auf das offene Deck gegangen – dort wurde immer das Ladegut übernommen – und war gerade im Begriff, das Reep zu verstauen, das erst wieder im Hafen von Liverpool benötigt würde, als er die *Storstad* auf sich zukommen sah. Sie schien etwas wegzuscheren, wobei ihr Steuerbordlicht deutlich zu sehen war.

Kapitän Kendall konnte nur noch versuchen, das Achterschiff der *Empress* aus dem Weg zu drehen, so daß die *Storstad* vielleicht doch an der Seite seines Schiffes vorbeischrammen und nur geringen Schaden verursachen würde. Auf mehr war nicht zu hoffen. »Alle Maschinen volle Kraft voraus« befahl er und ließ das Ruder hart backbord legen. Von der Steuerbord-Brückennock aus versuchte Kendall, die *Storstad* mit dem Megaphon anzurufen – zu spät. Während die Dampfpfeife der *Storstad* ein letztes Mal zu hören war, krachte das norwegische Dampfschiff wie ein Volltreffer in die Seite des Luxusliners. Die *Empress* wurde einen Fuß unterhalb des Schutzdecks genau zwischen den Schornsteinen getroffen. Die Maschinen hatten vor dem Zusammenprall insgesamt fünf oder sechs Umdrehungen gemacht.

George O'Donovan, der Dritte Ingenieur der *Empress,* hatte gerade Dienst im vorderen Kesselraum Nr. 2, als sich der Zusammenstoß ereignete. Vor lauter Kohlenstaub konnte man kaum etwas sehen, das Knirschen und Reißen der Stahlplatten schien kein Ende nehmen zu wollen. Einige Sekunden lang war es seltsam still, und Kohlenstaub rieselte auf alles herab. Der Rauch der gelöschten Kohlen erfüllte die Luft mit einem beißenden Geruch, der die

Lautsprechertelephon, das von der Brücke der Empress *geborgen wurde.* (Musée de la Mer, Pointe-au-Père)

Männer kaum atmen ließ. Dann hörte O'Donovan auf einmal ein donnerndes Brüllen hinter sich. Er drehte sich nach achtern um, und eine Wasserwand stürzte ihm von der Tür des Kohlenbunkers an Steuerbord entgegen. Er schrie den Heizern und Kohlentrimmern noch zu, den Raum zu verlassen, und rannte dann selber zur Leiter hinüber.

Nach dem Zusammenstoß gab Kendall Quartermeister Murphy den Befehl, die Schiffssirene an der Backbordseite des Ruderhauses zu betätigen. Das schrille Aufheulen der Sirene war nicht nur ein Notfallsignal. Die Mannschaft wußte sofort, daß zwei ganz bestimmte Maßnahmen ergriffen werden mußten. Erstens mußten die Rettungsbootstationen besetzt werden, und zweitens waren sofort alle wasserdichten Türen zu schließen. Über das Rohr von der Brücke in den Maschinenraum gab Kendall den Befehl »Alle Maschinen stopp« und legte anschließend den Hebel auf »Wasserdichte Türen schließen«. Dann rief er den Leitenden Ingenieur Sampson an, um sich zu vergewissern, daß tatsächlich alle Türen geschlossen würden. Sampson erwiderte: »Wir sind schon dabei!«

Darstellung des Kollisionswinkels und des Zeitraums bis zur Trennung der Schiffe. (Zeichnung von John Andert)

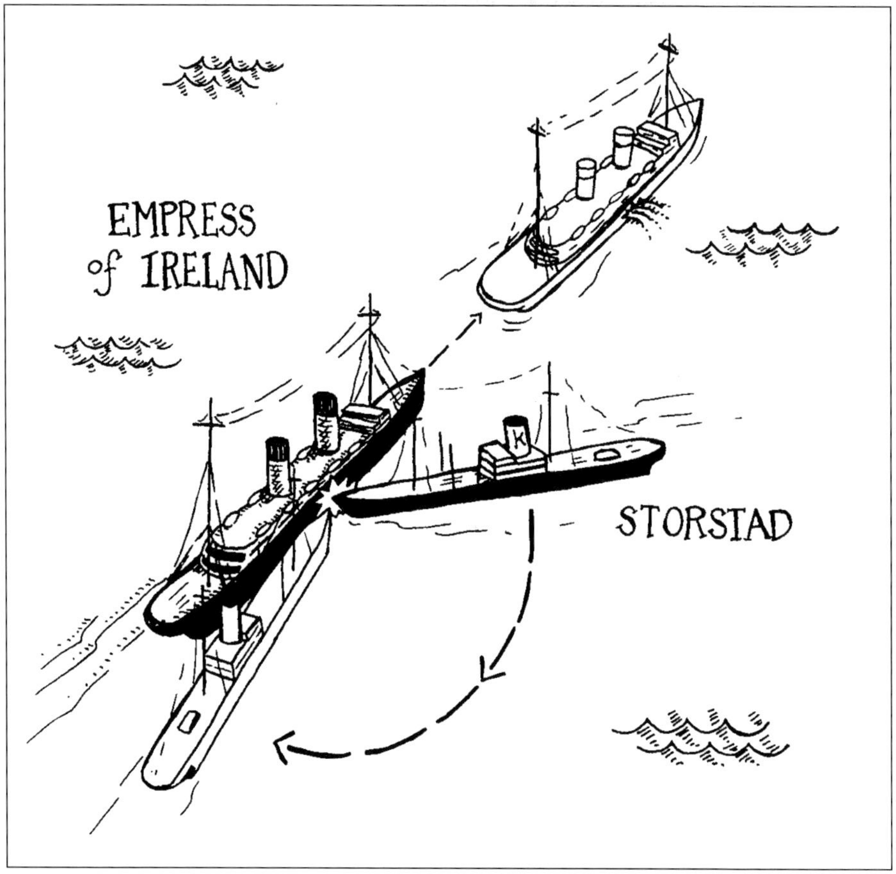

Besatzungsmitglieder hasteten hoch an Deck und in die unteren Räume. Der Steward Frank Harrison, zuständig für die Kabinen 400 bis 430 an Steuerbordseite, wachte durch den unverwechselbaren Klang der Sirene auf. Seine Aufgabe war es, die wasserdichte Tür Nr. 86 auf dem Hauptdeck zu schließen, die zwischen dem Schuhraum der zweiten Klasse und der Herrentoilette lag. Wie die meisten wasserdichten Türen wurde sie horizontal, in Richtung auf die Schiffsmitte, geschlossen. Das Getriebe für diese Tür war auf Decksebene vor Kabine 400 eingebaut. Harrison zog sich in aller Eile an und lief an Deck, um zu sehen, was den Zusammenstoß verursacht hatte. Auf dem Oberdeck stand die Stelle, an der sich der Kurbeltrieb befand, schon leicht unter Wasser, aber es gelang ihm trotzdem, die Kurbel einzusetzen, und die Tür begann sich zu schließen.

James Rankin, der wegen seines Hautausschlages nicht hatte einschlafen können, hörte, wie das Getriebe der wasserdichten Tür 86 in Gang gesetzt wurde. Seine Kabine war nur durch eine weitere vom Schuhraum der zweiten Klasse getrennt. Er stürzte aus der Kabine und sah den Steuerbordgang hinunter. Das Bullauge im Korridor, das sich auf gleicher Höhe mit dem Fluß befand, war zerschmettert, und Wasser strömte herein. Innerhalb von 60 Sekunden nach der Kollision hatte die *Empress* bereits neun Grad Schlagseite nach Steuerbord. Das genügte schon, um den Mechanismus der wasserdichten Tür 86 zu blockieren, denn sie mußte gegen die Richtung der Schlagseite geschlossen werden. Harrison konnte die Tür nicht mehr schließen.

Der für die Steuerbordmaschine zuständige Dritte Ingenieur Robert Liddell fand es beunruhigend, von »Volle Kraft voraus« unvermittelt auf »Volle Kraft zurück« zu gehen. Aber erst als er bemerkte, daß durch die offenstehende wasserdichte Tür 90 Wasser und gewaltige Mengen an Kohlenstaub hereinströmten, war ihm klar, daß sich das Schiff in großen Schwierigkeiten befand. Die wasserdichte

Tür 90 trennte den achteren Kesselraum vom Maschinenraum. Liddell gab den Befehl, die vertikal auf- und zugehende Tür zu verriegeln. Dem Vierten Ingenieur James McEwen gelang es zwar, diese Tür zu schließen, aber es war bereits viel Wasser eingedrungen. Die fünf Schmierer und die drei Ingenieure im Maschinenraum verfolgten besorgt, wie sich das Wasser unheilverkündend in Richtung auf die Steuerbordbilge verlagerte.

McEwen lief zum Speiseraum der dritten Klasse hinauf, um die beiden Horizontaltüren zwischen den Kesselräumen zu schließen. Dort stand das Wasser inzwischen kniehoch, und er schaffte es nicht, das in Deckshöhe befindliche Ritzel ausfindig zu machen. Aber selbst wenn er es gefunden hätte, wäre es ihm wohl kaum gelungen, die an Steuerbordseite befindliche Tür gegen die Krängung des Schiffes zu schließen.

Hilfssteward Joseph Hayes schlief in der Unterkunft der Stewards auf dem Oberdeck, als er den Alarm hörte. Er rannte auf den Verkehrsgang hinaus und atmete dort gleich den Kohlenrauch ein, der vom Kesselraum hochzog. Er hatte die Aufgabe, die wasserdichte Tür 78 an Steuerbordseite zu schließen. Diese Tür war dazu bestimmt, eine Öffnung im Querschott Nr. 5 zwischen dem Speiseraum der dritten Klasse und den vorderen Kabinen zu verschließen. Hayes konnte die Tür aber ebenfalls nicht schließen, weil das Schiff schon zu weit überlag.

Die Hilfsstewards Harry Baker und Charley Tunstall waren ebenfalls auf dem Hauptdeck und bemühten sich, eine wasserdichte Tür zu schließen. Sie versuchten, die einzige Tür im Querschott 4 dichtzubekommen, die den Wohnbereich der dritten Klasse und der Passagiere auf dem Unterdeck schützte. Diese Tür konnte nicht ganz geschlossen werden. Inzwischen starben die vom Wasser überraschten Passagiere im Unterdeck einer nach dem anderen, als sie dem Impuls nachgaben, tief Luft zu holen.

Als die *Storstad* mit dem Bug auftraf und tief in die randvoll gefüllten Kohlenbunker eindrang, zerbrach die Außenhautbeplattung der *Empress* wie Eierschalen. Längs des Rumpfes gab es starken Funkenflug. Einige zurückgebliebene Nebelschwaden filterten den durch den Aufprall von Stahl auf Stahl hervorgerufenen Feuersturm. Dies erzeugte eine unheimliche Lumineszenz, die an das seltsame Wetterleuchten erinnerte, das wenige Tage zuvor am Himmel über Toronto zu beobachten gewesen war. Kendall begann, die Brücke der *Storstad* durch sein Megaphon anzurufen: »Machen Sie weiter Fahrt voraus! Gehen Sie mit Ihren Maschinen voraus!« Das wiederholte er einige Male. Er wollte erreichen, daß der Bug der *Storstad* fest in der entstandenen Öffnung steckenblieb und so der *Empress* zusätzlichen Auftrieb gab.

Kapitän Andersen verfügte über den gleichen Selbsterhaltungstrieb wie Kendall. Er gab den Befehl, mit den Maschinen volle Kraft voraus zu gehen, um zu versuchen, das Riesenleck auszufüllen, das er in die Seite des Atlantikliners gerissen hatte. Er hoffte, dieses Loch so lange mit dem Bug seines Schiffs zu verschließen, bis man den Schaden abzuschätzen vermochte. Kapitän Andersen bildete mit beiden Händen einen Schalltrichter und schrie hinüber: »Mein Schiff arbeitet volle Kraft voraus!«

Der tatsächliche Auftreffwinkel bei der Kollision der Schiffe betrug höchstwahrscheinlich 45 Grad. Das ergibt sich aus den Beobachtungen der Kapitäne sowie später angestellten Vermutungen diverser Schiffsbauer. Kendall glaubte, es wäre ein Winkel von sieben Strich gewesen, während Andersen der Ansicht war, es seien nur drei Strich gewesen. Der Kollisionspunkt befand sich zwischen den Kesselräumen, ungefähr zwölf Fuß achterlich vom Querschott 5. Die erste Berührung erfolgte durch den Steuerbord-Buganker der Storstad. Vielleicht wurde dabei das Schott Nr. 5 durchschlagen.

Zeitgenössische Zeitungsberichte bedienten sich verschiedener Vergleiche, um die Wucht des Aufpralls in Worte zu fassen. Ein recht beliebter Hinweis war, daß die Wucht, mit der die *Storstad* auf das andere Schiff aufgeprallt war, 160 000 Tonnen-Meilen entsprochen habe. Bei dieser Angabe legte man die Tonnage des Schiffes plus Ladung zugrunde, das sich mit einer Geschwindigkeit von 10 Knoten vorwärtsbewegte. Ein Großteil des Schadens, den die *Storstad* davontrug, wurde durch den Buganker an Steuerbord verursacht. Im Ruhezustand ragte der Anker – genauso wie sein Pendant auf der Backbordseite – etwa 18 Zoll über die Bordwand hinaus. Durch die Kollision wurde der Steuerbordanker durch die Klüse getrieben

Die Steuerbordseite der Empress. *Die Kollision erfolgte ungefähr zwischen dem sechsten und siebten Bullauge von links.* (National Archives of Canada)

und fuhr die Steuerbordseite entlang. Die Ankerflunken rissen die stählerne Bordwand der *Storstad* auf einer Länge von 12 Fuß und 6 Zoll auf. Die Spitzen der Flunken troffen vom Blut zahlreicher Besatzungsmitglieder, die unmittelbar beim Aufprall getötet wurden.

Der Matrose Price sah, wie sich der Bug der *Storstad* in die Seite der *Empress* bohrte. Das Seefallreep fiel ihm aus der Hand. Später beschrieb er den entstandenen Schnitt im Schiffskörper »so sauber wie den eines Büchsenöffners«. Der Steven der *Storstad* drang mindestens 14 Fuß in das Innere der *Empress* ein. Während der Bug der *Storstad* in der Seite der *Empress* steckenblieb, begann sie, sich der Länge nach um 100 Grad in Richtung des Hecks des Liners zu drehen. Price, an der Steuerbordreling stehend, sah, wie die Backbordseite des norwegischen Dampfers den durch die beiden Schiffsseiten gebildeten Winkel rasch verkleinerte. Gerade einmal vier Sekunden vergingen während dieser unfreiwilligen Vereinigung. Das schicksalhaft verbundene Paar drehte sich im Uhrzeigersinn auf das südliche Ufer zu. Als sich die Schiffe voneinander lösten, glaubte Kapitän Kendall einen Kessel von seinem Lager fallen zu sehen. Der Bug der

Storstad war nach backbord verdreht, ihre Back bis zum Spill abrasiert. An Steuerbordseite ging sie auf Parallelkurs zur *Empress of Ireland.*

Mrs. Andersen stand inzwischen neben ihrem Mann auf der Brücke. Sie fragte ihn, was er nun vorhabe. Er erklärte, daß er versuchen werde, das Loch im Rumpf des anderen Dampfschiffes mit seinem Schiff zu stopfen. Dann befahl er dem Ersten Offizier Toftenes, der seit dem Zusammenstoß kein Wort mehr gesagt hatte, den Laderaum der *Storstad* zu inspizieren. Der Dritte Offizier Saxe erhielt den Befehl, die Rettungsbootstationen besetzen zu lassen.

Das Loch im Rumpf der *Empress* war ungefähr 25 Fuß hoch und 14 Fuß breit, das ergab eine Fläche von 350 Quadratfuß. Diesen Werten lag ein Ladetiefgang von 25 Fuß vorn (unterhalb der Wasserlinie) zugrunde, multipliziert mit der geschätzten Breite vor dem Kollisionsschott. Mit einer Geschwindigkeit von 227 000 Litern pro Sekunde strömte Flußwasser in die *Empress.* Der Bug der *Storstad* war 46 Fuß hoch, was auch erklärt, weshalb sie sich 21 Fuß oberhalb der Wasserlinie durch das Oberdeck in das Schiff der CPR hineingebohrt hatte. Als sich die *Storstad* von der *Empress* löste, nahm sie ein Souvenir mit – das Nummernschild von Kabine 328 auf dem Oberdeck. Diese Tür befand sich sieben Fuß binnenbords von der Schiffsseite. Kabine 328 war eine Außenkabine der ersten Klasse. Ein Abdruck des Kabinenbullauges fand sich später zusammen mit einigen Resten weißen Lacks auf der beschädigten Backbordseite der *Storstad.*

Mrs. Andersen beschloß, mit ihrem Mann zu sterben, sollte es denn zum Äußersten kommen. »Gehen wir unter?« fragte sie.

»Ich glaube schon«, antwortete er. Die Frau des Kapitäns unterdrückte ihre Angst. Sie wußte nicht, wie schwer die Beschädigung des Liniendampfschiffs tatsächlich war. Es kam ihnen vor, als würde die *Empress* ihren Kurs fortsetzen, als wäre nichts geschehen. Sie konnten einfach nicht glauben, daß der Ozeanliner seine Fahrt fortsetzen würde, ohne ihnen zu helfen. Kapitän Andersen befahl: »Alle Maschinen stopp!«

Nachdem die Schiffe sich voneinander gelöst hatten, konnte Kapitän Kendall nur noch versuchen, sein Schiff an der Südküste auf Grund zu setzen. Er schob den Handgriff des Maschinentelegraphen ganz nach vorn in die Stellung »Volle Kraft voraus« und befahl Sampson über das Bordtelephon: »Holen Sie raus, was Sie können!« Der rotgesichtige, vor Anstrengung völlig verschwitzte Chefingenieur betätigte den Anfahrmechanismus. Die Maschinen machten ein oder zwei halbherzige Umdrehungen, sprangen aber nicht an. Wie viele Ingenieure, die auf die Leistungskraft der ihnen anvertrauten Maschinen stolz sind, setzte Sampson alles daran, den Befehl des Kapitäns auszuführen, mußte aber die Waffen strecken. Niedergeschlagen meldete er der Brücke: »Wir haben keinen Kesseldruck mehr.« Damit war Kendall seiner letzten Möglichkeit beraubt – er stellte den Maschinentelegraph auf »Stopp«..

Der Erste Offizier Mansfield Steede, dessen Kabine hinter dem Ruderhaus an Backbordseite lag, und Ferguson, der dienstälteste Funker an Bord – sein Quartier war ebenfalls an der Backbordseite des Bootsdecks –, wurden durch den Lärm der Dampfpfeifen geweckt. Ferguson rannte in seinem Nachtzeug zum Funkschapp. Der andere Funker, Bamford, schaute nach steuerbord, um zu erkennen, womit sie zusammengestoßen waren. Genau in dem Moment, in dem Ferguson in den Funkraum hineinstürzte, rief Bamford aus: »Da ist sie ja!« Beide sahen sie die Topplichter der *Storstad* an ihrer Seite entlangziehen. Ferguson kurbelte an dem Funkgerät und schickte folgende Meldung in den Äther: »Hier MPL. Haben Schiff gerammt. Brauchen vielleicht Hilfe. Bleibt auf Empfang.«

»MPL« war das Rufzeichen der *Empress.* Im Bewußtsein, daß der Funker an Land, der um diese frühe Stunde Dienst tat, sicherlich noch jung und unerfahren war, sandte Ferguson die erste Nachricht langsam und sehr sorgfältig. In der Funkstation auf Father Point saß in dieser Nacht der 19jährige Crawford Leslie. Gleich beim ersten Mal empfing er die Meldung und antwortete knapp: »Wir sind hier.« Er sah nach der Uhr, die jeden Mittag kontrolliert und gestellt wurde. In die Funkkladde trug Leslie die exakte Zeit ein: 1 Uhr 45. Dann erhielt er eine weitere Botschaft von der *Empress.* Ferguson ersuchte ihn, seinen Vorgesetzten ans Telephon zu holen.

Edward Bamford, der Zweite Funker der Empress of Ireland. (Illustrated London News, Bildarchiv)

Luxuskabine der ersten Klasse. (Musée de la Mer, Pointe-au-Père)

George Smart, ein Passagier, wurde durch ein »doppeltes Pfeifsignal« aus dem Schlaf gerissen, das er als »two distressing calls« (zwei erschreckende Signale) charakterisierte; vielleicht verwechselte er dies und meinte »two distress calls« (zwei Notsignale). Smarts Außenkabine lag weit vorne an Steuerbordseite, ideal, um den Zusammenprall zu beobachten. Hätte er nur kurz aus dem Bullauge geblickt, dann hätte er alles genau verfolgen können. Statt dessen verließ er im Pyjama seine Kabine, um aus einem Bullauge zwischen den Kabinen hinauszusehen. Er stellte sich zusätzlich auf eine kleine Kiste, die im Gang stehengelassen worden war, und hörte, wie Kapitän Kendall zum anderen Schiff hinüberrief, sie sollten doch mit der Maschine weiter »voraus« gehen. Er hatte das Gefühl, die *Storstad* sei so nahe, daß er sie mit ausgestrecktem Arm berühren konnte, denn seinen Worten zufolge »steckte sie senkrecht [neben ihm] im Schiff«. Der Schock, ohne Übergang aus dem Tiefschlaf herausgerissen worden zu sein und eine Katastrophe mitanzusehen, verwirrte ihn verständlicherweise. Tatsächlich war Smart mehr als 160 Fuß vom Kollisionspunkt entfernt.

Toftenes stürzte auf die Brücke zurück und meldete dem Kapitän, daß die Schotten unversehrt seien. Die *Storstad* war also entgegen Kapitän Andersens Erwartung nicht im Begriff, unterzugehen. Allerdings waren im Vorschiff schätzungsweise zwanzig Platten der Außenhaut leckgeschlagen, und sie machte etwas Wasser.

Ethel Grundy Paton wachte vor der Kollision auf, weil sie dachte, eine Glocke läuten gehört zu haben. Dann fühlte sie eine »leichte Erschütterung«. Sie warf einen Blick aus dem Bullauge, sah aber nichts. Wie viele andere Passagiere auch glaubte sie, das Schiff sei mit einem Eisberg zusammengestoßen. Mit einem Blick achteraus hätte sie den norwegischen Kohlenfrachter bemerkt, der die *Empress* mitten ins Herz getroffen hatte.

Der Aufprall jagte Alice Bales riesige Angst ein. Sie sprang aus dem Bett und rief Rose Butler und Miss Willmor, mit denen sie ihre Kabine teilte, zu: »Wir haben einen Eisberg gerammt!« Alice war aber geistesgegenwärtig genug, sich rasch anzuziehen, die Schwimmwesten zu packen und diese den beiden Frauen, die sie zur Eile anspornte, zuzuwerfen. Ihr gespartes Geld hatte sie in einem Leinenbeutel um den Hals. Wasser strömte durch das Bullauge in die Kabine hinein, aber Alice gelang es, das Fenster zu schließen, bevor sie aus der Kabine und zur Treppe lief.

Will Measures, Teddy Gray, Ernie Aldridge und Ken McIntyre schliefen in einer Kabine vorn auf dem Hauptdeck. Die Pfeifensignale mußten Measures schon recht früh aufgeweckt haben, denn er erinnerte sich, daß er zum Zeitpunkt der Kollision wach gewesen war. »Es war ein sanfter Ruck«, beschrieb er es, »so, als führe ein Eisenbahnzug an.« Er streckte den Kopf aus dem Bullauge, konnte aber nichts sehen, da er sich backbords befand. Er ging in seine Kabine zurück und legte sich wieder hin.

Chefsteward Gaade hatte nur einen leichten Schlaf und wurde durch das Geräusch berstender Eisenplatten zwei Decks tiefer sofort wach. Er sprang aus dem Bett, warf sich einen Morgenmantel über und rannte zum Vestibül am Fuß der großen Niedergangstreppe, wo er William Morl, den Nachtwächter, traf. Gaade fragte ihn, wo sie gerammt worden seien. »Mittschiffs«, antwortete Morl. Gaade befahl dem Nachtwächter, alle Passagiere zu wecken, die er erreichen könne, und ihnen zu sagen, sie sollten die Schwimmwesten anlegen und an Deck gehen. Dann eilte Gaade in seine Kabine zurück, um sich anzuziehen. Nachtwächter Morl steckte zwei Notleuchten an und klopfte an die erste Kabinentür.

Der für die erste Klasse verantwortliche Steward Prowse alarmierte ebenfalls die noch schlafenden Passagiere. Er wiederholte immer wieder: »Die Schwimmwesten anziehen und auf Deck gehen!« Sir Henry Seton-Karr dachte zuerst, jemand würde sich mit den Passagieren einen schlechten Scherz erlauben. Auch Merton Darling, der in der Kabine direkt gegenüber von Seton-Karr untergebracht war, wachte auf. Beide Männer rissen ihre Kabinentüren im selben Moment auf, um nachzusehen, wer denn für dieses impertinente Verhalten verantwortlich wäre. Zur gleichen Zeit stürzten sie auf den Gang hinaus und prallten dort zusammen wie in einer Komödie.

Captain Guido Whatmore, ein Mitglied der Kapelle der Heilsarmee. (Salvation Army Heritage Centre, Toronto)

Auch Stanley Bigland wurde wach. Der Zusammenstoß, jedenfalls das, was er davon gehört hatte, war ihm nicht sehr bedrohlich vorgekommen. Er weckte seine Musikerkollegen Alfred Keith, Guido Whatmore und Rufus Spooner auf. »Wir sind mit irgend etwas zusammengestoßen«, sagte Bigland. Keith öffnete die Kabinentür, spähte links und rechts den Gang hinunter und bemerkte, daß durch ein Bullauge am Ende des Ganges Wasser hereinströmte. »Wir haben einen Eisberg gerammt«, rief Keith, »alle rauf an Deck!« Spooner sah auf die Uhr. Es war zehn Minuten nach zwei. Er dachte, das Schiff mache noch Fahrt. Die vier Männer schlüpften hektisch in ihre Hosen.

Grace Kohl, die erst zwei Wochen zuvor mit der *Empress* gereist war, dachte sich nichts bei dem leichten Ruck, der sie aufgeweckt hatte. Durch das Bullauge sah sie die Lichter eines anderen Schiffes. Sie dachte, es wäre gekommen, um den Lotsen abzuholen, oder daß dieser gerade von Bord gegangen sei, und legte sich wieder hin.

In den Ohren der kleinen Gracie Hanagan hörte sich der Aufprall der *Storstad* an wie ein lauter Feuerwerkskörper oder ein großes Krachen. Die Lichter der zurückgehenden *Storstad* tauchten die Kabine in helles Licht. Als das Schiff von der Kollision zurückprallte und den erlittenen Schlag abzuschütteln schien, rutschte Gracie in Richtung jenes Bullauges, vor dem sie sich so geängstigt hatte. Ihr Vater nahm sie und sagte, daß es nur das Lotsenboot gewesen wäre, das gegen die Bordwand geknallt sei. Dann schlug aber jemand heftig an die Tür, Männer schrien auf dem Gang, daß alle an Deck gehen sollten. Gracie warf, während sie die Kabine verließ, noch einen letzten Blick auf das Bullauge, durch das bereits etwas Wasser hereinsickerte.

Thomas und Mary Greenaway, ein frisch verheiratetes Paar, wurden von einem Steward aufgeweckt, der sie aufforderte, an Deck zu gehen. Mary Greenaway war anfangs keineswegs beunruhigt und hüllte sich in einen Umhang. Während sie die Kabine verließen, kamen Thomas Greenaway plötzlich Bedenken, daß Wasser in ihre Kabine eindringen und »einiges an Kleidung ruinieren« könnte. Er ging zurück und schloß das Bullauge. Als er damit fertig war, wurde ihm klar, daß sich das Schiff in ernsten Schwierigkeiten befand, denn es richtete sich nicht wieder auf. Die hektisch nach oben strömende Menge auf dem Gang riß Mary Greenaway, die nach ihrem Mann rief, mit sich, und das Paar wurde getrennt.

William Hunt aus Hamilton in Ontario warf einen Blick aus seiner Kabine und sah die Menschenmenge, die Mary Greenaway mit sich fortgerissen hatte. Alle rannten nach vorn. Er fragte, was denn passiert sei. Ein Matrose konnte ihm eine Antwort geben: »Wir sind mittschiffs gerammt worden!«

Mr. Hunt, in der Passagierliste als Arzt eingetragen, versuchte kühlen Kopf zu behalten und dachte einen Moment lang nach, bevor er sich dem Menschenstrom anschloß. Er entschied sich dann dafür, in die umgekehrte Richtung, nämlich in Richtung Heck, zu gehen, denn seiner Meinung nach würde das Schiff mit dem Bug voran sinken.

Der Major der Heilsarmee, Frank Morris, wurde auch Zeuge des Spektakels der hastenden und schiebenden Menschenmenge im Gang. Die hastigen Bewegungen der Leute auf der Treppe hätten ihn, so sagte er, an einen Schwarm Fische erinnert. Hauptmann David »Mac« McAmmond teilte mit ihm die Außenkabine. Mit dröhnender Stimme rief Morris seinem Kabinengefährten zu: »Da ist irgendwas nicht in Ordnung, Mac! Steh auf, Mac!« McAmmond dachte zunächst, das Schiff sei auf Grund gelaufen, weil es ein knirschendes Geräusch gegeben hatte. Da er die innere Koje hatte, befand sich der Lichtschalter in seiner Reichweite. Er machte das Licht in ihrer Kabine an.

Reinholdt Bach und Herman Kruse aus Rochester fühlten eine »Erschütterung«, die so stark war, daß sie beide aufwachten. Kruse schlug dem Ururenkel des Komponisten vor: »Gehen wir an Deck und stellen fest, was los ist.« Sie klopften an die Tür der benachbarten Kabine, in der ihre Töchter untergebracht waren. Kruse rief: »Wir gehen an Deck. Ihr kommt besser mit!« Die Mädchen zögerten nicht eine Sekunde und warfen sich in ihre Mäntel.

Ernie Pugmire war einer der wenigen Angehörigen der Heilsarmee, die gerettet werden konnten. (War Cry)

Mr. und Mrs. Henry Freeman schienen nach dem Austausch der Signale nur noch darauf zu warten, daß »auch der andere Schuh auf den Boden fiel«. Gleich nach der Kollision sprangen beide aus dem Bett, und Freeman schnappte sich einen Pullover für seine Frau. Beide verließen ihre Kabine.

Die Irin, mit der Mrs. Gattrell ihre Kabine teilte, stürzte im Nachthemd hinaus auf den Gang und fragte einen Steward, was denn passiert sei. Dieser antwortete: »Es ist alles in Ordnung, Ma'am.« Mrs. Gattrell, ebenfalls noch im Nachthemd, konnte nur einen Schuh finden. Trotzdem verließ sie ihre Kabine mit drei Kinderschwimmwesten.

Dr. Grant befand sich in den Privaträumen, die für den Schiffsarzt vorgesehen waren. Diese lagen weniger als 100 Fuß von Kabine 328 entfernt, die vom Steven der *Storstad* durchbohrt worden war. Der Stoß schleuderte ihn zunächst gegen die Innenwand, aber beim Zurückschwingen des Schiffes fiel er aus dem Bett. Der Arzt rollte über den Boden und prallte gegen sein Sofa.

Ernie Pugmire, immer noch hellwach wegen seiner Magenverstimmung, war einer der ersten an Deck. Er dachte an seinen Bruder Bert, der die Einladung für die Reise nach London abgelehnt hatte. Welch ein Glück! Denn Pugmire wußte, daß sein Bruder nicht schwimmen konnte. Wenn die *Empress* jetzt unterginge, dann hätte Bert keine Chance gehabt. Pugmire schaute über die Reling und sah das Wasser an der Bordwand vorbeiströmen. Er war sich deshalb »sicher«, daß die *Empress* immer noch Fahrt voraus machte. In seiner Nähe bemerkte er den Kapellmeister Edward Hanagan, dessen Frau und die kleine Gracie, die dicht beieinander an der Reling standen. Pugmire legte Gracie seinen Mantel um die Schultern, damit sie nicht friere.

Reverend Wallett hörte einen »schrecklichen, knirschenden Aufschlag«. Er fühlte, wie ein Zittern das Schiff in seiner ganzen Länge durchlief. Wallett hatte wie auch Ethel Grundy Paton eine Kabine an der Steuerbordseite auf dem oberen Promenadendeck. Er kam gerade noch rechtzeitig an Deck, um zu sehen, wie sich die *Storstad* langsam von der *Empress* löste. Ein anderer Passagier der ersten Klasse kam gerade an Deck, als das Schiff nach Steuerbord überzuholen begann. Wallett beobachtete mit Entsetzen, wie der Mann gegen das Schanzkleid geschleudert wurde und sich vor

Die Stelle, an der die Empress of Ireland *sank.* (Zeichnung von John Andert)

bewegung des Schiffes zurück in seine Kabine geschleudert. Mrs. Irving geriet beim Anblick ihres Mannes, der aus einer klaffenden Wunde an der Stirn blutete, aus der Fassung. Irving versuchte, ihr die Schwimmweste mit Gewalt anzulegen. Mabel schluchzte und hielt ihren Mann fest umschlungen, der sich in diesem Augenblick nur wünschte, daß sie mithelfen würde. »Reg dich bitte nicht auf«, flehte er sie an. Abbott wollte helfen, aber Irving lehnte ab. »Kümmern Sie sich erst einmal um sich selbst! Trotzdem vielen Dank«, sagte er. Die Irvings setzten ihren Ringkampf fort, bis es Laurence Irving schließlich zu bunt wurde. Er packte seine Frau, nahm sie auf die Arme und trug sie zur Haupttreppe.

Während er die Stufen hinaufschritt, war Irving völlig ungerührt – eine makabre Szene, die an die dramatische Situation aus *Vom Winde verweht* erinnert, in der Rhett Butler die sich heftig wehrende Scarlett O'Hara die Treppe hinaufträgt. Der Neigungswinkel der Treppe machte es notwendig, die Balustraden und das Gitterwerk als Tritthilfen zu benutzen. Als sie schließlich oben angekommen waren, kniete Irving sich hin und wollte seine Frau an Deck ziehen. Die Schiffssirene war verstummt. Kindergeheul und undeutliche, verzerrte Todesschreie drangen aus den unteren Decks durch die Ventilatorschächte nach oben. Es war alles wie gemacht für den letzten Akt der Irvings.

Viele Passagiere in der zweiten und dritten Klasse hatten nicht das Glück, persönlich von einem Mitglied der Crew geweckt zu werden. Jene, die sich in Sicherheit bringen konnten, hatten sich einzig und allein auf ihren Instinkt verlassen und umgehend gehandelt.

So auch Mrs. George E. Cook aus Vancouver, die mit Mrs. Hayes und Mrs. Simcoe eine Kabine teilte. Zuerst dachte sie, das Schiff wäre auf einen Felsen gelaufen. Sie steckte den Kopf aus der Tür und sah Leute die Treppe hinaufhasten. Einige von ihnen standen bis zu den Oberschenkeln im Wasser! Ihr Überlebenswille übernahm jetzt das Kommando, und so, wie sie war, rannte sie wie eine Wahnsinnige auf die Treppe zu. Als die Krängung schließlich 45 Grad betrug, brach eine Massenhysterie aus. Die Menge schob jeden die Treppe hinauf zum Deck. Tiria Townshend und ihre Tante Wynnie Price gerieten ebenfalls in diesen Strudel; keine von ihnen hatte eine Schwimmweste dabei.

Als Alice Bales in den Gang trat, hatte sie ihre Schwimmweste über die Schulter geworfen. In der Menge, die zum Bootsdeck hinaufhastete, kam sie ihr beinahe abhanden. Eine Frau, die ihr den Weg versperrte, schrie: »Wo ist mein Junge? Ich habe meinen Jungen verloren!« Doch niemand konnte ihr helfen. Alice drängte sich schließlich an der verzweifelten Mutter vorbei. Die Frau schrie und flehte: »Findet doch bitte meinen kleinen Jungen!«

Will Measures und Ken McIntyre konnten sich kaum in ihrer doppelstöckigen Koje halten, die sich jetzt auf der höheren Seite der Kabine befand, welche sie mit Teddy Gray und Ernie Aldridge teilten. Als die Krängung der *Empress* zu groß geworden war, rollten Measures und McIntyre aus dem Bett. Measures schrie Gray und Aldridge zu, sofort die Kabine zu verlassen. Ernie Aldridge sprang aus dem Bett und begann, die Hosen von Measures anzuziehen, bevor er seine eigenen fand. Währenddessen war Gray bis an die innere Wand hinuntergerollt. Noch völlig schlaftrunken, richtete er sich auf. Grays Freunde verließen die Kabine und nahmen an, daß er in Kürze folgen würde, denn sie hatten ihn zuletzt seine Hosen anziehen sehen.

Herman Kruse, Reinholdt Bach und ihre beiden Töchter blieben zusammen, bis sie die Treppe erreichten. Bach hatte wegen seines Rheumatismus ohnehin Schwierigkeiten beim Treppensteigen. Die schrägstehenden Treppenschächte waren zuviel für ihn. Er bestand darauf, daß die anderen ohne ihn weitergingen, was sie auch taten.

John Delamont hörte die Schiffssirene und wußte sofort, daß man um zwei Uhr morgens garantiert keine Rettungsbootübung angesetzt hatte. Schließlich war er nicht das erste Mal mit einem Dampfer unterwegs. Er weckte seine beiden Söhne auf und zog ihnen sofort Schwimmwesten an. Danach ging er zu der Kabine, in der seine Frau und seine beiden Töchter untergebracht waren, konnte jedoch die Tür nicht öffnen. Die Tür war angelehnt, so daß Luft hereinkam, aber mit einem Haken gesichert, so daß man sie von außen nicht aufmachen konnte. Alle Kabinen auf der *Empress* verfügten über diese besondere Schutzvorrichtung. Der stämmige Delamont warf sich mehrmals gegen die Tür, bis sie aus den Angeln sprang.

Dem Wachoffizier Jones war es gelungen, die Rettungsboote 1, 3 und 5 an Steuerbord klar zum Aussetzen zu machen. Kapitän Kendall hatte gleich nach der Kollision die Zurrbrooken von diesen Booten losgeworfen. Durch das Megaphon befahl er: »Alle Frauen in die Boote!« Dem Quartermeister Murphy befahl er, auf der Stelle zu seinem Rettungsboot zu gehen und es klar zum Aussetzen zu machen.

Murphys Station war Rettungsboot 12 an Backbordseite. Auf dem Weg dorthin begegnete er Mansfield Steede, der bereits an Backbordseite war und verzweifelt versuchte, Rettungsboot 8 klarzumachen. Bis die Persennings der Boote endlich abgenommen waren, war die Krängung des Schiffes schon zu groß geworden. Selbst wenn es ihnen gelänge, ein Boot außenbords zu drücken, würde es beim Fieren an den Platten und Nieten des Rumpfes hängenbleiben und sich verkanten.

Der Erste Offizier kehrte unverrichteter Dinge zur Brücke zurück. Kapitän Kendall gab ihm den Befehl, einen SOS-Ruf nach Father Point abzusetzen.

»Das haben wir bereits getan«, antwortete Steede. Daraufhin bat Kendall seinen Ersten Offizier, alles in seinen Kräften Stehende zu tun, um so viele Boote wie nur irgend möglich zu Wasser zu bringen. Steede lief zurück auf die Backbordseite. Stewardeß Hollies sah ihn auf die Bootswinde beim Rettungsboot 8 klettern. Den Mannschaftsmitgliedern, die auf ihre Bootsstationen gehen wollten, rief er zu: »Nicht auf dieser Seite, Leute! Rüber nach Steuerbord!« Murphy rannte zum Rettungsboot 13 auf der anderen Seite, um zu sehen, ob er vielleicht dort von Nutzen sein könnte. Bootsmann Radley hatte die Oberaufsicht über die Matrosen, die Boot 13 zu Wasser bringen wollten.

Ethel Grundy Paton, nunmehr vollständig angekleidet, mit Juwelen behängt und in ihren Pelz gehüllt, machte sich auf den Weg zur Brücke, die sich 130 Fuß vor ihrer Kabine befand. Das obere Promenadendeck quoll über von Menschen, die »chaotisch, in höchst schrecklicher Weise« hin und her liefen. Ein Passagier forderte andere dazu auf, eine Menschenkette an Backbordseite zu bilden, um so ein Gegengewicht gegen die Schieflage des Schiffes zu schaffen. Sie herrschte den Mann an, sie gefälligst in Ruhe zu lassen, und stieg die Teakholzstufen zur Brücke hinauf. Als sie die Brücke betrat, sagte ihr ein Offizier, die Gefahr sei gewaltig übertrieben und die Brücke kein geeigneter Platz für eine Dame.

Ein Photo des Spielplatzes, auch »Garten« genannt. Durch die Tür zur Linken erreichte man eine Treppe, die zu den Unterkünften der dritten Klasse hinunterführte. (Aus der Zeitschrift *Engineering*)

Sie war nur allzu gerne bereit zu glauben, was ihr der Offizier gesagt hatte, und nahm unsicher wieder die schrägstehenden Stufen nach unten. Ein Mann stolperte ihr entgegen und schlug ihr dabei die Brille von der Nase. Das Bootsdeck über ihr begann sich anzuhören »wie eine Kegelbahn«. Wassereimer, Vorratstanks, Ladebäume und die Backbord-Rettungsboote rissen sich aus ihren Verankerungen und flogen über das Deck. Godson, der graduierte Student aus der ersten Klasse – er hatte ja noch gescherzt, vielleicht bei der Überfahrt zu ertrinken –, sah, wie ein Mann von einem Rettungsboot an der Reling zerquetscht wurde. Aus den Schornsteinen quoll dichter Ruß, der auf die Menschen herabregnete.

Im Inneren des Schiffes flogen alle möglichen Objekte – Teller und Tassen, Gläser, Töpfe und Pfannen, Gepäckstücke, Toilettenartikel, Metallputzmittel – durch die Luft nach Steuerbord und krachten gegen die Wände. Die Stückgutladung – das frische Obst und Gemüse, die Postsäcke, die Silberbarren und die Klaviere an Bord – machte sich nacheinander selbständig und rutschte mit unbeschreiblichem Lärm in die anderen Gegenstände, die sich schon zuvor in Bewegung gesetzt hatten. Diese gewaltige und abrupte Gewichtsverlagerung verstärkte die Schlagseite nach Steuerbord. Sand ergoß sich aus dem Sandkasten des Kinderspielplatzes, bis er, einst von fröhlichem Geschrei erfüllt, völlig leer war.

In kluger Voraussicht befahl Chefingenieur Sampson seinen Leuten, den Maschinenraum zu verlassen, bevor die Krängung des Schiffes dies unmöglich machte. Er selbst konnte von Glück sagen, daß er es im letzten Moment schaffte herauszukommen. Er und ein Arbeiter mußten »wie Spinnen« an der Backbordseite der Maschinenraumversteifungen hochklettern und sich an Leitern hochziehen, bis sie schließlich den Ausgang erreicht hatten. Das Wasser bahnte sich unbarmherzig einen Weg in den Maschinenraum und begrub Maschinen und Dynamos unter sich.

Der Sandkasten oder Spielplatz der Kinder der dritten Klasse, die Zeichnung entstand für die Illustrated London News.

Die Stromspannung schwankte stark: Einmal strahlte das Licht hell auf, und im nächsten Moment war es fast nicht mehr vorhanden.

Charles Spencer, der Läufer Brücke, kam nie im Zwischendeck an. Er war zum Hauptdeck hinuntergegangen und half, Passagiere aus ihren Kabinen zu holen. Nur mit großer Mühe konnte er sich durch das stetig steigende Wasser kämpfen und sah zwei Kameraden, Baker und Tunstall, die sich immer noch bemühten, eine wasserdichte Tür zu schließen. Spencer war sofort klar, daß sie dies unmöglich schaffen würden, drehte sich um und rannte die Treppe zurück nach oben.

Alfred Keith und Stanley Bigland, beide Lieutenants der Heilsarmee, mußten auf dem Weg zur nächsten Treppe durch eiskaltes Wasser waten. Dicke Wassersäulen schossen durch die offenen Bullaugen ins Schiff. Geldscheine, vorher sicher unter einem Kopfkissen verwahrt, trieben nun im schlierigen Wasser des schrägliegenden Gangs. In dem Tumult war jeder nur bestrebt, den nächsten Ausgang zu erreichen, und niemand achtete auf das in den Fluten treibende Geld. Als er schließlich an Deck war, kroch Keith hoch zur Backbordreling.

Viele Männer, besonders die jüngeren aus der Heilsarmee, zogen Frauen und Kinder auf sichere Treppenabsätze hinauf, wo sie sie dann an Deck stemmten oder an weitere Helfer durchreichten. Ken McIntyre, Ernie Pugmire, John Fowler, Rufus Spooner, Reginald Simmonds und der Hilfssteward J. Hayes gehörten zu jenen, die halfen, die Passagiere vor einem nassen Tod zu retten. Miss Willmot, die mit Alice Bales eine Kabine geteilt hatte, sagte später aus, daß sie ihre Rettung Fowler verdanke, der sie mit einem Seil oder einem Feuerlöschschlauch die Treppe hochgezogen habe.

Bert Greenaway schaffte es die Treppen herauf und war gerade auf dem Weg auf die Backbordseite, als er Ernest Evans, seine Frau und ihr Baby sah. Der junge Vater war völlig verzweifelt und bat ihn um irgend etwas, in das er sein nacktes Kind wickeln könne. Greenaway zog seine Strickjacke aus und gab sie ihm. Evans war so durcheinander, daß er die Jacke nur sinnlos hin und her drehte, bis Greenaway sie ihm schließlich abnahm und das Kind sorgfältig darin einwickelte.

David Rees, Commissioner der Heilsarmee, seine Tochter Madge und seine Frau Ruth konnten aus ihrer Kabine entkommen und trafen sich an Deck wieder. Ihr Sohn Harding war aber nirgends zu sehen. Ruth war ziemlich korpulent, aber mit Hilfe einiger Passagiere schaffte sie es, sich durchzuarbeiten. Madge schien völlig verwirrt zu sein, denn sie klagte nur vor sich hin: »O, das wird Mutter umbringen«, als handle es sich beim bevorstehenden Untergang um eine zeitweilige Unannehmlichkeit, wie sie auf Reisen gelegentlich vorkommt.

Passagiere, die das Bootsdeck erreicht hatten, versuchten, den Abstand zum Wasser so groß wie irgend möglich zu halten. Deswegen bemühten sich Alfred Keith und viele andere auch, an die Backbordreling zu gelangen. Keith versuchte, die Lage einzuschätzen. Alle Passagiere hatten sich oben auf der Seite versammelt, auf der keine Boote zu Wasser gebracht werden konnten. Die Besatzung war an der Steuerbordreling, wo die Boote in geringer Höhe über dem Wasser hingen. Keith entschloß sich, der Besatzung zu folgen. Vorsichtig rutschte er das Deck hinunter auf die Steuerbordseite. Er sah, wie ein noch in den Taljen hängendes Rettungsboot mit den Davits unklar kam, und beschloß, alles auf eine Karte zu setzen. Kopfüber sprang er über Bord.

Währenddessen schrie Crawford Leslie in der Funkstation von Father Point laut nach William James Whiteside, seinem Vorgesetzten, den der Funker der *Empress,* Ferguson, unbedingt sprechen wollte. Da der Schlafraum direkt über dem Funkraum lag, kam Whiteside fast sofort herunter und übernahm die Kopfhörer von Leslie. Er hörte das SOS-Signal, das Ferguson geschickt hatte, und danach die Worte »schwere Schlagseite«.

Whiteside erkundigte sich nach der genauen Position des Schiffes. Da wurde Ferguson plötzlich klar, daß er ja die Koordinaten gar nicht wußte. Er dachte ganz kurz nach und gab dann durch: »Zwanzig Meilen hinter Rimouski«. Diese Angabe ließ sich Whiteside noch einmal bestätigen. Fergusons Gerät arbeitete nur noch schwach. Er konnte gerade noch die ersten beiden Buchstaben von »yes« durchgeben und die ersten beiden »Punkte« von »s«. Danach war das Senden nicht mehr möglich – sein Apparat hatte gerade noch genug Strom, um eine letzte Meldung zu empfangen. Whiteside informierte die *Empress,* daß zwei Rettungsschiffe unterwegs seien.

Die Morsetaste im Funkschapp muß Ferguson wie ein riesiger Lichtschalter vorgekommen sein, denn mit dem letzten »Punkt«, den er in den Äther sandte, ging auch im gesamten Schiff das Licht aus; von den funkelnden Kristallleuchtern im Salon bis zu den abgeschirmten Arbeitslampen in den Maschinenräumen wurde es auf einen Schlag dunkel. Eben noch hell erleuchtet, war die *Empress* nun düster und unheimlich.

Ist man nicht gewohnt, mit dem Schiff zu reisen, braucht man in der Regel ein paar Tage, bis man sich an Bord einigermaßen zurechtfindet. Das war auch bei der *Empress* der Fall. Die meisten Passagiere waren am ersten Abend an Bord des Atlantikliners zu Bett gegangen, ohne so recht zu

Ronald Ferguson, der Leitende Funker der Empress.
(Mit freundlicher Genehmigung der Familie Ferguson)

William James Whiteside, der Leiter der Funkstation in Father Point.
(Illustrated London News, Bildarchiv)

Das Funkschapp auf der Empress of Ireland (Peabody Essex Museum, Salem, Massachusetts). *Die Point-Amour-Funkstation in Labrador war die letzte Station, die auslaufende Liniendampfschiffe passierten, bevor sie in den Atlantik hinausgingen. Am Ende der Sommersaison setzte die* Empress of Ireland *ein »Dankeschön«-Fäßchen mit der britischen Handelsflagge aus. Point Amour wurde über Funk unterrichtet und schickte ein kleines Boot hinaus, um das Zeichen dankbarer Anerkennung aufzufischen. Father Point erhielt ebenfalls ein Dankespaket, aber das wurde auf konventionelle Weise an Land geschickt – mit dem Lotsen.*

Die ruhigen Gewässer des kanadischen Sankt-Lorenz-Stroms erreicht man rund 500 Meilen früher als den Hafen von New York. Diese Tatsache wurde zu Werbezwecken für die Atlantikroute der CPR genutzt.

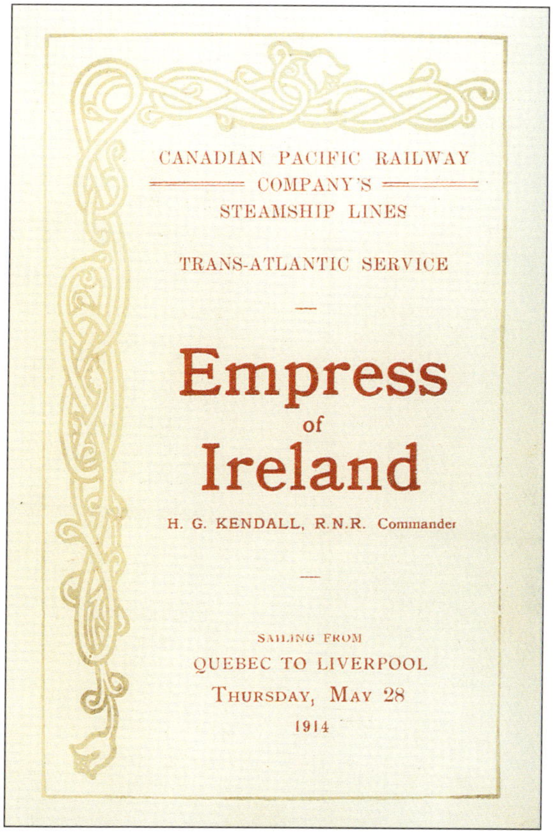
CANADIAN PACIFIC RAILWAY
COMPANY'S
STEAMSHIP LINES

TRANS-ATLANTIC SERVICE

—

Empress
of
Ireland

H. G. KENDALL, R.N.R. Commander

—

SAILING FROM
QUEBEC TO LIVERPOOL
THURSDAY, MAY 28
1914

Titelseite der Passagierliste der ersten Klasse der Empress of Ireland *vom 28. Mai 1914.* (Archiv der Canadian Pacific)

Speisesaal der ersten Klasse mit Blick auf das darüberliegende Café.

Umschlag einer Broschüre über die Empress-*Schiffe mit dem Titel »Taking on the Pilot« (Der Lotse kommt an Bord).* (Privatsammlung von W. B. Chung)

Auf der Jungfernreise der Empress *schwatzte ein Passagier zwei Seeleuten diese beiden Mützenbänder ab und vermachte sie, Jahre später, dem Vancouver Maritime Museum. Das helle Mützenband wurde mit der »Ausgehuniform« an Sonntagen und bei besonderen Anlässen getragen.* (Vancouver Maritime Museum)

Die Canadian Pacific Railway beauftragte den Künstler W. Kitzis im Jahre 1908, die Empress of Ireland *zu malen. Er fertigte verschiedene Ölbilder an, so auch das obige. Die* Empress of Britain *ist links im Hintergrund zu sehen.* (Cobwebs Ocean Liner Memorabilia, Southampton)

Das Firmenschild, ursprünglich außen vorne an den Aufbauten am unteren Promenadendeck befestigt. (Musée de la Mer, Pointe-au-Père)

Porzellanteller aus der ersten Klasse

Mintons »Fontenay«-Teller aus der ersten Klasse; oft als Empress-of-Ireland-*Muster bezeichnet.* (Photo: Gary Gentile)

Mintons »Faucille«-Teller. (Photo: Gary Gentile)

Automatischer Eierkocher. Durch Herunterziehen des Griffes über dem Korb wurden die Eier ins kochende Wasser getaucht. Nach Ablauf der eingestellten Zeit wurde der Eierkorb durch einen kettenbetriebenen Mechanismus hochgezogen.

Zweite Klasse

Mintons »Alton«- oder »White-Fish«-Teller, ausgestellt im Salvation Army Heritage Centre Museum in Toronto.

Dritte Klasse

Suppenteller; auch als Porridgeteller bezeichnet. (Photo: Gary Gentile)

Das Steuerrad der Empress *– zuletzt betätigt bei dem vergeblichen Versuch, die Kollision zu vermeiden. Es wurde von der Firma Brown Brothers in Edinburgh hergestellt, die als erste ein Patent für Fernsteuerungsanlagen angemeldet hatte.* (Musée Maritime Bernier, L'Islet-sur-Mer)

Essensglocke des Stewards der dritten Klasse, die von dem Taucher John Moyer aus einem Schrank im Speisesaalbereich geborgen wurde. (Mit freundlicher Genehmigung von John Moyer)

Maschinentelegraph. Eins der vielen geborgenen Stücke, die im Musée de la Mer in Pointe-au-Père ausgestellt sind.

Badewannenarmatur, ausgestellt im Musée de la Mer in Pointe-au-Père.

Kabinen-Wegweiser auf dem Hauptdeck. (Mit freundlicher Erlaubnis von John Reekie)

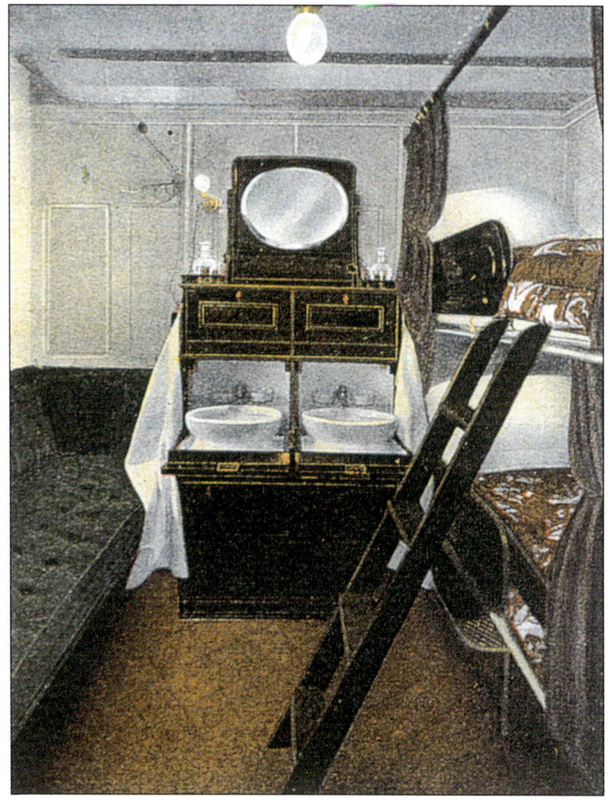

Kabine der ersten Klasse mit zwei Kojen.
(Privatsammlung von Norman H. Morse)

Treppenabsatz auf dem oberen Promenadendeck.
(Privatsammlung von Norman H. Morse)

Speisesaal für die Kinder der ersten Klasse.
(Privatsammlung von Norman H. Morse)

Diese dramatische Darstellung stammt von dem kanadischen Maler William Wheeler. Sie wurde am 50. Jahrestag der Tragödie im Toronto Star Weekly *veröffentlicht.*
(Salvation Army Heritage Centre Museum, Toronto)

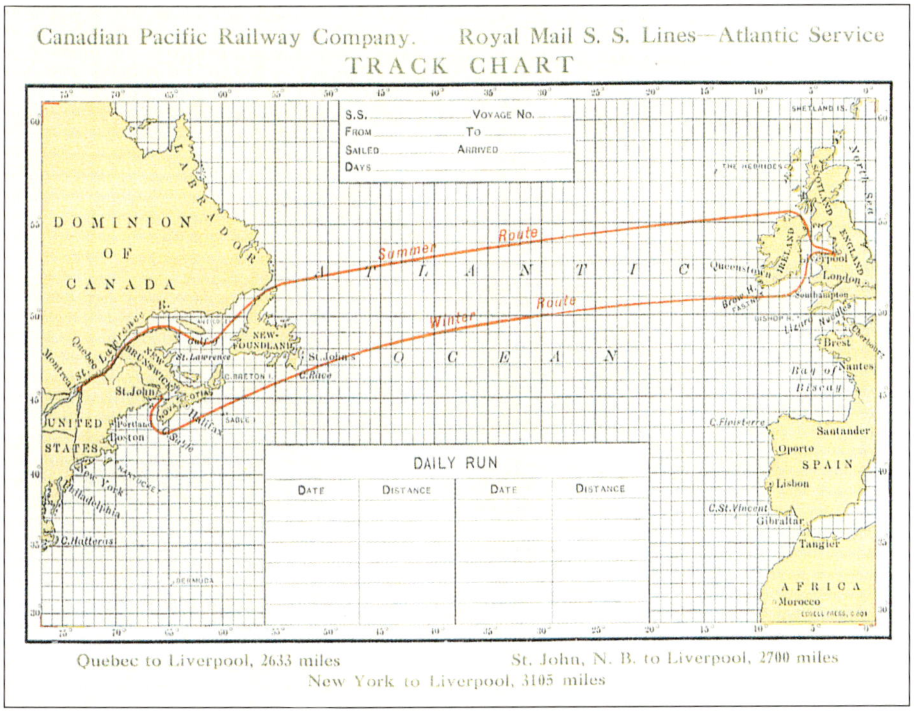

Sommer- und Winterroute nach Kanada auf der Kurskarte der Canadian Pacific Railway Company.

Das Bootsdeck

Oben: *Die schön bestickte Tischdecke von der* Storstad, *in die der vor Kälte zitternde Keith eingehüllt wurde. Keiths Familie stiftete die Decke später dem Salvation Army Heritage Centre Museum.* (Salvation Army Heritage Centre Museum, Toronto)
Rechts: *Alfred »Alf« Keith, Lieutenant der Heilsarmee.* (Zeichnung von John Andert)

Die Wiederentdeckung der Empress of Ireland

Unterwasseraufnahmen von Gary Gentile

Überreste eines rutschfesten Bodens, in den eine Anlage mit Dampfkochtöpfen eingebaut war. (Siehe Seite 177)

Überreste eines zusammenklappbaren Rettungsboots, das an der Steuerbordseite der Empress *auf Grund ging.*

Schwarze und weiße Kacheln, wie sie in der Küche verlegt waren. (Siehe Seite 180)

Station des Rudergängers. Die Gräting bewahrte den Rudergänger bei schlechtem Wetter vor nassen Füßen.

Kupferner Auftriebstank eines der zusammenklappbaren Rettungsboote, das wohl zerdrückt und nicht aufgerissen wurde.

Teakplanken des Bootsdecks und Oberlichtrahmen, auf denen sich Manteltierchen angesiedelt haben.

Überreste eines Bleiglasfensters, möglicherweise von dem Oberlicht auf dem Photo links.

Viele Passagiere hielten sich an dieser Teakholzreling fest, zögerten ihr Schicksal dadurch aber nur unwesentlich hinaus.

Bemerkenswert gut erhaltene hölzerne Kajütentür auf dem Promenadendeck.

Treppe im Innern des Schiffs: Fluchtweg oder Falle für die Passagiere der zweiten und dritten Klasse.

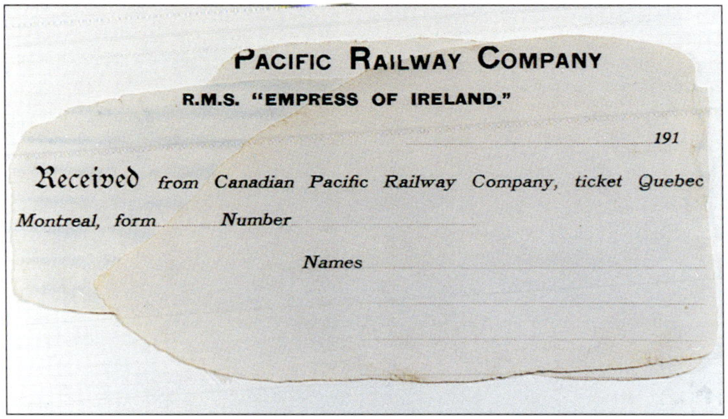

PACIFIC RAILWAY COMPANY

R.M.S. "EMPRESS OF IRELAND."

191

Received from Canadian Pacific Railway Company, ticket Quebec

Montreal, form Number

Names

Eine Blanko-Schiffskarte, von Wracktaucher Mark Reynolds aus dem Schiffsbüro geborgen. Sie wurde aus drei Einzelstücken zusammengesetzt.

Der Geist der Empress *und ihrer verlorenen Seelen dampft weiter durch die Meere auf diesem Bild von James F. Watkins jr. aus Provincetown. Es trägt den Titel »*Empress *at Speed« (Die* Empress *in voller Fahrt).*

Gedenkstein der Heilsarmee für die Opfer der Katastrophe auf dem Mount-Pleasant-Friedhof in Toronto.

wissen, wie sie am nächsten Tag in den Speisesaal kommen würden. Die Passagiere hatten auch nie an Rettungsübungen teilgenommen, was sicherlich hilfreich gewesen wäre, um den kürzesten Weg an Deck zu finden. Sich aus den Kabinen der zweiten Klasse und den darunterliegenden Decks in Sicherheit zu bringen war schon fast ein Wunder.

Der SOS-Ruf der *Empress* löste hektische Betriebsamkeit aus. Ein Wettlauf mit der Zeit begann. William Whiteside befahl Crawford Leslie, Rimouski anzurufen und den Kapitän des kanadischen Regierungsdampfers ans Telephon holen zu lassen. Whiteside funkte ein CQ-Signal an alle Schiffe. Leslie gelang es währenddessen, Kapitän François Pouliot von der *Lady Evelyn* an den Apparat zu bekommen. Bevor Leslie ihm die Situation erklären konnte, riß ihm Whiteside den Hörer aus der Hand und befahl seinem Assistenten, zu John McWilliams hinüberzulaufen und ihn zu wecken. Dann sagte er Pouliot, daß die *Empress* kurz davor sei, in der Nähe von Father Point unterzugehen.

John McWilliams war der Manager des Great Northwestern Telegraph Office in Father Point. Als Leslie McWilliams' Haus erreicht hatte, begann er nicht etwa, zu rufen oder an die Tür zu schlagen – er gab mit der Türglocke das SOS-Signal. McWilliams fuhr aus dem Schlaf hoch und riß im Pyjama die Haustür auf.

»Wir haben ein Notsignal von der *Empress* aufgefangen«, sprudelte es aus Leslie heraus. »Die *Empress of Ireland* geht unter!« McWilliams fragte ihn, ob die *Lady Evelyn* und das Lotsenboot benachrichtigt worden seien. Die *Eureka* habe man, so Leslie, noch nicht erreicht, sie sei noch nicht eingelaufen (dazu muß man wissen, daß die *Eureka* noch nicht mit einem Funkgerät ausgestattet war). Leslie bat darum, die Telephonleitung 7 benutzen zu dürfen, da die Landleitung Nummer 4 ausgefallen sei. McWilliams schaltete die Leitung eigenhändig um, während er gleichzeitig alle Rettungsmöglichkeiten durchging. »Haben Sie die *Hannover* benachrichtigt?« Leslie antwortete, sie habe nicht auf das CQ-Signal reagiert. Die *Hannover* war ein kleineres Dampfschiff des Norddeutschen Lloyd auf dem Weg von Rotterdam nach Montreal, das eigentlich in dieser Nacht schon recht nah an der Unglücksstelle sein mußte.

Leslie und McWilliams sahen jetzt die Positionslichter der *Eureka;* sie hatte gerade den Lotsen von der *Wagama,* einem Kohlenschiff, das nach der *Empress* ausgelaufen war, abgeholt und steuerte auf die Pier von Father Point zu. Leslie rannte los, um den Kapitän der *Eureka,* Jean Baptiste Belanger, zu benachrichtigen. McWilliams ging ins Haus zurück, um die Telephonzelle an der Pier anzurufen. Als die *Eureka* festmachte, klingelte dort das Telephon. Es war Whiteside aus der Funkstation. McWilliams schaltete sich in die Gemeinschaftsleitung ein. Leslie, der auf der Pier herbeigelaufen kam, schrie Kapitän Belanger zu, er solle ans Telephon gehen.

Belanger traute seinen Ohren nicht. Whiteside hatte ihm gesagt: »Die *Empress* sinkt! Leisten Sie sofort Hilfe! Beeilen Sie sich!« Kapitän Belanger antwortete, die *Empress* habe Father Point passiert. Nun wurde ihm auf einmal klar, was die ungewöhnlichen Pfeifsignale zu bedeuten hatten, die er während des Wartens auf den Lotsen der *Wagama* gehört hatte.

Eben dieser Kapitän Belanger war vier Jahre zuvor mit demselben Lotsenboot an der Verhaftung von Crippen beteiligt gewesen. Der Kapitän der *Eureka* hatte damals die Lotsenkleidung beschafft, die Inspektor Dew trug, als er an Bord der *Montrose* ging. Jetzt kehrte Belanger an die Stelle zurück, an der Scotland Yard Crippen gefaßt hatte, nur waren diesmal die Begleitumstände weitaus dramatischer, denn Hunderte von Menschenleben waren in Gefahr. Er überlegte nicht eine Sekunde. McWilliams konnte hören, wie Kapitän Belanger seiner Besatzung Befehle zubrüllte, während der Telephonhörer, den Belanger hatte fallen lassen, noch hin und her schwang: »Kappt die Leinen, wir müssen sofort wieder raus, die *Empress* geht unter!« Das war genau um 2 Uhr 30.

McWilliams gab Kapitän Pouliot von der *Lady Evelyn* noch die wichtige Information mit auf den Weg, daß sich die *Empress* östlich von Father Point befinden würde. Die *Evelyn* war noch dabei; die Mannschaft zusammenzutrommeln und Dampf aufzumachen. Sie verließ die Pier in Rimouski erst um 2 Uhr 45.

Chefsteward Gaade und Zahlmeister McDonald waren die letzen, die die Brücke aufsuchten und hofften, daß die Notmaßnahmen endlich greifen würden. Sie waren gerade von ihrem Posten auf der Station bei Rettungsboot 1 gekommen. Das Boot konnte nur unter großen Schwierigkeiten zu Wasser gelassen werden. Es schwang in weitem, durch die Krängung noch verstärktem Bogen frei vom Bootsdeck und schleuderte etwa sechs bis acht Männer über Bord; zwei hingen an der Greifleine von Rettungsboot 1, bis das »Boot mit Beinen« schließlich das Wasser erreichte. Hilfsstewards warfen denjenigen, die über Bord gefallen waren, Liegestühle und Rettungsringe zu.

Die Rettungsboote der *Empress* hingen in Klappdavits. Schon unter normalen Umständen war das Aussetzen der Boote mit diesen Vorrichtungen nicht ganz einfach. Man brauchte jede Menge Männer. Zwei mußten ins Boot, um das Ruder einzusetzen und die Fallen klarzunehmen, zwei weitere an Deck bedienten die Vor- und Achterleine beim Fieren. Vier bis sechs kräftige Männer brauchte man, um das Boot zu Wasser zu lassen. Das achtere Ende wurde zuerst nach außen gedrückt und danach das achtere Davit ausgeschwenkt, anschließend wurde das gleiche vorn wiederholt. Bei Rettungsbootübungen konnte all dies schnell durchgeführt werden konnte – aber immer unter der Voraussetzung, daß sich das Schiff auf ebenem Kiel befand und das Team vollzählig und aufeinander eingespielt war.

Was das überhastete Aussetzen der Boote durch ein zusammengewürfeltes Team bedeuten sollte, zeigte sich schnell: Das eine Ende eines Rettungsbootes sackte plötzlich ab, so daß die darin sitzenden Leute ins Wasser fielen. Fergus J. Duncan, ein Passagier aus der ersten Klasse und Partner der Londoner Anwaltssozietät Kimber, Bull & Duncan, mußte diese Tragödie mitansehen.

Schiffsoffizier Moore mühte sich zusammen mit Bootsmann Radley immer noch ab, Boot 13 klarzumachen. Der verantwortliche Steward der zweiten Klasse, Thomas Williams, sprang ins Boot, um eine Leine zu klarieren. Plötzlich schwang das Boot außenbords, und Williams fiel auf den Rücken. Mit dem jetzt sicher an Bord liegenden Williams wurde das Boot zu Wasser gelassen. Man hatte vor, die Beiboote so schnell wie möglich auszusetzen und die Leute vom Wasser aus aufzunehmen.

Kapitän Kendall, Zahlmeister McDonald und der Chefsteward boten in ihrem Bemühen, trotz der mittlerweile 60 Grad betragenden Krängung aufrecht stehenzubleiben, gewiß einen merkwürdigen Anblick. Gaade fragte den Kapitän, ob er noch eine Chance sähe, das Schiff auf Strand zu setzen. »Nein«, antwortete dieser erschöpft, »wir haben keinen Dampfdruck mehr.«

Daraufhin antwortete der Chefsteward, der nach außen hin völlig gefaßt schien, trocken: »Na, das ist dann ja wohl das Ende.«

Kapitän Kendall, der am Ende seiner Kräfte war, kaum noch zusammenhängend sprechen konnte und überdies vom unablässigen Rufen in das Megaphon völlig heiser war, krächzte nur noch: »Ja, und was für eines.«

Die normalerweise senkrechten Flächen neigten sich mehr und mehr in die Waagerechte. Passagiere griffen verzweifelt nach allem, was Halt versprach, und krochen auf allen vieren zur Backbordreling; einige robbten über und um alle möglichen Sachen, die ihnen den Weg dorthin versperrten. Wieder andere stemmten sich gegen die Außenwände der Kabinen auf dem oberen Promenadendeck.

Dort fanden auch die Irvings den Tod. Viele Passagiere behaupteten später, die letzten Augenblicke der Irvings miterlebt zu haben, aber der Bericht von Frederick Abbott scheint am glaubwürdigsten zu sein. Er erinnerte sich genau daran, gesehen zu haben, daß Laurence Irving seine Frau küßte. Vielleicht hatte das Paar die von Laurence vorgetragenen prophetischen letzten Zeilen aus *Typhoon* im Sinn, die so lauteten: »Was ist der Tod? Der Tod ist nichts als der Übergang zu einem anderen Leben.« Mabel Hackney hielt ihren Mann fest umschlungen. Abbott konnte sich durch einen Sprung über Bord retten.

Während des verzweifelten Bemühens, sich so lange wie möglich vom Wasser fernzuhalten, bewiesen mehr Menschen Tapferkeit als Feigheit. Viele Passagiere gaben ihre Schwimmweste jemand anders, der sie nötiger zu brauchen schien. Wohl das berühmteste Beispiel für ein solch ritterliches Verhalten war Sir Henry, der Merton Darling seine Weste gab, aber Seton-Karr war beileibe nicht der einzige.

Mr. und Mrs. Delamont und ihre Tochter Lizzie schafften es, während ihrer Klettertour zur Backbordreling beisammen zu bleiben. Ihr Sohn Leonard folgte ihnen und kletterte kurz danach auch auf das inzwischen schräge Deck. Ihr anderer Sohn, Arthur, wurde von der Familie getrennt, erreichte aber ebenfalls das Bootsdeck. Leonard gehört zu der Reihe unbekannt gebliebener Lebensretter. Leonards Mutter hatte ihre Schwimmweste unter Deck vergessen, und er zog die seine aus und wollte sie an seine Mutter weitergeben. Da er wußte, daß sie sie zurückweisen würde, kam er einem Disput zuvor. Nachdem er seine Weste ausgezogen und sie seiner Mutter in die Hand gedrückt hatte, gab er ihr einen Abschiedskuß und sprang über Bord. Mrs. Delamont stieß einen herzzerreißenden Schrei aus, wie ihn nur Mütter von sich geben, die ihr Kind vor ihren Augen sterben sehen. Dieser Schrei war durch das ganze Tohuwabohu, das an Bord herrschte, deutlich zu hören.

Ken McIntyre von der Musikkapelle der Heilsarmee gab seine Schwimmweste an Mrs. Ernest Foord aus Toronto weiter. »Ich bin ein guter Schwimmer«, sagte er, während er ihr half, die Weste anzulegen. Er war gerade damit fertig, als das Schiff sich ein weiteres Mal überlegte. Mrs. Foord verlor den Halt, schrie auf und fiel mehr als zwanzig Meter nach Steuerbord. In der Dunkelheit konnte man sie nicht mehr ausmachen, nach ihrem Sturz war nichts mehr von ihr zu hören. Viele Frauen verloren so ihr Leben, da sie nicht gegen die auf sie wirkenden Kräfte ankamen. Ihre Hände versagten den Dienst, die Finger lockerten sich immer mehr, bis sie sich schließlich nicht mehr halten konnten, dann ein Schrei, der durch Mark und Bein ging, und der todbringende Fall in die Tiefe. Manchmal konnte man noch hören, wie der Körper auf dem Wasser aufschlug.

Tom Gerrard, der Steward aus dem Rauchsalon, bot seine Schwimmweste George Henderson, einem Passagier der ersten Klasse, an. Allerdings war das Angebot mit einer Frage gekoppelt. »Sind Sie verheiratet?« fragte ihn Tom. Henderson bejahte. »Dann brauchen Sie sie mehr als ich«, sagte der Steward und reichte ihm die Weste.

Mrs. Cook rutschte über das Deck, konnte sich aber an einem Tau festklammern und hing dann schräg über der Steuerbordreling. Nicht weit entfernt von ihr war ein Rettungsboot im Wasser. Sie arbeitete sich bis zur Steuerbordreling hinab und kroch unter ihr durch. Ganz langsam hangelte sie sich dann Stück für Stück an der Bordkante entlang, bis sie fast über dem Rettungsboot war. Dann ließ sie sich ins Wasser fallen. Kaum war sie untergetaucht, spürte sie schon rings um sich und an sich die Hände anderer Passagiere, die verzweifelt versuchten, sich über Wasser zu halten, und sich dabei an alles klammerten, was Halt zu geben schien, auch an andere Menschen, die wie Mrs. Cook im Wasser trieben. Sie wurde unter Wasser gedrückt, aber irgendwie gelang es ihr, sich aus der Umklammerung zu befreien. Schließlich wurde sie von den Leuten aus dem Beiboot, das sie ursprünglich erreichen wollte, an den Haaren aus dem Wasser gezogen und gerettet.

Der Funker Ferguson hoffte, die Menge der ohne Überlegung ins Wasser springenden Passagiere aufhalten zu können. Er sagte diesen verzweifelten Menschen, daß er über Funk Hilfe angefordert hätte – die Schiffe seien bereits unterwegs. Viele befürchteten aber, dem Sog nicht zu entkommen, der durch ein sinkendes Schiff entsteht. Fergusons Einfluß war aber nur von kurzer Dauer, denn auch er verlor seinen Halt und glitt über das steile Deck in die Tiefe.

Die *Storstad* lag währenddessen mit gestoppten Maschinen im Wasser und trieb langsam auf Father Point zu. Kapitän Andersen hielt es für vernünftig, näher an die Küste heranzugehen, falls die Schwimmfähigkeit seines Schiffes doch durch ein noch nicht entdecktes Leck eingeschränkt sein sollte. Ansonsten war der vollständige Verlust einer ganzen Kohlenladung zu befürchten. Andersen befahl »Langsame Fahrt voraus« und Ruder backbord. Das Schiff drehte langsam nach Steuerbord, auf Cock Point zu.

Der Geisternebel war inzwischen weitergezogen. Die Lichter der *Storstad* waren jetzt, weniger als eine Meile von der *Empress* entfernt, deutlich zu sehen. Lionel Kent wußte, daß sie zu dem Schiff gehörten, mit dem sie zusammengestoßen waren, denn er hatte sie kurz nach der Kollision gesehen, als sie nur 50 Fuß entfernt waren. Einige Passagiere bekreuzigten sich und schickten Dankesgebete gen Himmel, denn sie dachten, die *Storstad* würde sie retten.

Frank Morris, Major der Heilsarmee, rief aus Leibeskräften um Hilfe. Andere fielen rasch ein, und von Bord erschallte aus zahlreichen Kehlen: »Hilfe! Hilfe! Hilfe!«

Die Wache auf der Brücke der *Storstad* hörte, erst undeutlich und dann immer lauter werdend, ein merkwürdiges Geräusch. Mrs. Andersen, die Frau des Kapitäns der *Storstad,* befürchtete insgeheim das Schlimmste, und sie wurde ganz starr vor Angst. Ihr Mann ging nach vorn zum Bug und versuchte zusammen mit Ludwig Fremmerlid herauszufinden, woher dieses Geräusch kam. Von Backbordseite her hörte er »Schreie, die wie ein einziger Laut klangen«. Er ging auf Gegenkurs und lief mit langsamer Fahrt weiter. Das Rufen wurde lauter und war dann auch besser zu hören, deutlich konnte man nun einzelne Stimmen unterscheiden, die nach Hilfe riefen. In vagen Umrissen sah Andersen jetzt die *Empress* im Wasser. Sie war etwa 700 Fuß von ihm entfernt, hielt von der Küste ab und lag hoffnungslos nach Steuerbord über.

Der Zweite Offizier Roger Williams. (Illustrated London News, Bildarchiv)

Ethel Grundy Paton war schließlich von der Brücke heruntergekommen. Als sie das Promenadendeck erreicht hatte, glitt sie aus und stürzte genau in das Rettungsboot Nr. 1, in dem bereits der Vollmatrose Fitzpatrick saß. Nicht ein einziges Mal kam sie mit dem Wasser in Berührung.

Louis Gosselin blieb der Kontakt mit dem eiskalten Sankt-Lorenz-Strom ebenfalls erspart. Ein zusammenklappbares Rettungsboot, vielleicht eines der Berthon-Rettungsboote, klatschte neben ihm ins Wasser und schwamm sofort auf. Er kletterte mühelos in das Beiboot und wurde nicht einmal naß. Der Funker Ferguson dagegen mußte sich an einen Liegestuhl klammern, um sich über Wasser zu halten.

Hilfssteward McSherry war der letzte, der den Ersten Offizier Mansfield Steede lebend sah. Steede hatte sich an einem Ventilator festgehalten und war gerade dabei, die Schuhe auszuziehen, um dann ins Wasser zu springen. Seine weiße Bordmütze fiel ihm vom Kopf und blieb an einem Oberlicht hängen. McSherry bekam sie unter großen Schwierigkeiten zu fassen und reichte sie ihm, gewissermaßen als letzte Respektsbekundung. Steede dankte ihm und sagte noch: »Passen Sie gut auf sich auf.« Dann erfolgte das heftige, unerwartete Überholen, das Ethel Paton, Louis Gosselin und viele andere von den Füßen riß und Steede das Leben kostete. Ein Ladebaum hatte sich losgerissen und traf den Ersten Offizier. Er war sofort tot. McSherry wurde ins Wasser geschleudert.

Kapitän Andersen vergeudete keine Zeit und ließ das Notsignal – schnelle, kurze Töne – geben. Dann befahl er, mit den Maschinen rückwärtszugehen und schickte Toftenes nach achtern. Der Dritte Offizier Saxe erhielt den Befehl, die Mannschaft alle Rettungsboote ausschwingen zu lassen und zum Fieren klarzumachen. Das Kohlendampfschiff drehte so lang, bis das Heck der achteren Backbordseite der *Empress* gegenüberlag. Sie setzte weiter zurück, bis Toftenes rief: »Nicht näher herangehen!«

Kapitän Kendall behauptete später, ins Wasser geschleudert worden zu sein, während er auf der Backbord-Brükkennock stand. Einige wollen aber gesehen haben, wie der Kapitän ins Wasser gesprungen war, um nicht vom Schiff mit in die Tiefe gerissen zu werden. Kapitän Kendalls eigene Aussagen belegen, daß er bereits im Wasser war, bevor das Schiff unterging. So sah er mit an, wie sich sein Schiff endgültig auf die Seite legte und nach Steuerbord rollte, bis beide Schornsteine gleichzeitig auf das Wasser aufschlugen.

Der vordere Schornstein verfehlte das Rettungsboot 1 nur um einige Zentimeter. Fitzpatrick und ein anderer Matrose ruderten unter Einsatz aller Kräfte, um von dem Wasserstrudel wegzukommen, der in diesen Schornstein hinabgesaugt wurde und in dem auch der Zweite Offizier Williams verschwand. Die Leute in Boot 1 konzentrierten sich so sehr auf das Rudern, daß sie die Funkantenne nicht bemerkten, die von Mast zu Mast gespannt war und ihnen den Weg abschnitt. Das Rettungsboot war plötzlich in dem Netz gefangen, welches das Schiff im Todeskampf ausgeworfen hatte. Sie behielten jedoch einen klaren Kopf. Die Bootsgasten ruderten in die entgegengesetzte Richtung und schoben den Bug wieder unter den Drähten durch. Dann pullten sie mit aller Kraft auf die *Storstad* zu.

Quartermeister Murphy und die Offiziere, die sich mit Rettungsboot 13 abmühten, schafften es endlich, das Boot unbeschadet zu Wasser zu lassen. Murphy sprang ins Wasser und versuchte, möglichst weit weg von dem rollenden Schiff zu kommen. Nah bei dem gekenterten Rettungsboot 15 tauchte er wieder auf.

Steward Prowse wurde ins Wasser geschleudert, als sich die *Empress* nach Steuerbord überlegte. Instinktiv schwamm er so schnell wie möglich vom Schiff weg, kam aber nicht gut voran. Er blickte über die Schulter zurück; in seinem Rücken wurden zahlreiche kleinere Schiffstrümmer in einen Ventilatorschaft hinabgesaugt. Auch Prowse wurde angesaugt und steckte bis zur Taille in diesem Monster aus Metall. Er bekam mehr Wasser in die Lungen als Luft.

Das Rettungsboot, aus dem die Passagiere herausgeschleudert worden waren, hing noch immer mit dem Bug im Davit. Wenn es nicht freikam, würde es unweigerlich von den Davits mit in die Tiefe gerissen. Ein Matrose rief nach einer Axt. Ein zweiter stürzte herbei und hieb die Leine mit drei Schlägen durch. Dann versuchte er, ein weiteres Rettungsboot zu befreien, das bereits im Wasser war, aber immer noch an den Haken hing. Die Blacks sprangen über Bord, denn sie nahmen völlig zu Recht an, daß es keinen günstigeren Zeitpunkt mehr geben würde, ein Boot zu erwischen. Ein Seemann in einem der gerade befreiten Boote zog Mrs. Black aus dem Wasser. Ihr Mann klammerte sich an ein Haltetau. Wenige Sekunden später gab es eine Explosion.

Viele der noch an Bord befindlichen Passagiere wurden durch die Druckwelle ins Wasser geschleudert. Der Major der Heilsarmee, Frank Morris, war etwa 150 Fuß vom Schiff entfernt, als er eine dumpfe Detonation hörte. Clayton Burt beschrieb sie als ein »lautes Grollen im Inneren [des Schiffes]«. »Sie explodierte durch die Bullaugen«, erinnerte sich Morris. Eine Wasserfontäne schoß 50 Fuß hoch in die Luft. Die Oberlichter zerplatzten. Die Druckwelle wirkte zum Glück für Steward Prowse auch auf die Ventilatoren, denn er wurde aus dem Schacht herausgeblasen. Der Explosion folgte das zischende Geräusch austretenden Dampfes. Die Leute glaubten, daß nun die Kessel explodieren würden, und viele sprangen in Panik über Bord.

Die frisch verheiratete Mrs. Greenaway war durch die Explosion »wie betäubt« und verlor das Bewußtsein. Als sie wieder zu sich kam, trieb sie auf einem Liegestuhl im Wasser. Sie hatte schwere Prellungen und Verbrennungen erlitten, ihre Fußknöchel waren aufgerissen. Etwas entfernt trieb ihr Mann im Wasser, der sich an ein Tischbein klammerte.

Der Passagier Philip Lawlor aus Brantford, Ontario, berichtete später, die Explosion habe das ganze Schiff erschüttert. »Die Wucht der Explosion war einfach schrecklich, die Leute wurden vom Schiff ins Meer geschleudert.« Lawlors Frau konnte sich nicht mehr an ihm festhalten und versank.

Alfred Keith wurde durch die Explosion unter Wasser gedrückt. Die Kälte ließ in kürzester Zeit Arme und Beine taub werden. Er war kurz davor, ohnmächtig zu werden, als er mit dem Kopf gegen einen Mast oder einen Ladebaum stieß. Er klammerte sich daran und versuchte, sich hochzuziehen. Mit letzter Kraft gelang ihm dies, so daß er mit dem halben Oberkörper über Wasser war.

Gracie Hanagan und ihr Vater wurden ebenfalls über Bord geschleudert. Als Gracie auftauchte, fand sie ein Stück Holz, an dem sie sich festhielt. Sie war mit Wrackteilen zusammengestoßen, die im Wasser trieben, und hatte zahlreiche Prellungen und Kratzer im Gesicht. Sie hielt sich jedoch eisern fest und sah endlich auch einen Mann, der über den Bug eines Rettungsbootes blickte. Gracie schrie sofort: »Hier! Zieh mich rein, zieh mich rein!«

Die achtjährige Helen O'Hara war »sehr froh«, daß sie in der Schule Schwimmunterricht gehabt hatte. Ihr Vater hielt sie im Arm, als sie zusammen über Bord sprangen. Helen hatte ihre Arme um seinen Hals gelegt. Sie löste ihren Griff, bevor sie eintauchten. Helen erinnerte sich an die Kälte, die ihr bis ins Mark drang. Sie schwamm zu einem Rettungsboot und hielt sich an einem Mann fest, der an einem Haltetau hing. Über seine Schultern konnte sie ins Boot klettern. Ihr Vater wurde nie wieder gesehen. Helens Mutter wurde später auf einem treibenden Wrackteil gefunden.

Alice Bales wollte unbedingt vermeiden, »in den Malstrom aus Wasser und fallenden Körpern« hineinzugeraten. Sie hatte sich an einen Ventilator geklammert, war aber kurz vor der Explosion über die Backbordreling geklettert. Sehr widerstrebend hatte sie sich dazu durchgerungen zu springen. Da sie nicht schwimmen konnte, band sie sich eine

Der Hilfssteward Percy Gee, der rechtzeitig aus dem Rettungsboot sprang, bevor es von der kenternden Empress *zerdrückt wurde.*

Schwimmweste um, schob sich durch die ums Überleben kämpfende Menge, atmete tief ein und sprang dann in die Tiefe. Ihr kam es vor, als würde sie in den Tod springen.

Die Passagiere Bert Greenaway, John Black, Grace Kohl und der Hilfssteward Percy Gee erlebten am eigenen Leib eine Tragödie, die 40 Passagiere ereilte, darunter wohl viele aus der ersten Klasse, die zu früh dachten, in ihrem Rettungsboot bereits in Sicherheit zu sein. Black erinnert sich, daß das Rettungsboot ziemlich voll war und sich etwas achterlich von der Mitte des Schiffes befand. Als die *Empress* sich auf die Seite legte, war dies für das Rettungsboot fatal. Black schloß die Augen, als die *Empress* aufs Wasser schlug. Greenaway und Percy Gee, die im Boot saßen, konnten sich nur durch einen behenden Sprung ins Wasser retten. Als Black die Augen wieder öffnete, waren das Rettungsboot und alle Insassen verschwunden. Sie waren durch fallende Gegenstände und vielleicht auch durch den achteren Schornstein zerschmettert worden. Was von ihnen übrigblieb, konnte nicht mehr identifiziert werden.

Dr. Grant kam nach seinem Fall aus dem Bett wieder zu sich. Er kämpfte erfolgreich gegen die Verwirrung an, die das Klatschen des Wassers an Decks und Schotten hervorgerufen hatte. Sein erster Gedanke war, das Licht einzuschalten. Der Kippschalter aus Messing war nicht in die Wand eingebaut und deshalb neben der Kabinentür leicht zu ertasten. Grant legte ihn einige Male um – die Elektrizität war komplett ausgefallen. Er tastete sich weiter und gelangte an den Riegel der Kabinentür. Nur mit großer Mühe ließ sie sich gegen die Schwerkraft öffnen, zumal sich der Rahmen, der ja für eine vertikale Stellung konstruiert war, leicht verzogen hatte. Dem Schiffsarzt gelang es schließlich, die Tür aufzudrücken. Im Gang hörte er das Geräusch hereinströmenden Wassers und die Schreie eingeschlossener Passagiere. Dies spornte ihn zusätzlich an, schnell zu handeln.

Es war unmöglich, ein höher gelegenes Deck zu erreichen. Außerdem waren die Überlebenschancen auf einem offenen Deck zu diesem Zeitpunkt weitaus geringer, wenn das Schiff kenterte. Grants einzige Chance bestand darin, einen Ausgang von dem Deck zu finden, auf dem er gerade war. Er hangelte sich an allem, was einigermaßen Halt versprach, weiter und konnte sich zur Backbordseite hinaufarbeiten. Einmal bekam er einen Teppich in die Finger, mit dessen Hilfe er ein gutes Stück vorankam, der sich jedoch wieder losriß, was Grant wertvolle Sekunden kostete. Wie durch ein Wunder erreichte der zähe junge Mediziner schließlich ein Bullauge auf dem Gang.

Grant steckte den Kopf aus dem Fenster hinaus und war überrascht, Hunderte von Leuten auf der Backbordseite sitzen, stehen und herumlaufen zu sehen. Charles R. Clark, der Hupmobile-Vertreter, ging auf den genieteten Platten entlang und war gerade stehengeblieben, um sich die Schuhe zuzuschnüren. Grant steckte beide Arme durch das Bullauge, mußte aber feststellen, daß seine Schultern zu breit waren. Er rief, jemand möge ihn herausziehen.

Ein Unbekannter kam ihm zu Hilfe. Grant zog seine linke Schulter ein. Den linken Arm ließ er ausgestreckt nach unten hängen. Der Fremde zog zuerst den rechten Arm und die Schulter heraus, versuchte danach, auch seine linke Schulter durch die Öffnung zu bekommen, und griff ihm unter die Achselhöhlen, um Grant ganz herauszuziehen. Der Schiffsarzt erlitt tiefe Fleischwunden an den Schultern und an den Hüften, aber das war wahrlich ein kleiner Preis dafür, aus dem stählernen Sarg, der im Begriff war, unterzugehen, entkommen zu sein.

Noch mindestens ein weiterer Passagier konnte sich auch durch ein Bullauge retten. Alise Lee hatte Mrs. Hart-Bennett bis zur Backbordreling gebracht. Keine von ihnen hatte eine Schwimmweste dabei. Ein Matrose verteilte gerade einige Schwimmwesten und gab Mrs. Hart-Bennett seine letzte. Alise Lee fragte ihn, ob es denn noch möglich sei, in die Kabine zu gehen und ihre Weste zu holen. Wenn sie sich beeilte, könnte sie es noch schaffen, sagte der Matrose. In ihrer Kabine fand sie die Schwimmweste, mußte aber feststellen, daß sie nicht mehr herauskam. Sie zwängte sich aus dem Bullauge, da sie unbedingt am Leben bleiben wollte. Um nicht noch einmal im sinkenden Rumpf eingeschlossen zu werden, lief sie die Schiffsseite hinab und sprang ins Wasser. Sie sah ihre Reisebegleiterin Mrs. Hart-Bennett, die eine Freundin der Familie war, nie wieder.

Tiria Townshend, Charles Clark und viele andere Passagiere gingen über die nun obenliegenden Bullaugen auf den

Schiffsboden zu. Dieser Teil des Schiffskörpers, der sich normalerweise unter Wasser befand, war außerordentlich glitschig. Tiria Townshend schaffte es, über den Schlingerkiel zu klettern und ins Wasser zu springen. Andere rollten hinüber und glitten in das trübe, schaumige Wasser. Ernie Pugmire dagegen rutschte aus und glitt die Seite hinab; eine Niete nach der anderen schrammte seinen Rücken auf, bis er schließlich über den Schlingerkiel flog und im Wasser landete.

Helena Hollies und eine andere Stewardeß, Agnes Ethel Dinwoodie, standen beisammen und machten sich gegenseitig Mut für den Sprung über Bord. Helena fror, während Agnes Dinwoodie von zwei Mänteln gewärmt wurde, die sie noch hatte überstreifen können, bevor sie ihre Kabine verließ. Die beiden hielten sich an der Hand und sprangen dann in die Tiefe.

William Hunt, der in die entgegengesetzte Richtung gelaufen war, als die Panik an Bord ausbrach, schien sich für die richtige Richtung entschieden zu haben. Am äußersten Ende des Hecks war niemand zu sehen. Er konnte bis zum Bug hinunterschauen, der – das hatte er geahnt – als erstes in den Fluten versank. Er erinnerte sich, gesehen zu haben, wie sich Passagiere »wie Ameisen« zusammendrängten und ins Dunkel hinabrutschten. Unzählige Angstschreie vereinten sich zu einem einstimmigen jammervollen, übermenschlichen Heulen. Hunt konnte dies aber schon nicht mehr hören, denn das aus dem Wasser hochkommende Heck und das von der Backbordschraube ablaufende Wasser übertönten die Schreie. Hunt wartete, bis sich das Heck ungefähr vier Fuß aus dem Wasser gehoben hatte, stieß sich dann ab und sprang.

Unbemerkt von Hunt war auch David McAmmond zum Heck des Schiffes gegangen. Er plante, von der Heckreling aus mit einem Schritt das Wasser zu erreichen, sobald sich das Heck senkte. Springen wollte er eigentlich nicht. McAmmond schien Charles Joughins berühmten Abgang von der *Titanic* nachstellen zu wollen. Es blieb aber nur bei einem sehr uneleganten Versuch, der bei weitem nicht an das Original heranreichte, denn McAmmond fand sich schließlich an einer senkrechten Strebe über dem Heck hängend wieder, bis ihn das Schiff ins Wasser hinabließ. Im Unterschied zu Baker, dem Leitenden Ingenieur der

Dr. James Frederic Grant, der Held der Katastrophe. Die McGill University händigte ihm ein Duplikat seiner Promotionsurkunde aus, da das Original mit der Empress *untergegangen war.*

Titanic, der seinen Kopf über Wasser halten konnte, wurde McAmmond durch den Sog nach unten gezogen und mußte sich erst wieder bis zur Oberfläche hocharbeiten.

Bert Greenaway sah den Bug unter den Wellen verschwinden. Das Heck hob sich, bevor es vollständig untertauchte. Und er erinnerte sich, daß die *Empress* »ein Zischen und Gurgeln« von sich gab, bevor sie unterging. Clayton Burt und Tiria Townshend beobachteten mit einer Mischung aus Ehrfurcht und Schaudern, wie sich der Backbordpropeller aus dem Wasser hob.

Reverend Wallett legte sein Schicksal ganz in Gottes Hand. Wie das frisch verheiratete Ehepaar Simmonds und viele andere auch saß er auf den Seitenplatten und wartete darauf, daß das Schiff unter ihm wegsinken würde. Die Simmonds hielten sich eng umschlungen. Sie hatten schreckliche Angst, denn sie konnten beide nicht schwimmen. Etwas weiter weg hielt auch Edward Dodd seine Frau in den Armen. Neben ihm kauerte ein Heizer, den Kopf auf den Knien, und betete laut. Reverend Wallett kam die Situation völlig surreal vor: Für ihn schien nicht das Schiff zu sinken, sondern das Meer sich zu erheben, um es zu verschlingen.

Das Wasser teilte sich über die gesamte Länge des Schiffes, als ob es Platz für die *Empress* machen wollte, die sank, ohne vollständig durchzukentern – mit immer noch waagrecht liegenden Schornsteinen. Die riesige Oberfläche der Backbordseite des Rumpfes saugte das über dem Atlantikliner zusammenschlagende Wasser mit hinab.

Kapitän Kendall kämpfte gegen eine Welle, die ihn kurze Zeit unter Wasser gedrückt hatte. Als er wieder auftauchte, sah er an der Stelle, wo eben noch sein Schiff gewesen war, eine 600 Fuß lange Furche im Wasser. Die Lücke wurde sofort von zwei Wellen gefüllt, die sich, nach Kendalls Worten, in einer »langen Linie« trafen. Die *Empress of Ireland* war verschwunden, Kendalls Kommando über das Schiff erloschen.

Eine ungefähr zwanzig Fuß hohe Welle, die durch die Verdrängung des Wassers entstanden war, brach über Reverend Wallett zusammen. Er strampelte mit aller Kraft, glaubte aber kaum noch daran, jemals wieder die Oberfläche zu erreichen. Als er Beine spürte, die wie wild hin und her traten, schöpfte er neue Kraft, denn er mußte kurz unter der Oberfläche sein. Mühevoll kämpfte er sich durch das Menschenknäuel bis nach oben. Auf einmal spürte er Wind auf seiner Haut. Gierig sog er die köstliche Luft ein.

Viele Rettungsboote waren durch die Bewegungen der *Empress* selbst zu Wasser gebracht worden. Bernard Weinrauch kletterte in der Nähe des Hecks in ein Boot, das von der Backbordseite heruntergefallen war. Allerdings hing es immer noch in den Blöcken. Ein Mann versuchte, die Leinen mit den Zähnen durchzubeißen. Zwei andere schlugen wie wild mit Riemen auf die Leinen ein. Weinrauch glaubte, daß kein einziger überleben würde. »Die *Empress* hat uns zum Schluß doch noch einen guten Dienst erwiesen«, sagte er, »anstatt uns mit unter Wasser zu ziehen, durchtrennte sie die Leinen.« Das Rettungsboot, endlich freigekommen, ritt hoch auf der letzten Welle, die durch den untergehenden Rumpf entstanden war.

Mrs. Gattrell zwängte sich in eine Kinderschwimmweste und wurde mit dem Schiff nach unten gerissen. Kurz zuvor hatte sie noch eine Weste an eine junge Mutter weitergegeben, die andere war ihr von einem »Ausländer« aus der Hand gerissen worden. Kurze Zeit später wurde sie auf einem Wellenkamm wieder an die Oberfläche gespült und klammerte sich an ein Wrackteil. Sie konnte sich an der Oberfläche halten, bis man ihr aus einem der Rettungsboote einen Riemen entgegenstreckte. Eine andere Frau ganz in der Nähe sah das und flehte: »O Gott, o mein Gott, rette mich!« Beide wurden an Bord des Bootes gezogen und kauerten neben einer ertrunkenen Frau. Mrs. Gattrells Ehemann ging unter und kam nicht wieder an die Oberfläche.

Die vom Sog des Schiffes in die Tiefe gerissenen Menschen tauchten jetzt überall wieder auf. Leichen trieben neben jenen im Wasser, die verzweifelt um ihr Leben kämpften. Mrs. Simmonds schwamm zwischen Wrackteilen und leblosen Körpern. »Die schrecklichen Gesichter«, sagte sie, »das war eigentlich das Schlimmste von allem.« Einige Überlebende benutzten die Toten als Schwimmkörper. Ernest Green, der Kabine 587 mit Bert Greenaway geteilt hatte, war am Ende seiner Kräfte und kurz davor unterzugehen, als er gegen Costa Buhler stieß. Dieser trieb mit dem Gesicht nach unten an der Oberfläche, denn er trug zwei Schwimmwesten. Green klammerte sich an den Toten und machte sich dessen Auftrieb zunutze.

Die vier übriggebliebenen Mitglieder der Familie Delamont überlebten den Untergang. Jemand ohne Schwimmweste hatte sich in Elizabeths Haaren verkrallt und wollte sich so an ihr festhalten. Mrs. Delamont hörte die verzweifelten Rufe ihrer Tochter und schwamm so schnell wie möglich zu ihr hinüber, um sie von dem Mann zu befreien, der ihr in seinem Todeskampf fast alle Haare ausgerissen hatte. Nicht weit entfernt von ihr klammerte sich ihr Vater an ein im Wasser treibendes Wrackstück.

Nachdem die *Empress* untergegangen war, begann sich das Dunkel zu lichten, als käme das Morgengrauen früher. Jedenfalls erschien dies vielen Überlebenden so. Vielleicht handelte es sich bei diesem »Morgenlicht« aber auch nur um das grünliche Leuchten der fluoreszierenden Rettungsringe. Der Matrose Price beschrieb das später so:

> *Das einzige Licht kam vom den Leuchten automatischer Rettungsbojen, die freikamen, als das Schiff sank. Ein ganz gruseliges Licht ging von ihnen aus. Es sah so aus wie Leuchtkäfer in einem Teich.*

Tiria Townshend tauchte neben drei Männern auf, die Schwimmwesten trugen und sich eng zusammendrängten. Sie wollte sich an ihren Schultern festhalten, aber die Männer schoben sie weg und drückten sie unter die Oberfläche. Sie tauchte und kam neben Clayton Burt hoch, der eine Schwimmweste trug. Burt half ihr, den vollgesogenen Mantel auszuziehen, dessen Gewicht sie nach unten zog. Ein großer Koffer trieb vorbei, und die beiden versuchten ihn zu ergreifen, aber durch die dabei entstehenden Wellen bewegte er sich nur weiter weg. Tiria, die beweglicher als der in der Schwimmweste steckende Burt war, holte tief Luft und schwamm unter das Gepäckstück. Sie tauchte

Das Bootsdeck, bevor zusammenlegbare Rettungsboote unter den Stahlbooten gestaut wurden. Kapitän Kendall wurde von Rettungsboot 3 aufgenommen, das sich direkt hinter dem im Vordergrund zu sehenden Rettungsboot 1 befand. (Peabody Essex Museum, Salem, Massachusetts)

Schiffe, die zur Rettung herbeieilten: links die Eureka, *das Lotsenboot von Father Point; rechts die in Rimouski stationierte* Lady Evelyn, *die mit Postsäcken von einem hereinkommenden Liniendampfer beladen war.* (National Archives of Canada)

Den Passagier, der aus dem Rettungsboot gestoßen worden war, hörte man noch einige Zeit im Wasser herumplanschen, bis er im Dunkel verschwand. Kurz darauf wurde auch Hilfssteward Brown gerettet.

Rettungsboot 5 hatte den Heizer William Clarke aus Irland an Bord, der posthum bekannter wurde, als er zu Lebzeiten war. Seine traurige Berühmtheit verdankt er der Tatsache, daß er auf mehreren Schiffen gefahren war, sondern dem Umstand, daß er mit mehreren untergegangen war. Clarke gehörte zu den Besatzungsmitgliedern aus dem Kesselraum, die kurz nach der Kollision an Deck geschickt wurden. Zwei Jahre zuvor war er um Haaresbreite von der untergehenden *Titanic* entkommen. Reporter befragten den irischen Glückspilz zu beiden Katastrophen. Das Schlimmste auf der *Titanic,* sagte er ihnen, war das Warten auf das Ende. »Auf der *Empress* gab es kein Warten … Sie rollte einfach auf die Seite wie ein Schwein in einen Graben.«

Der Erste Wachoffizier Jones ließ gerade Rettungsboot 7 klarmachen, als die *Empress* sich auf die Seite legte. Er wurde über Bord geschleudert und begann, Wasser zu treten. Der Matrose John McEwen brachte Boot 9 erfolgreich zu Wasser. Ein unbekannter männlicher Passagier sprang an Bord, als das Boot ausgeschwungen wurde. McEwen übernahm das Kommando über das Rettungsboot und rettete viele der im Wasser treibenden Menschen, auch Jones. Jones übernahm übernahm dann selbst den Befehl, und schon bald lag es bis zum Dollbord im Wasser. Mit seinem überladenen Boot nahm er Kurs auf die *Storstad.*

An der Stelle, wo das Schiff untergegangen war, wurden die Hilfeschreie leiser. Hier und dort hörte man noch ein Stöhnen. Jene, die keine Schwimmweste trugen, versanken fast lautlos in den Fluten.

Einige legten ein erstaunliches Durchhaltevermögen an den Tag, so beispielsweise Ernie Pugmire, Ken McIntyre und James Rankin, die die ganze Strecke bis zur *Storstad* schwimmend zurücklegten. McIntyre schwamm den größten Teil der Strecke auf dem Rücken. Rankin war durch die Wundsalbe, mit der er seinen Körper kurz vor dem Schlafengehen eingerieben hatte, recht gut gegen das kalte Wasser isoliert. Aber noch bemerkenswerter war die Leistung des Geschichtsprofessors Gordon Davidson, der mit Schwimmweste bis an die Küste schwamm, immerhin eine Entfernung von rund dreieinhalb Meilen – eine schier übermenschliche Leistung, selbst wenn man berücksichtigt, daß er mit dem Strom schwamm.

Kapitän Andersen sah mehrere Schiffbrüchige auf das Heck der *Storstad* zuschwimmen. Er alarmierte die Decksmannschaft, und die Boote der *Storstad* machten jeweils zwei Rettungsfahrten. Die Gig fuhr dreimal hinaus. Die Crew der *Storstad* bemannte auch ein zusammenklappbares Berton-Rettungsboot der *Empress.*

Die *Lady Evelyn* und die *Eureka* kamen währenddessen von Rimouski beziehungsweise von Father Point herangedampft. Beide näherten sich der Unglücksstätte mit voller Fahrt, obwohl sie auf dem Weg in Nebelfelder gerieten. Keiner der beiden Kapitäne ging mit der Fahrt herunter, wodurch potentiell noch mehr Leben gefährdet wurden. Die *Eureka* war zuerst da, es war kurz nach 3 Uhr morgens. Matrose Price, Chefsteward Gaade, ein weiterer Mann und zwei Frauen wurden aus einem Berton-Boot an Bord genommen. Innerhalb von acht Monaten war Price sowohl Held als auch Opfer einer Seekatastrophe geworden.

Die *Lady Evelyn* dampfte um 3 Uhr 45 in das riesige Feld aus Leichen und Schiffstrümmern. Fast vergrößerte sie noch die Zahl der Todesopfer, denn unvermutet tauchte direkt vor ihrem Bug ein Rettungsboot der *Empress* auf. Ein Zusammenstoß konnte gerade noch vermieden werden. Als der Propellerstrom und das Maschinengeräusch schwächer wurden, konnte Pouliot einen Mann im Rettungsboot rufen hören: »Um Gottes willen, beeilen Sie sich! Da vorne sterben Tausende!« Sofort wurden die beiden Tender zu Wasser gebracht. Einer der ersten Überlebenden, den man entdeckte, war Ernest Green. Er trieb noch immer auf seinem menschlichen Floß.

Rettungsboot 13 lud Gerettete bei der *Storstad* ab und kehrte zur Unglücksstelle zurück. 30 weitere Schiffbrüchige wurden aufgenommen und zur *Eureka* gebracht. Dann ließ man das Rettungsboot treiben.

Eines der inzwischen zahlreichen Rettungsboote an der Unglücksstelle stieß auf Mrs. Greenaway, die immer noch mit dem Liegestuhl im Wasser trieb. Ihre Retter dachten zunächst, sie sei tot, denn sie bot einen wirklich grausigen Anblick. Sie war rußgeschwärzt und ihr ganzer Körper von Blutergüssen übersät, ihr Unterkörper wies starke Verbrennungen auf und blutete. Magnus Luren, der aufrecht im Rettungsboot stand, stieß sie mit einem Riemen an und fragte: »Leben Sie noch?« Mrs. Greenaway brachte nur noch ein Stöhnen heraus. Nachdem man sie ins Boot gezogen hatte, versuchte Luren, sie zu trösten: »Keine Angst, mein Mädchen, ich habe meine Frau verloren.« Darauf sie: »Und ich meinen Mann.«

Die Delamonts wurden gerettet und später auf die *Lady Evelyn* gebracht. Auch ihr Sohn Arthur wurde lebend geborgen. Sein Bruder Leonard dagegen, der die Schwimmweste seiner Mutter gegeben hatte und danach über Bord gesprungen war, blieb verschwunden.

Charles Clark wünschte, er hätte seine Schuhe nicht zugeschnürt, bevor er ins Wasser gesprungen war, denn das zusätzliche Gewicht wurde ihm fast zum Verhängnis. Es gelang ihm aber trotzdem, wieder an die Oberfläche zu kommen, wo er sich Kopf und Schultern heftig an Wrackteilen stieß. Voller blauer Flecken, aber bei Bewußtsein, zog er sich schließlich auf ein großes Stück Holz. Ein Boot der *Storstad* rettete ihn. Clark sah, wie eine Frau an Bord gehievt wurde, deren Beine zerschmettert waren.

Reverend Wallett schwamm zu einem Rettungsboot. Kurz bevor er eine der Halteleinen fassen konnte, drehte das Boot absichtlich ab. Ein anderes Boot, und zwar jenes, in dem Clark saß, nahm Wallett wenig später an Bord. Seine Finger waren zu gefühllos, um sich am Dollbord zu halten. Als er mit seiner Schwimmweste aus dem Wasser gezogen wurde, spürte er das ganze Gewicht seiner nassen Kleidung. Die Mannschaft schaffte ihn in den Bug des Bootes, wo er schwer atmend sitzen blieb.

Alfred Keith war schwach, aber noch fähig, sich bemerkbar zu machen. Er sah das Rettungsboot, in dem Wallett und Clark saßen, und schrie mehrere Male: »Helft mir! Hilfe! Hier bin ich!« Auch er wurde in das Boot gezogen.

Nach Keith, Wallett und Clark nahm das Rettungsboot noch einen Ausländer auf, der völlig den Verstand verloren hatte. Sie dachten zunächst, die Panik des Mannes würde nachlassen, nachdem sie ihn aus dem Wasser gezogen hatten, aber er gefährdete die Sicherheit des Bootes weiterhin durch sein wildes Gebaren. Als sie endlich bei der *Storstad* anlegten, packte der Mann die Leine, die zum Festmachen des Rettungsboots benötigt wurde, und weigerte sich strikt, sie loszulassen. Er begann, an der Seite des Kohlenfrachters hinaufzuklettern. Ein Matrose der *Storstad* kappte die Leine über ihm, so daß der Mann ins Boot zurückfiel, wo er fortfuhr, zu toben und zu schreien, und das Boot fast zum Kentern brachte. Ein Matrose schlug ihm schließlich mit einem Riemen auf den Kopf; er wurde an Bord gehievt und war drei Stunden lang bewußtlos.

McWilliams hatte die gesamte Rettungsaktion durch sein Teleskop verfolgt, das in einem Zimmer im zweiten Stock des Hauses stand. Er konnte die *Storstad* und die beiden anderen Schiffe sehen und zählte insgesamt neun Rettungsboote. Die *Eureka* kehrte nach Father Point zurück. Kapitän Belanger rief nach einem Arzt, aber unter den Einheimischen, die sich auf der Pier versammelt hatten, fand sich keiner. McWilliams ging an Bord, um den Opfern zu helfen. Da es hier keine ärztliche Versorgung gab, lief die *Eureka* sofort wieder nach Rimouski aus. McWilliams sah das ganze Ausmaß der Tragödie. Halbnackte, frierende Überlebende stolperten an Deck über schrecklich verstümmelte Leichen.

Kapitän Kendall war ohne Unterlaß damit beschäftigt, Überlebende zu bergen. Von Rettungsboot 3 aus stieß man die im Wasser Treibenden mit einem Bootshaken an, um festzustellen, ob sie noch lebten. Kapitän Kendall sah in einiger Entfernung ein Rettungsboot der *Empress* und befahl seiner Mannschaft, dorthin zu pullen. Sie brauchten lange, bis sie es erreichten. Kendall war tief enttäuscht – es war leer und halb zerschlagen. Ab vier Uhr morgens fanden sie nur noch Leichen, die friedlich im Wasser trieben, ein Spielball der Strömung und der Gezeiten. Frühmorgendliche Stille legte sich wieder über den Sankt-Lorenz-Strom.

Der erste gerettete Passagier, der das Deck der *Storstad* betrat, war eine Angehörige der Heilsarmee, nur in ein Nachtgewand und ein Korsett gehüllt. Sie rannte auf Mrs. Andersen zu, umarmte sie und sagte: »Gott segne Sie, mein Engel!« Die nächste Überlebende mußte an Bord getragen werden. Mrs. Andersen nahm sich ihrer an und massierte die Beine der Frau, nachdem sie ihr etwas Whiskey eingeflößt hatte. Als nächste erschien Ethel Grundy Paton. Kapitän Andersens Frau bemerkte, daß sie im Unterschied zu allen anderen trockene Kleider trug und mit »einer Menge Diamanten« geschmückt war. Während die Frau des Kapitäns der anderen die Beine massierte, fragte sie Mrs. Paton, wie sie es denn geschafft habe, sich mit all ihrem Schmuck in Sicherheit zu bringen. »Ich hatte jede Menge Zeit«, lautete die Antwort.

Die Mannschaft von Boot 3 konnte nichts weiter tun. Kendall ging an Bord der *Storstad* und schaute nach, wie es den geretteten Passagieren und Mannschaftsmitgliedern ging. Natürlich hielt er auch nach seinen Offizieren Ausschau. Er ging auf die Brücke und trat Andersen gegenüber. »Sind Sie der Kapitän dieses Schiffes?« Andersen bejahte die Frage und starrte dem größeren Kendall ins Gesicht, der ihm entgegenschleuderte: »Sie haben mein Schiff versenkt!«

Kendall beschuldigte ihn weiter: »Sie liefen volle Fahrt, und das bei dichtem Nebel.« Andersen antwortete: »Nicht ich, Sie sind volle Fahrt gelaufen!« Der Lotse, der für die Fahrt flußaufwärts an Bord der *Storstad* gekommen war, trennte die beiden Kapitäne, bevor der Streit eskalierte, und warnte Kendall: »Sagen Sie nichts mehr. Gehen Sie jetzt lieber unter Deck.« Kendall ging in den Kartenraum der *Storstad* und brach dort zusammen.

Kapitän Andersen, seine Frau und die Besatzungsmitglieder holten jedes verfügbare Kleidungsstück aus ihren Schränken und Seekisten, um die Überlebenden wenigstens notdürftig mit etwas zum Anziehen zu versorgen. Einige waren nackt aufgefischt wurden, die meisten trugen nur Unterwäsche oder Pyjamas. Mrs. Andersen gab dem Funker Ronald Ferguson ein großes Halstuch. Instinktiv band er es sich um den Hals, obwohl er nichts am Leib trug. Jemand wies Ferguson diskret darauf hin; hastig brachte er das Tuch etwas weiter unten an, wo es dringender vonnöten war.

Bert Greenaway half mit, Alfred Keith über die Strickleiter an Deck der *Storstad* zu befördern. Keith hatte seine Hosen verloren und war von oben bis unten blau. Ein anderer Angehöriger der Heilsarmee rubbelte ihn mit einem Handtuch ab, um seinen Kreislauf anzuregen. Als man Keith in Kapitän Andersens Kajüte brachte, klapperte er noch immer heftig mit den Zähnen. Dort waren schon mehrere andere Überlebende, so auch Dr. Grant. Die gestickte grüne Decke wurde vom Tisch der Offiziersmesse genommen, und Keith wurde darin eingehüllt.

Der Kapitän der *Storstad* sah eine vor Kälte zitternde Frau, zog seinen Wollmantel aus und legte ihn ihr um. Einige Frauen hatten noch die Kraft, ohne fremde Hilfe ihre vollgesogenen Nachtgewänder auszuziehen; sie wickelten sich in heruntergerissene Vorhänge. Die Männer mußten mit weniger auskommen. Ein Geretteter bedeckte seine Blöße mit einer Zeitung, einem anderen genügte ein Kissen, um seine Nacktheit notdürftig zu verhüllen. Charles Spencer und dem einzigen anderen überlebenden Läufer der *Empress* reichte man Säcke aus Segeltuch. Sie schnitten Löcher für den Kopf und die Arme hinein und stülpten sie sich über.

Die Überlebenden wurden so schnell wie möglich in die Maschinen- und Kesselräume des Kohlendampfschiffs gebracht. Auch Theophile Bartschi, der später sagte: »Das Leiden war sehr groß, und es war so schlimm, daß man es kaum beschreiben kann.« Abercrombie, ein Passagier aus der ersten Klasse der *Empress,* konnte es doch beschreiben. Er sagte, der Maschinenraum sei ein gräßliches Inferno gewesen, viel schlimmer als alle Vorstellungen der Hölle. Sehr anschaulich schildert er die Einzelheiten:

> *Männer und Frauen standen buchstäblich nackt an den Zylinderköpfen und Kesseltüren und bemühten sich, ihre Kleider zu trocknen und sich aufzuwärmen. Einige waren so schwach, daß sie sich nicht mehr auf den Beinen halten konnten. Sie mußten von anderen gestützt werden. Über allem lag das höllische Licht der Feuerungen und der öligen Lampen. Ich sah einen armen Kerl, der nicht fähig war, allein auf den Beinen zu stehen, und von zwei stärkeren Männern gegen einen Zylinderkopf gedrückt wurde. Sie wollten ihn nur wärmen und wieder zu sich bringen und kümmerten sich überhaupt nicht um seine schwachen Bemühungen, von dem heißen Stahl wegzukommen. Ich rief ihnen schließlich zu, ihn fortzuschaffen. Sein Rücken war von oben bis unten verbrannt.*

Kapitän Andersen öffnete einen wohlbestückten Schrank mit Alkoholika, und seine Frau verteilte »Stimulanzien« an die frierenden Opfer. Unter dem linken Arm hatte sie zwei Flaschen Whiskey und eine Flasche Benedictine, aus denen sie ihnen eine kleine Stärkung anbot, mit der rechten Hand schenkte sie Kaffee aus. Heilsarmeemitglieder sind Abstinenzler, aber einige von ihnen tranken an

Der Steward Oswald Willis, der für den Rauchsalon der zweiten Klasse verantwortlich war. Er nahm an 94 der 96 Atlantiküberquerungen der Empress *teil. Er war bei der Jungfernreise dabei und verlor sein Leben auf ihrer letzten Fahrt.* (Mit freundlicher Genehmigung von Andrew Moore)

Links:
Der Historiker Gordon Davidson von der University of California. Er soll – nur mit einer Schwimmweste als Hilfe – von der Unglücksstelle bis zur Küste geschwommen sein.
(University of California Bancroft Library, Berkeley)

Rechts:
Mr. und Mrs. Reinholdt Bach bei ihrer goldenen Hochzeit im Dezember 1907. Bach war ein direkter Nachfahre des Komponisten Johann Sebastian Bach. Seine Frau starb, ein Jahr bevor Reinholdt Bach mit der Empress *unterging.*
(Olmsted County Historical Society)

Mrs. Gattrell aus Johannesburg. Sie und ihr Mann bekamen keinen Platz mehr in der zweiten Klasse und mußten weiter in der dritten Klasse bleiben. Ihr Mann überlebte das Unglück nicht.
(Privatsammlung von Alan Hustak)

diesem Tag zum ersten und einzigen Mal in ihrem Leben Alkohol. Dr. Grant wurde mit einem Schluck Brandy wieder zum Leben erweckt.

Er bat um Hosen und bekam auch schließlich welche, die allerdings einige Nummern zu groß waren. Er band sie mit einem Tampen fest. Der Doktor tat, was in seinen Kräften stand, um die Schmerzen und Leiden der Geretteten zu lindern. Er holte die Bewußtlosen aus ihrer Ohnmacht, stoppte Blutungen, schiente gebrochene Arme und Beine, renkte Schultern wieder ein und behandelte Brandwunden. Den Toten schloß er die Augen und bedeckte sie mit Tüchern. Als ein delirierender Mann ihm immer wieder in den Arm fiel, während er sich um Chefingenieur Sampson kümmerte, schlug Grant ihn kurzerhand k. o. Als er mit Chefingenieur Sampson fertig war, ging er zu Kapitän Kendall.

Kendall saß da und hatte den Kopf in den Händen vergraben. Der Arzt stellte fest, daß er einen Schock erlitten hatte und unterkühlt war. Er bot dem Kapitän einen Brandy an, aber Kendall lehnte ab. Er trank nie Alkohol. Die beiden schüttelten sich die Hand. Der Kapitän sah Grant mit einem von Selbstvorwürfen gezeichneten Gesicht an. »Doktor«, begann er nach einer langen Pause, »da ist nur eine Sache, die ich bedaure … und das ist, daß ich nicht mit dem Schiff untergegangen bin.« Grant schnitt ihm das Wort ab. »Seien Sie kein Narr«, sagte er scharf, »Sie haben alles getan, was Sie konnten.«

Dr. Grant war ohne Zweifel der Held dieser Katastrophe. Er kontrollierte die Situation an Bord der *Storstad.* Die *Lady Evelyn* kam längsseits. Grant bestimmte, daß zuerst die Leichen an Bord gebracht werden sollten, danach die unverletzten, noch gehfähigen Passagiere und zum Schluß die Mannschaftsmitglieder. Grant befahl Kapitän Kendall, er solle sich hinlegen. Dann versuchte er, ihm die nasse Kleidung auszuziehen, aber Kendall wollte nur noch in Ruhe gelassen werden.

Zwei der drei frisch verheirateten Paare überlebten, nämlich Mr. und Mrs. Reginald Simmonds und Mr. und Mrs. Thomas Greenaway. Dabei konnte keiner von ihnen schwimmen. Die Dodds, die Evans und Teddy Gray, der Zeichner und Heilsarmeeangehörige, der noch in letzter Minute eine Lebensversicherung abgeschlossen hatte, ertranken. Sir Henry Seton-Karr und der Steward des Rauchsalons, Tom Gerrard, die ihre Schwimmwesten weitergegeben hatten, büßten – nicht zuletzt auch deshalb – ihr Leben ein.

Die *Eureka,* gefolgt von der *Lady Evelyn,* lief mit etwa 400 Passagieren und Mannschaftsmitgliedern der *Empress of Ireland* in Rimouski ein. 30 waren bereits tot, als sie ins Rettungsboot gezogen wurden. Weitere 22 starben an Unterkühlung und schweren Verletzungen, nachdem sie ins Boot gezogen worden waren. Alle Toten wurden nebeneinander auf die Pier gelegt. Eine tote Mutter preßte noch immer ihr Baby an die Brust. Mrs. Greenaway, die angenommen hatte, ihren Mann verloren zu haben, brach vor Freude in Tränen aus, als sie ihn auf der Pier in Rimouski wiedersah. Dankbar dafür, wieder auf festem Boden zu sein, betrat Mrs. O'Hara die Pier. Sie fühlte sich innerlich völlig leer, denn sie dachte, daß ihre kleine Tochter ertrunken sei. Mit gesenktem Kopf trottete sie hinter den Überlebenden her, die zur Eisenbahnstation gingen. Sie hörte ein kleines Mädchen »Mama! Mama!« rufen und dachte, sie würde sich das nur einbilden. Doch dann erkannte sie ihre Tochter Helen. Die beiden drängten sich durch die Menge, bis sie sich in den Armen hielten. Die kleine Helen O'Hara hatte sehr viel Glück gehabt. Sie war eins von insgesamt vier Kindern, die die Schiffskatastrophe überlebten.

Auf der *Lady Evelyn* gab sich Ronald Ferguson als der Funker der *Empress* zu erkennen. Die *Lady Evelyn* hatte zwar ein neues Funkgerät an Bord, aber niemand konnte es richtig bedienen. Ferguson gelang es, das Gerät in Gang zu setzen. Als Angestellter der CPR bestand Ferguson darauf, daß alle Überlebenden bezahlten, wenn sie eine Nachricht an ihre Verwandten senden wollten. Die Botschaften waren auf alles geschrieben worden, was zur Hand war, auch auf Toilettenpapier. Fergusons Insistieren, Telegramme nur gegen Bezahlung zu schicken, löste einen wütenden Proteststurm aus. Dabei handelte es sich um ein Mißverständnis. Die Canadian Pacific ließ durch Kapitän Walsh, den Inspektor der Reederei, eine Nachricht an John Williams in Father Point übermitteln, in der allen Passagieren eine kostenlose Übermittlung ihrer Telegramme zugesagt wurde. Leider kam diese Nachricht nie bei Ferguson an.

Reginald Frank Simmonds befand sich auf seiner Hochzeitsreise. Weder er noch seine Frau konnten schwimmen, trotzdem überlebten beide. (Mit freundlicher Genehmigung ihrer Tochter Joan Harvey)

Die Leute von Rimouski halfen den Opfern der Katastrophe, so gut sie konnten. Der Bürgermeister der Stadt half der Canadian Pacific dabei, zwei Triage-Stationen einzurichten. Eine befand sich auf der Pier, die andere im Bahnhof. Wagen mit Kleidung und Decken wurden von Hand auf die Pier gerollt, wo auch heiße Suppe ausgeteilt wurde. Geschäftsleute spendeten ihren Lagerbestand, damit die wenigen überlebenden Frauen und Kinder sich neu einkleiden konnten. Gracie Hanagan bekam ein Paar neue Schuhe geschenkt.

Herman Kruse, seine Tochter Freda und Edith Bach wurden in Rimouski von Frederick Ryder, dem amerikanischen Konsul, exzellent betreut. Er stellte allen amerikanischen Überlebenden sein Haus zur Verfügung, beschaffte ihnen neue Kleidung und versorgte sie mit Essen; er war auch dabei behilflich, den Rücktransport der Verstorbenen zu organisieren und Verwandte in aller Welt zu benachrichtigen. Kruse kam, nur in eine Decke gehüllt, im Haus des amerikanischen Konsuls an. Man gab ihm Hosen, damit er zur Pier zurückkehren und dort nach Reinholdt Bach Ausschau halten konnte. Kruse brauchte die Reihe der Toten nicht lange anzusehen, denn Bach war leicht zu erkennen. Merkwürdigerweise trug er nicht die gleichen Kleidungsstücke, die er anhatte, als sie sich an der Treppe getrennt hatten. Er hatte sich die Zeit genommen, sich komplett anzukleiden und sogar noch die Schuhe anzuziehen! Man fand bei ihm etwas Geld und seine Taschenuhr. Sie war um 1 Uhr 15 stehengeblieben und zeigte noch die Minnesota-Zeit, also eine Stunde früher als die Zeit in Quebec.

Sonderzüge wurden eingesetzt, um die Passagiere von Rimouski nach Quebec, Montreal und Toronto zu bringen. Die Quebec Central Railway schickte einen privaten Salonwagen, um Ethel Paton in Levis abzuholen und sie nach Sherbrooke zurückzubringen.

Der Sieben-Uhr-Zug von Levis sprang 50 Meilen westlich von Rimouski aus den Schienen. In den Zugabteilen waren viele Mitarbeiter der CPR und freiwillige Helfer, verletzt wurde aber niemand. Es dauerte über eine Stunde, bis sie die Reise nach Rimouski fortsetzen konnten. Die kleine Gracie Hanagan bestieg den Sonderzug unter dem wachsamem Blick von Ernie Pugmire. Mrs. George Attwell, eine der Überlebenden, hatte sich ihrer angenommen. Gracie wußte nicht, daß ihre Eltern ertrunken waren, und hoffte, sie später wiederzusehen. Die junge Waise sagte ihren Betreuern: »Sie kommen bestimmt mit dem nächsten Boot, ihr werdet schon sehen!«

Die Lichter des Zuges flackerten auf und erinnerten die Überlebenden an den Schrecken an Bord der sinkenden *Empress,* als der Strom auf dem Schiff ausgefallen war. Die kleine Gracie Hanagan genoß die Aufmerksamkeit der Reporter, die in den Zug gestiegen waren, um die Geretteten zu interviewen. Sie war froh, das Bullauge und das Geräusch des eindringenden Wassers hinter sich gelassen zu haben. Ein Reporter des *Daily Star* aus Toronto fragte das kleine Mädchen, wie sie denn gerettet worden sei. »Ach«, sagte sie ziemlich ungerührt, »ich hab' mich selbst gerettet.«

7
Vorschnelles Urteil

Die erste Nachricht über den Untergang wurde von Father Point aus in den Äther geschickt. Um drei Uhr früh wurden alle Stationen benachrichtigt, daß die *Empress of Ireland* und das Dampfschiff *Hannover* zusammengestoßen seien. Die Funker in Father Point nahmen an, die *Hannover* sei an dem Unfall beteiligt, weil sie nicht auf das CQ-Signal reagiert hatte. In einer weiteren Funkmeldung hieß es, die Dampfschiffe *Eureka* und *Lady Evelyn* seien zur Unglücksstelle unterwegs.

Um 3 Uhr 40 meldete Father Point, daß man keines der beiden Schiffe gesichtet habe. Es war von Rettungsbooten in der Nähe der *Eureka* die Rede (gemeint war die *Storstad*). Um vier Uhr traf schließlich die Nachricht in Quebec ein, daß es sich bei dem Schiff, das mit der *Empress* zusammengestoßen war, um die *Storstad* handelte. Eine Stunde später erreichte den *Globe* in Toronto die Meldung, die *Empress* sei gesunken. Der zuständige Redakteur setzte sich sogleich mit Staff Captain Arnold im Landeshauptquartier der Heilsarmee in Toronto in Verbindung.

Viele falsche Informationen kursierten während der ersten zwölf Stunden nach dem Unglück. Der *Evening Dispatch* meldete, daß alle gerettet worden seien, genauso wie seinerzeit die New Yorker *Evening Sun* in ihrem Bericht über den *Titanic*-Untergang. Das Hauptquartier der Heilsarmee erhielt um elf Uhr vormittags einen Telephonanruf, in dem behauptet wurde, daß alle Passagiere überlebt hätten. Noch bis 13 Uhr 30 las man auf der Anzeigentafel in ihrem Tempelkorps: »Alle gerettet.« Nur 60 Minuten später stand dort bereits etwas anderes: »Neuester Stand: 900 Tote.«

Im Büro der CPR in Chicago wartete Richard Fisher auf die Nachricht über den Verbleib seiner Mutter. »Wäre ich nur mitgefahren«, sagte er, »dann hätte ich dafür gesorgt, daß sie gerettet wird.« Dann kam ein Telephonanruf von der *Daily News* aus Chicago: Alle Passagiere seien am Leben. Fisher warf seinen Hut in die Luft und begann, vor Freude mit einem Freund durch den Wartesaal zu tanzen, und schrie immer wieder: »Hurra! Hurra! Gerettet!« William Mounsey, dessen Frau – eine Mutter von neun Kindern – ebenfalls an Bord gewesen war, sagte leise: »Gott sei es gedankt!«

Eine Zeitlang wurden in den Zeitungen die wildesten Spekulationen über alle möglichen Aspekte der Geschichte angestellt. In einem Artikel hieß es, daß Rauch von einem Waldbrand den Schiffen auf dem Fluß die Sicht genommen habe, und in einem anderen wurde behauptet, daß Kapitän Kendall während der Kollision stockbetrunken in seiner Kajüte gelegen habe. Das war eine völlig haltlose Anschuldigung, da Kendall nie Alkohol trank. Es wurde auch kolportiert, daß sich der Kapitän der *Empress* durch das kalte Wasser eine Lungenentzündung zugezogen habe und im Sterben läge. Die Seetüchtigkeit der *Empress* wurde ebenfalls in Frage gestellt. Ein Zeitungsreporter wollte wissen, daß der Bau der *Empress* ursprünglich von der White Star Line in Auftrag gegeben worden sei, die aber die Abnahme dieses Schiffes nach den ersten Probefahrten verweigert habe. Danach soll dann die CPR das unzuverlässige Schiff zu einem Sonderpreis gekauft haben.

Am Morgen nach dem Untergang wollte Mr. Mawby in Toronto gerade die Eisenbahn besteigen, die ihn wie jeden Tag zur knapp 30 Kilometer außerhalb der Stadt gelegenen Fabrik bringen würde. Der Schaffner war im Begriff »Alles einsteigen!« zu rufen, als Mawby ihn bat, noch einen Moment zu warten, denn er wollte sich schnell noch die Morgenzeitung kaufen. »Warten Sie lieber noch, und kaufen Sie die Extraausgabe«, sagte der Bahnbedienstete. »Wieso denn?« fragte Mawby. »Weil die *Empress of Ireland* gesunken ist!« Der Schaffner konnte natürlich nicht ahnen,

Die Ausgabe des Christian Herald *vom 11. Juni 1914.* (Privatsammlung von Stephen Brooks)

The Christian Herald and Signs of Our Times, June 11,

PEOPLE WITH SCARS: By Dr. TALMAGE. (See page 557).

THE CHRISTIAN HERALD AND SIGNS OF OUR TIMES

Registered as a newspaper. Twenty-four pages. Published weekly at 6, Tudor Street, London, E.C., whence it may be ordered, or from any Newsvendor in town or country.

Price 1d. | THURSDAY, JUNE 11, 1914. | [Registered at the General Post Office as a Newspaper.] | 18TH YEAR. | No. 24.

The Disaster to the Canadian Liner "Empress of Ireland," in which about 1,000 perished.

(See Second Page.)

daß Mawby am Tag zuvor seine Frau und seine kleine Tochter an Bord ebendieses Schiffes gebracht hatte.

Mawby lief zum CPR-Büro hinüber und fragte den Schiffsagenten, ob er irgend etwas von Überlebenden wisse. Der Agent wußte nichts Genaues, nur daß 300 oder 400 Passagiere gerettet worden seien. Mawby wurde leichenblaß. Der Agent erkundigte sich teilnahmsvoll: »Hatten Sie Freunde an Bord, Sir?«

»Meine Frau und meine Tochter«, stieß Mawby schluchzend hervor. »Ich glaube, sie haben wohl kaum eine Chance gehabt.« Er war völlig mutlos und niedergeschlagen und sagte dann nach einiger Zeit: »Sie war die beste kleine Frau auf der ganzen Welt. Sie hat sich die Finger wundgearbeitet, um Kleider für unser kleines Mädchen zu nähen.« Mawbys Einschätzung erwies sich als richtig. Seine Frau und die kleine Katheline, die gerade zwei Jahre alt geworden war, befanden sich unter den Vermißten.

Der erste Rettungszug mit 396 Überlebenden verließ den Bahnhof in Rimouski um zwei Uhr nachmittags, zwölf Stunden nach dem Untergang der *Empress.* Das Geld für die Zugkarte wurde den Überlebenden selbstverständlich erlassen.

In Montreal schritt Marine Superintendent Walsh, der Inspektor der CPR-Reederei, um 19 Uhr mit einer langen Liste in der Hand in die Windsor Station, den Bahnhof von Montreal. Der Reporter Hubert Evans von der *Toronto World* beschrieb die Situation folgendermaßen:

Dort gibt es einen mit Papieren übersäten, verrauchten Raum, in dem zwei müde (CPR-) Männer sitzen. Ihre Gesichter sind abgehärmt und übermüdet; sie sehen aus, als hätten sie schon jahrelang ohne Pause gearbeitet. Neben ihnen auf dem Tisch stehen halbleere Kaffeetassen und angebissene Sandwiches. Vor dem einen liegt ein langer, schmaler Papierstreifen, der andere sitzt vor einer Schreibmaschine. Dieser lange Papierstreifen besitzt verschiedene Funktionen; er ist zur selben Zeit Grabstein, Ehrentafel und Botschaft der Hoffnung. Es ist die offizielle Liste der Passagiere, die an Bord der Empress of Ireland *waren, als sie unterging. Tausende würden ihren ganzen Besitz hergeben, wenn sie ihren Urteilsspruch anfechten könnten, doch es gibt keinen Einspruch und keine Berufung. Man muß sich an ein höheres Gericht wenden, dem sich die Menschen nur mit gebeugtem Knie und gesenktem Kopf nähern. Die Urteilssprüche enthalten keine weiteren Zusätze; »gerettet«, »ertrunken« und »vermißt« sind die einzigen Anmerkungen.*

Telegramme gingen hin und her. Es war immer dieselbe Frage, die an die Windsor Station gerichtet wurde: Befand sich dieser oder jener unter den Geretteten? Nur die Namen änderten sich bei diesen Anfragen. Der *Morning Leader* erkundigte sich telegraphisch nach Passagieren aus Regina, Saskatchewan, so auch nach Mr. A. H. Death [dt. Tod]. Am 30. Mai kam folgende Antwort: »Death ist tot.«

Ebenfalls am 30. Mai erhielt Annie Veronica Williams in Liverpool ein Telegramm, in dem nur sechs Worte standen: »Gerettet, mach dir keine Sorgen – Willie«. Es war von ihrem Verlobten »Billy Boy« Hughes.

CPR-Büros auf der ganzen Welt wurden belagert. Viele wollten wissen, ob ein bestimmter Passagier oder ein Mannschaftsmitglied gerettet worden sei. Einige Leute zogen unnötig Erkundigungen ein, da sie nicht mit Sicherheit wußten, ob ein Freund oder Verwandter einen Platz auf der *Empress* gebucht hatte. In London war das Büro der CPR in der Nähe des Trafalgar Square von einer riesigen Traube von Besorgten, Mitfühlenden und Neugierigen umlagert. Die *Daily Mail* kam mit der sich fortlaufend wiederholenden Schlagzeile »Eine neue *Titanic*-Katastrophe« heraus; später wurde dies zu einem geflügelten Wort. Die *Toronto World* verkaufte 100 000 Extrablätter mit der Überschrift: »900 Menschen im Schlaf ertrunken«.

Sir Thomas Shaughnessy, der Präsident der Canadian Pacific, versuchte sofort, den Schaden zu begrenzen. Er konnte einfach nicht glauben, daß eine »atlantische *Empress*« derart schnell untergehen könnte. Die einzige einleuchtende Erklärung wäre gewesen, daß die Außenhaut der *Empress* unterhalb der Wasserlinie auf einer Länge von mehr als 100 Metern aufgerissen worden war. In den ersten Berichten hieß es fälschlicherweise, daß der Zusammenstoß an Backbordseite erfolgt sei. Shaughnessy hielt in Montreal eine Pressekonferenz ab, um sein Beileid zu bekunden und die Öffentlichkeit zu beruhigen:

Nach den uns bislang zur Verfügung stehenden Informationen sieht es so aus, daß die Empress of Ireland, *während sie gestoppt in dichtem Nebel lag, an Backbordseite von dem norwegischen Kohlenschiff* Storstad *gerammt worden ist, so daß das Schiff unserer Gesellschaft von der Mitte bis zum Heck aufgerissen wurde. Die wasserdichten Schotten, mit denen das Schiff versehen war, waren deshalb nicht mehr funktionstüchtig. Die* Empress of Ireland *sank innerhalb von 14 Minuten. Das Unglück ereignete sich, als die Passagiere schliefen; die Zeit zwischen dem Zusammenstoß und dem Sinken reichte nicht aus, um alle Passagiere zu wecken und sie in die Boote gehen zu lassen, von denen genug vorhanden waren, um sehr viel mehr Menschen aufzunehmen, als tatsächlich an Bord waren, einschließlich der Besatzung. Daß ein solcher Unfall auf dem Sankt-Lorenz-Strom passieren konnte und daß darin ein Schiff von der Klasse der* Empress of Ireland *verwickelt wird, bei welchem die Eigner jede nur mögliche Vorsichtsmaßnahme ergriffen haben, um für die Sicherheit von Passagieren und Fahrzeug zu sorgen, ist beklagenswert. Am traurigsten ist natürlich der große Verlust an Menschenleben, und die Verwandten und Freunde all jener, die auf dem Unglücksschiff den Tod fanden, mögen der tiefen Anteilnahme aller Mitarbeiter der CPR versichert sein.*

Warten auf Nachrichten vor dem CPR-Büro in London.
(The British Library)

Die Nachricht vom Untergang erreichte Liverpool am Nachmittag des 29. Mai. Zunächst hieß es auch hier, daß alle an Bord befindlichen Passagiere gerettet worden seien. Eine Frau betrat die CPR-Büros im Liver Building genau in dem Zeitpunkt, als gerade die korrekte Meldung eintraf. Sie hatte vor kurzem ihren Mann verloren, einen Angestellten der CPR, und wollte an diesem Tag einige Fragen im Zusammenhang mit der Betriebsrente klären. Als sie hörte, ein Schiff sei untergegangen, wollte sie sofort den Namen wissen. »Die *Empress of Ireland*«, rief jemand. »O mein Gott«, rief sie, »da ist mein Sohn an Bord!« Dann wurde sie ohnmächtig. Die Frau eines Heizers, die ihr Neugeborenes im Arm hielt, flehte die Beamten an: »Sagt mir doch etwas, o bitte, sagt mir doch, was los ist!«

Die traurige Nachricht machte schnell die Runde. Das Liver Building wurde von Verwandten und Reportern gestürmt. Nie zuvor waren so viele Seeleute aus Liverpool auf einem einzigen Fahrzeug in einer solchen Gefahr gewesen. Nicht weniger als 200 Familien waren direkt betroffen. Zahllose andere würden vielleicht Freunde und Bekannte verlieren. Das Scotland-Road-Viertel, in dem viele Heizer wohnten, wurde auf einen Schlag zu einem Stadtteil von Witwen und Waisen.

Mrs. Steede ging niedergeschlagen zum Büro der CPR, denn sie hatte schon vom Untergang des Schiffes gehört, wußte aber nicht, ob ihr Mann noch am Leben war. Sie hatte schon genug Sorgen, denn eines ihrer Kinder lag im Krankenhaus. Den ganzen Tag wuchs die Menge immer weiter an. Man begann mit einer Nachtwache, die drei Tage dauern sollte. Als Nachrichten über bestimmte Personen nach und nach hereinsickerten, konnte man in der Eingangshalle auf engstem Raum größte Freude und tiefstes Leid miterleben. Alle hatten Tränen in den Augen. Man sah Angestellte der CPR, die Frauen Wasser oder irgendwelche Stärkungsmittel anboten. Nach vielen Stunden nervenzehrenden Wartens wurde auch der Erste

Die neueste Meldung wird angeschlagen. (The British Library)

Offizier in die Liste der Opfer eingetragen. Als man seiner Frau dies mitteilte, erlitt sie einen Nervenzusammenbruch.

Als der Zug mit den Geretteten Quebec erreichte, warteten dort zwei Fähren, um die Mannschaftsmitglieder, die nunmehr als unschuldig in Not geratene britische Seeleute eingestuft wurden, da sie keine Heuer mehr bekamen, und die Passagiere der dritten Klasse zum Louise-Hafenbecken zu bringen. Dort würde sie die *Alsatian* an Bord nehmen, die am 4. Juni nach Liverpool auslaufen sollte. Die Überlebenden sahen armselig aus in ihren schlechtsitzenden, zusammengewürfelten Kleidungsstücken, die ihnen in Rimouski geschenkt worden waren. Sie waren aber viel zu müde und erschöpft, um sich über solche Äußerlichkeiten den Kopf zu zerbrechen. Als sie sich für die Fähre anstellten, fragte ein Passagier aus Montreal laut in die Runde, ob ihm jemand einen Wechsel einlösen würde. Zwei Reporter gaben dem Mann dafür das entsprechende Bargeld und behielten die durchweichte Zahlungsanweisung als Souvenir an die Katastrophe.

Ken McIntyre nahm ebenfalls die Fähre. Er ging hinüber zur Auswanderungsstation der Heilsarmee am Kai. Von dort führte er ein Ferngespräch nach New York und rief seinen Vater an, der auch bei der Heilsarmee war und den Rang eines Colonels bekleidete. Nachdem er ihm mitgeteilt hatte, daß er gerettet worden sei, wollte sein Vater nur zwei Dinge wissen: Auf welche Weise er überlebt hatte, und: Ob er immer noch am Internationalen Kongreß teilnehmen wolle? Ken sagte, daß er sein Leben seinem Schwimmtalent verdanke. Und zum Kongreß nach London wolle er noch immer. Daraufhin wurde für McIntyre in New York ein Platz an Bord der *Baltic,* einem Schiff der White Star Line, für die Überfahrt nach London gebucht.

Die Passagiere der ersten Klasse und einige aus der zweiten wurden mit den Verletzten auf Kosten der CPR im Château Frontenac untergebracht, so z. B. Grace Kohl, Tiria Townshend, Alise Lee, F. E. Abbott, Merton Darling, Charles Clark, F. P. Godson, Robert Cunningham, George Henderson, Mr. und Mrs. Freeman und Reverend Wallet. Die Schwerverletzten wurden mit Krankenwagen in das Jefferey Hales Hospital gebracht.

Dieses Krankenhaus wurde Schauplatz eines ergreifenden Wiedersehens. Die frisch vermählten Reginald und Mary Simmonds wurden gerettet und ins Krankenhaus transportiert, ohne daß einer vom anderen wußte. Beide dachten, der andere sei ertrunken, da keiner von ihnen schwimmen konnte. Reginald hatte einen Blutstau in der Lunge. Auf einer anderen Station lag Mary Simmonds, die einen Schock erlitten hatte. Als sie hörte, daß ihr Mann noch lebte, sprang sie sofort aus dem Bett und lief zu ihm. Ein Reporter des *Daily Star* interviewte kurz darauf das glücklich wiedervereinte Paar. Reginald Simmonds blickte seine Frau an und sagte: »Wir haben zwar alles verloren, aber wir haben immer noch uns.«

Viele verloren mehr als ein Familienmitglied auf der *Empress,* in einigen Fällen wurden ganze Familien ausgelöscht.

Mrs. Felstead, die von einem kleinen Vogel gewarnt worden war, ihr Mann, der sich weigerte, ein Testament aufzusetzen, und ihre beiden Kinder – sie alle kamen ums Leben. Sechs Mitglieder der Familie Jay aus London, Ontario, starben. John Jay, der Familienvater, war in Kanada geblieben, weil er keinen Urlaub nehmen konnte. Er sah seine Frau und seine Kinder zum letzten Mal, als er ihnen von der Pier in Quebec aus zum Abschied zuwinkte. Das Ehepaar Forstrom aus Minneapolis und ihre zwei Kinder kamen nie in Norwegen an. Diese Familien waren alle in der dritten Klasse untergebracht. Einige von ihnen wurden vielleicht unter Deck eingeschlossen, denn ihre Leichen wurden nie gefunden.

Gideon Miller, Versorgungsoffizier bei der Heilsarmee, erfuhr von der Katastrophe um sechs Uhr morgens auf dem Nordbahnhof von Montreal. Auf der Titelseite des Extrablatts des *Daily Star* las er die schockierende Überschrift: »*Empress of Ireland* im Sankt-Lorenz-Strom mit *Storstad* kollidiert – alle Passagiere tot«. Miller und ein anderer Offizier der Heilsarmee nahmen sofort den Zug nach Rimouski, um den Lebenden zu helfen und die Toten zu identifizieren.

Am Tag nach dem Untergang wurde in Rimouski von Untersuchungsrichter Dr. J. Pinault eine gerichtliche Untersuchung angesetzt, die in einer kleinen Schule stattfand. Eine Jury wurde vereidigt. Kapitän Kendall, der Kapitän der *Eureka,* Belanger, und Chefingenieur Sampson waren unter den Zeugen, die angehört wurden. Der Chefingenieur war so schwer verletzt, daß er seine Aussage vom Krankenbett aus machte. Kendall war noch sehr schwach und mußte in den Saal geführt werden. Er saß an einem Fenster, so daß er sich auf das Fensterbrett lehnen und den Kopf gegen den Rahmen stützen konnte. Von besonderem Interesse waren die Aussagen von Kendall und von Sampson. Die Untersuchung erfolgte in französischer Sprache, weshalb Zeugen ihre Aussagen für den Übersetzer oft wiederholen mußten. Kendall erklärte, daß er die *Storstad* zuerst eine Schiffslänge, also etwa 600 Fuß, entfernt gesehen habe. Bei einer späteren Gelegenheit sagte er aus, daß die Entfernung nur

Links:
James Rankin, der Ingenieur, der wegen eines juckenden Ausschlags nicht schlafen konnte, vor der Schule in Rimouski, wo die erste Untersuchung stattfand.

Rechts:
Leere Fichtenholzsarge warten auf ihren Einsatz.
(Privatsammlung von Alan Hustak)

Sargtransport in Rimouski.

100 Fuß betragen habe. Der Chefingenieur gab zu Protokoll, daß er seine Kabine verlassen habe, um zum Maschinenraum zu gehen, als er hörte, wie die *Empress* volle Fahrt zurück ging. Als er in den Maschinenraum kam, habe ihm jemand zugerufen: »Das Schiff wird gleich von einem Kohlenfrachter gerammt!« Die Jury zog sich kurze Zeit zurück und beantragte dann, die Untersuchung für sieben Tage zu unterbrechen.

Gideon Miller war bei der Verhandlung anwesend. Als Kapitän Kendall die Uniform der Heilsarmee sah, winkte er ihn heran und fragte, wie viele Menschen umgekommen seien. Gideon sagte ihm, daß er und Lieutenant Colonel Turner die Toten, die auf einem Kohlenhaufen in einer Lagerhalle am Ende der Pier aufgebahrt waren, im Schein einer Laterne untersucht und mehr als 200 Leichen gezählt hätten. Von den 171 Mitgliedern der Heilsarmee, die an Bord der *Empress* waren, hätten sie bisher sechzehn finden können. »Wir waren alle auf eine glückliche Überfahrt eingestellt«, sagte Kendall, der ihm Trost zusprechen wollte. »Wir konnten alle nicht ahnen, daß eine solche Katastrophe unmittelbar bevorstand und daß der Tod so nah war.«

Der Fluß war übersät mit Wracktrümmern und herrenlosen Rettungsbooten. Große aufsteigende Luftblasen zeigten noch mehrere Tage lang die Position des Wracks an. Das Wasser über dem untergegangenen Schiff verfärbte sich dunkel, als Maschinenöl und andere Flüssigkeiten austraten und an die Oberfläche stiegen. Extra vereidigte Hilfspoli-

Rettungsboote der Empress of Ireland *in Rimouski. Ein Rettungsboot mit einer geraden Nummer ist rechts im Photo zu sehen, was beweist, daß einige Boote an Backbordseite vom Schiff freikamen, als es sank.*

Die kläglichen Überreste des großen Linienschiffs der Canadian Pacific. Diese Boote wurden dreizehn Monate nach dem Untergang für 5 000 Dollar an eine örtliche Werft verkauft.

Das Regierungsdampfschiff Lady Grey, *auf dem die Leichen transportiert wurden.*

Die Essex, *die bei der Bergung der Opfer half.* (Maritime Museum of the Atlantic, Nova Scotia)

zisten patrouillierten in Automobilen am Ufer, um angetriebene Leichen und Wertsachen zu bergen. Insgesamt vierzehn Rettungsboote der *Empress,* Stahlboote wie zusammenklappbare Boote, wurden geborgen und als Bergungsgut verkauft. Zwei wurden 25 Meilen flußabwärts vom Dampfschiff *Grampian* geborgen. Die Canadian Pacific erhob keinen Anspruch auf diese Boote. Genauso wie beim Wrack waren nur die Versicherungsgesellschaften betroffen. Das Rettungsboot 3, das Kapitän Kendall aufgenommen hatte, wurde ebenfalls gefunden.

Die Werte der Versicherungen und Rückversicherungen schwankten einige Tage. Die eigentliche Sorge betraf nicht den Verlust des Schiffes, sondern die Sicherheit und den weiteren Fortbestand der Sankt-Lorenz-Route. Schiff und Ladung waren für 2 000 000 Dollar und die Vermögenswerte der Passagiere für 10 000 Dollar versichert gewesen. Die Aktien der Canadian Pacific fielen mehr als einen Punkt, nachdem die Nachricht bekannt geworden war.

Staatsoberhäupter aus der ganzen Welt schickten Beileidstelegramme an König George V. und Königin Mary. Die Botschafter in London wurden angewiesen, im Namen ihrer jeweiligen Regierungen offizielle Beileidsbesuche abzustatten. Gesetzgebende Körperschaften, selbst aus so fernen Ländern wie Neuseeland, verabschiedeten Trauerresolutionen. Der amerikanische Präsident Wilson schickte ein Telegramm, in dem es hieß:

Bergung der Toten durch die Lady Evelyn. (Musée de la Mer, Pointe-au-Père)

Kiefernholzsärge werden an Deck der Lady Grey *geladen.* (Privatsammlung von Alan Hustak)

Ich versichere Eure Majestät meines tiefsten Mitgefühls anläßlich der entsetzlichen Katastrophe des Dampfschiffs Empress of Ireland, *die so schmerzliche Verluste über so viele Familien gebracht hat.*

Der aus acht Wagen bestehende Rettungszug erreichte am frühen Abend des 30. Mai die Union Station von Toronto. Der Schlafwagen *Madawaska* war in ein rollendes Hospital verwandelt worden. Besorgte und verängstigte Verwandte, Geschäftsfreunde, Angehörige der Heilsarmee und Reporter stürmten den Bahnsteig. Die Polizei konnte dieser Menge nicht Herr werden und mußte schließlich die Bürgerwehr zu Hilfe rufen, um die Ordnung wiederherzustellen. Der in Toronto erscheinende *Globe* verglich dieses Tollhaus mit der Ankunft der *Carpathia* in New York, mit dem Unterschied, daß es sich hier um einen Zug handelte. Das Kaufhaus Eatons' und ein weiteres Geschäft hatten noch nach dem offiziellen Ladenschluß geöffnet, damit sich die Geretteten passende Kleidung kaufen konnten.

Inzwischen wurden in Rimouski 188 Särge an Bord der *Lady Grey* gehievt, die nach Quebec gebracht werden sollten. Jeder Zentimeter an Deck wurde benötigt, um die hastig zusammengezimmerten Kisten aus Fichtenholz zu verstauen. Hier und da mußten vier Särge übereinandergestapelt werden. Chief Constable McCarthy, der vier Jahre zuvor Dr. Crippen verhaftet hatte, begleitete die Toten, um

Geborgene Opfer wurden in einen Kohlenschuppen auf einer Pier in Rimouski gelegt. Zur Erinnerung an die Katastrophe erschien diese Photographie als Postkarte.

Glauben zu schenken. Sicher war gleich Hilfe zur Stelle, denn das Schiff war ja praktisch noch unter Land.«

Es stellte sich aber schnell heraus, daß Warten in Montreal völlig zwecklos war. Cullen schloß sich den vielen Familien an, die nach Quebec fuhren, um dort etwas über das Schicksal ihrer Angehörigen zu erfahren oder um die Toten zu identifizieren. Nachdem Cullen seinen Sohn Albert in Gegenwart eines Geistlichen identifiziert hatte, ging er die Reihen weiter, um nach den Leichen seiner Frau und seiner Tochter zu suchen. Während er von Sarg zu Sarg ging, behauptete ein zweiter Vater, T. H. Archer, nachdrücklich, daß das tote Kind in Sarg 118 sein Sohn Alfred sei. Bei der Schiffskatastrophe war auch Archers Frau ums Leben gekommen. Der Geistliche brachte die beiden Väter am fraglichen Sarg zusammen und versuchte mit Hilfe eines Polizeibeamten, der den Holzsarg zur besseren Betrachtung hochhielt, die Situation zu klären. Das Cullensche Kindermädchen Jennie Blyth wurde herbeigerufen, und sie bestätigte sofort, daß der mit blauen Flecken übersäte Leichnam der des kleinen Albert sei. Sie schob die Lider zurück, sah sich die Augenfarbe an und öffnete auch den Mund. Sie erkannte den Zahn, den der kleine Albert gerade bekommen hatte. Archer ließ sich durch die Aussage des Kindermädchens zunächst nicht beirren. Es gelang ihm, den Leichenbeschauer zu überreden, das Kind in Sarg 118 als seinen Sohn Alfred in die Liste eintragen zu lassen. Tatsächlich aber war Archer unschlüssig, ob das Cullen-Baby oder eventuell doch die Kinderleiche in Sarg 125 die seines Sohnes sei.

Die Kontroverse schlichtete schließlich der Bürgermeister von Quebec. Er übergab die sterblichen Überreste der Obhut von Frederick Cullen. Seine Entscheidung traf er nach einem Vergleich der Gesichtszüge des toten Kindes mit den Gesichtern der beiden Mütter, wobei Mrs. Archer keinerlei Ähnlichkeit mit dem toten Kind aufwies. Eigentlich hätten Mrs. Cullen, Maudie und Albert mit der

Virginian der Allan Line den Atlantik überqueren sollen. Sie hatten Kabine 18 für die Abfahrt am 26. Mai von Quebec gebucht und diese Buchung bis in die letzte Aprilwoche aufrechterhalten; erst dann entschlossen sie sich dazu, die *Empress of Ireland* zu nehmen.

Auch um den Leichnam von Tiria Townshends Tante Wynnie Price gab es Streit. Tiria las die Aufschriften auf den hastig hergestellten Särgen, bis sie einige entdeckte, die mit dem Wort »femme« (Frau) markiert waren. Sie öffnete einen Deckel und sah einen entstellten Körper darin liegen, der viel zu klein war, als daß es die Leiche ihrer Tante sein konnte. Im nächsten Sarg sah sie einen Körper, der über und über mit Quetschungen und Blutergüssen bedeckt war und Ähnlichkeit mit ihrer Tante aufwies. Mehrere Mannschaftsmitglieder bestanden jedoch mit Nachdruck darauf, daß es sich dabei um den Leichnam der Stewardeß Lily Leders handelte. William Webber, der Bevollmächtigte der CPR, entschied den Streit zugunsten von Tiria Townshend, nachdem sie an Eides Statt versichert hatte, daß die Juwelen, mit denen der Leichnam geschmückt war, ihrer Tante gehörten.

Reverend Kirkby, der Vater von Mrs. Lyman, reiste von New York nach Quebec. Seine Tochter und sein Schwiegersohn wurden noch immer vermißt. Verwandten sagte er: »Wir sind alle von Herzen betrübt, und es gibt nichts auf Erden, was uns zu trösten vermag. Doch für mich liegt ein gewisser Trost darin, daß meine Tochter, die im Leben aufopfernd und edel war, diese Eigenschaften auch im Tode bewiesen hat.« Kirkby zielte damit wohl auf die innige Zuneigung seiner Tochter für ihren kränkelnden Mann.

Schaulustige beobachten die Storstad *in Montreal, während sie Kohle löscht.* (Mit freundlicher Genehmigung von C. F. Hudson)

Nähe der schnell ausgelegten Leuchttonne stoppen, mit der die Position des Wracks der *Empress* markiert worden war. Das Orchester der *Megantic* hatte sich auf dem Schutzdeck aufgestellt und war von Passagieren umringt. Der Kapitän führte die Versammelten im Gebet an, und das Orchester spielte das Kirchenlied *Abide With Me.* Gramerfüllt hatten die Menschen die Köpfe geneigt. Einige waren so ergriffen, daß sie in Tränen ausbrachen. Dann ging Kapitän David zurück auf die Brücke, um die Fahrt nach Quebec fortzusetzen.

Zwei Passagiere von der *Empress* verschafften der Canadian Pacific Railway eine schlechte Presse. F. P. Godson behauptete, daß viele Passagiere der zweiten und dritten Klasse hinter verschlossenen Pforten in der Falle gesessen hätten; diese Tore waren dafür gedacht, den Zugang zur ersten Klasse zu verwehren. Außerdem behauptete er, daß die Besatzungsmitglieder alle Schwimmwesten an sich genommen hätten. Die wenigen, die noch übriggeblieben wären, seien so fest mit Bindfäden verschnürt gewesen, daß man sie nur »mit allergrößter Mühe« aufmachen konnte. Godsons Vorwurf verschlossener Pforten erinnert an eine Szene aus dem *Titanic*-Film *A Night To Remember* aus dem Jahr 1958 und an James Camerons *Titanic* von 1997. Die *Empress* hatte zwar eine Pforte, die die erste Klasse von der zweiten an Oberdeck abschottete, aber kein weiterer Überlebender konnte oder wollte bestätigen, daß sie verschlossen gewesen war. Dagegen meldete sich ein Passagier namens Langeley, der den Vorwurf erhob, daß eine Ausgangstür, die von der Haupttreppe der zweiten Klasse auf das Schutzdeck führte, verschlossen gewesen sei, was zur Folge gehabt hätte, daß eine große Anzahl von Passagieren im Rauchsalon der zweiten Klasse in der Falle gesessen hatte. Die fragliche Tür war gegen die Schlagseite des Schiffes zu öffnen gewesen.

Der zusammengedrückte und nach backbord verdrehte Bug der Storstad.
(National Archives of Canada)

Der andere Passagier, der sich negativ über die *Empress* äußerte, war Cedric Gallagher aus Winnipeg, der zusammen mit seiner Mutter in der ersten Klasse reiste. Er sagte, daß er und seine Mutter versucht hätten, ein Rettungsboot zu besteigen, jedoch von der Besatzung weggestoßen worden wären. Daraufhin titelte der *Daily Star:* »Frau von Matrosen aus Rettungsboot vertrieben«. Im anschließenden Artikel wurde Mrs. Gallaghers Tod dieser angeblichen Tat zugeschrieben.

Einige Zeitungen brachten noch reißerischere Geschichten im Stil der Boulevardpresse über die Katastrophe. So sollen ausländische Staatsangehörige und Passagiere aus dem Zwischendeck Mitreisende ermordet haben, um sich über die verstopften Treppen einen Weg nach oben zu bahnen. Die in Toronto erscheinende *World* lieferte dazu folgende Details:

Als das Gedränge beängstigende Formen annahm, spielte sich auf den Decks vermutlich ein wahres Gemetzel ab. Die kaum angezogenen und noch halb schlafenden Ausländer zogen Messer aus Stiefeln und Gürteln und drängten sich in gebückter Haltung wie eine Rotte von Dämonen durch die schreckerfüllte Menschenmasse, wobei sie rücksichtslos in die Menge hineinstießen und um sich schlugen, um sich ihren Weg zum Ausgang zu bahnen. Der Schrecken dieses von der Welt bislang kaum wahrgenommenen oder vermuteten Mordens wurde erst durch das Überrollen des Schiffs beendet.

Ein Amtsarzt aus Quebec widerlegte diese schreckliche Geschichte in einem offenen Brief an die Presse. Oberstleutnant Pelletier schrieb:

Ich habe Wunden jeglicher Art auf den Leichen gesehen, aber es ließ sich ohne Schwierigkeiten feststellen, daß diese Wunden nicht von einem scharfen Instrument, wie zum Beispiel einem Messer, verursacht wurden. Diese Verletzungen wurden den Opfern bei der Kollision durch Eisen- oder Holzstücke zugefügt, und die Opfer waren bereits tot, bevor sie ins Wasser fielen. Andere trugen offensichtliche Spuren der Explosion. Ich fand nicht eine einzige Wunde, die durch eine Stichwaffe verursacht sein konnte. Ich bin seit 24 Jahren praktizierender Arzt und war darüber hinaus zehn Jahre lang als Leichenbeschauer tätig, also als Beamter, der Todesfälle untersucht, die nicht eindeutig auf natürliche Ursachen zurückzuführen sind. Ich habe Opfer von Eisenbahn- und Grubenunglücken gesehen, Menschen, die in Fabriken oder durch Explosionen, durch Messerstiche oder durch Schläge mit einem stumpfen Gegenstand zu Tode kamen, und in diesem Fall bin ich absolut sicher, daß kein Opfer mit einem Messer getötet wurde.

126

R.M.S. "EMPRESS OF IRELAND."

...A...

MEMORIAL SERVICE

AT

St. Peter's Parish Church,

Church Street, Liverpool,

On WEDNESDAY, JUNE 3rd., 1914,

12-30 p.m.

Admit Bearer.

Einlaßkarte für den Gedenkgottesdienst in Liverpool.

Drei Tage nach dem Untergang der *Empress* teilte Frank Dunlevy mit seinen Verwandten noch die Hoffnung, daß seine Frau gerettet worden sein könnte. Schließlich hatte sie am Einschiffungstag ein Telegramm nach Denver geschickt, daß Kapitän Kendall sich persönlich um sie kümmern werde. Verwandte aus Lockeport, Nova Scotia, fuhren nach Quebec, um nach ihr zu suchen, und entdeckten sie im Leichenschauhaus. Daraufhin wurden Vorbereitungen getroffen, sie in Lockeport beizusetzen.

Sir Henry Seton-Karr war es gelungen, aus seiner Kajüte herauszukommen, bevor das Schiff sank. Seine Leiche wurde 30 Meilen flußabwärts gefunden. Daß er auf diese Weise zu Tode kam, erschien vielen seiner Freunde und Bekannten als relativ unspektakulär. Viele hatten angenommen, der große Jäger würde eines Tages durch ein wildes Tier getötet werden oder unter einer Lawine enden. Seton-Karr hatte stets den Wunsch geäußert, in der Nähe seines Todesortes beerdigt zu werden. So wurde der Mount-Hermon-Friedhof in Quebec seine letzte Ruhestätte.

Lord Mersey hört kurz vor der Abreise nach Kanada seinem Sohn, Captain Bigham, zu. (UPI/Corbis-Bettmann)

Die Post von der *Empress,* die in Rimouski aufgegeben worden war, erreichte nach und nach ihre Adressaten. Sadie Bilham erhielt die Postkarte von ihrem mittlerweile toten Verlobten Teddy Gray. Er hatte geschrieben: »Ich dachte, dies könnte Dir gefallen. Einfach, aber ungewöhnlich.«

Captain Dodds letztes Schreiben an das kanadische Hauptquartier der Heilsarmee wurde im *War Cry* abgedruckt. Cecil Attwell erhielt die ergreifende Botschaft: »Schöne Reise bis jetzt«, war aber überglücklich, noch viel mehr als nur eine Postkarte zu erhalten, denn seine Eltern hatten die Katastrophe lebend überstanden.

Zwei Seeleute der *Storstad* zogen den Ruf der Besatzung schwer in Mitleidenschaft, als sie am 2. Juni verhaftet wurden. Lionel Kent, ein Passagier der *Empress,* hatte einen größeren Betrag in Reiseschecks bei sich, als er von Seeleuten der *Storstad* gerettet wurde. Kent erwähnte beiläufig, daß die Schecks entweder aus seiner Hemdtasche gefallen oder ihm gestohlen worden sein müßten, während er im Rettungsboot lag. Ein Mitglied der Mannschaft versuchte kurze Zeit später einen Reisescheck über 1 000 Dollar einzulösen, der auf den Namen »Lionel Kent« ausgestellt war. Ein aufmerksamer Schalterbeamter, der die Berichte über das untergegangene Schiff verfolgt hatte, erkannte den Namen, und der Matrose wurde noch in der Bank verhaftet. Die Behörden ließen die *Storstad* durchsuchen und wurden dabei bereitwillig von Kapitän Andersen unterstützt. Dabei wurden 990 Dollar in gestohlenen Reiseschecks sowie 41 Dollar in Banknoten sichergestellt (woher die Geldscheine stammten, konnte nie ganz geklärt werden). Ein zweites Mitglied der Besatzung wurde verhaftet. Kent kümmerte die Angelegenheit kaum. Er war froh, überhaupt noch am Leben zu sein.

Die vielen Todesopfer und der Wunsch, einen Schuldigen für die Katastrophe zu finden, ließen den Ruf nach einer offiziellen Untersuchung laut werden. Da es nach geltendem kanadischem Recht keinen Präzedenzfall für die Einsetzung einer Schiffahrtskommission gab, deren Aufgabe es wäre, eine förmliche Untersuchung durchzuführen, verabschiedete das Parlament einige Zusatzartikel zu Teil 10 des kanadischen Schiffahrtsgesetzes, die es dem Minister für Schiffahrtsangelegenheiten und Fischfang, John Douglas Hazen, erlaubten, eine Sonderkommission einzusetzen. Am 3. Juni ernannte er den ehrenwerten John Charles Bigham, Lord Mersey, zum Vorsitzenden der Kommission, die den Untergang der *Empress of Ireland* untersuchen sollte. Angesichts der weitreichenden Befugnisse, mit der Lord Merseys Kommission ausgestattet wurde, stellte man die Untersuchung in Rimouski ein.

Am 5. Juni traf Kapitän Kendalls Frau mit der *Calgarian,* dem schnellen, neuen Schiff der Allan Line, in Quebec ein. Ihr Mann würde während der bevorstehenden öffentlichen Verhandlung, für die möglicherweise seine Kräfte noch nicht ausreichten, ihre Unterstützung bitter nötig haben.

Am 6. Juni fand in der Mutual Street Arena die größte Beerdigung in der Geschichte Torontos statt. Commissioner Rees und fünfzehn weitere Leichname waren für den Trauergottesdienst aufgebahrt worden, und die Arena war bis auf den letzten Platz gefüllt. Jene, die keinen Platz gefunden hatten, säumten während der Zeremonie die Straßen. Ein Chor von hundert Kindern, die weiße Roben trugen, war in einem extra für diesen traurigen Anlaß angefertigten Riesenkreuz in der Mitte der Arena plaziert. Mit vier Leichenwagen, von Pferden gezogen, wurden die Toten dann zum Mount-Pleasant-Friedhof gebracht. Die Prozession von Wagen, blumenbedeckten Lastwagen und den Soldaten der Heilsarmee brachte den Verkehr auf der Yonge Street zum Erliegen.

Lord Mersey schiffte sich am 6. Juni auf der *Mauretania* ein, die ihn von New York nach Kanada brachte. Dies war übrigens seine erste Atlantiküberquerung. Lord Mersey hatte aufgrund seiner Position als Richter am Hohen Gerichtshof, wo er die Erbbestätigungs-, Scheidungs- und Seeamtsabteilung leitete, den Vorsitz bei der *Titanic*-Untersuchung innegehabt. Einige warfen ihm vor, ihm fehle die praktische seemännische Erfahrung, da er sich während seiner Karriere fast nur mit Handelsrecht befaßt hatte. Mersey würde dieser Behauptung nicht widersprochen haben. Da er aber schon bei der *Titanic*-Untersuchung den Vorsitz gehabt hatte und über die nötige Beharrlichkeit verfügte, Dinge zu Ende zu führen, schien er geeignet für die Untersuchung der neuen Schiffskatastrophe. Natürlich waren die Umstände bei den Schiffsuntergängen 1912 und 1914 völlig verschieden. Die *Empress*-Katastrophe wurde kompliziert durch die Beteiligung eines anderen Schiffes und einer anderen Mannschaft, durch den Nebel und durch die Bestimmungen der Seestraßenordnung.

Zwei weitere von Minister Hazen ernannte Mitglieder der Kommission waren der Frankokanadier Sir Adolphe Basile Routhier und Ezekiel McLeod. Routhier war ein pensionierter Chief Justice – was in etwa einem Gerichtspräsidenten entspricht – am Superior Court, dem Obersten Gerichtshof, von Quebec. Er war eine populäre Persönlichkeit und hatte sich auch als Redner und Autor einen Namen gemacht. So hatte er beispielsweise den Text für das Lied *O Canada* geschrieben. Ezekiel McLeod war Chief Justice in New Brunswick und zuständiger Richter für Marinerecht in Diensten des Finanzgerichtshofes. Die kanadische Regierung wurde durch Edward L. Newcombe vertreten, den stellvertretenden Justizminister. Zusätzlich wurde die Kommission durch vier Sachverständige für Schiffahrts- und Seerechtsfragen unterstützt.

Die Untersuchung war weder ein strafrechtliches noch ein zivilrechtliches Verfahren. Es ging einzig und allein um eine Feststellung von Tatsachen und die Rekonstruktion der Ereignisse. Die Ergebnisse waren nicht rechtsverbindlich, würden aber die öffentliche Meinung beeinflussen. Die Kläger, die Canadian Pacific Railway und die *Storstad,* konnten hinsichtlich einer eventuellen Schadensersatzleistung immer noch vor das Seeamtsgericht gehen. Die Offiziere beider Schiffe wurden belehrt, daß sie das Recht hätten, Zeugen vorladen zu lassen und sich gegen Beschuldigungen zur Wehr zu setzen, die im Verlauf der Untersuchung möglicherweise erhoben würden. Passagiere, Mannschaftsmitglieder, Offiziere, Lotsen, Reedereiinspektoren und Funker wurden vorab ausführlich befragt. Minister Hazen forderte Kapitän Lindsay auf, die vorläufige Beweisaufnahme durchzuführen. Diese Aussagen wurden dann von Mr. Newcombe geprüft, der entschied, wer später als Zeuge geladen werden sollte. Dieses Verfahren beschleunigte die Untersuchung, erschien jedoch vielen wie ein leichter Vertuschungsversuch. Sir Wilfrid Laurier, der Oppositionsführer im kanadischen Parlament, zog in einer Erklärung an die Presse in Zweifel, ob es »angeraten sei, Beweismaterial auszusondern«. Da die Untersuchung rechtlich nicht verbindlich war, konnte Minister Hazen aber dieses abgekürzte Vorgehen verteidigen. Die jeweiligen Rechtsberater konnten die Erklärungen im Gerichtssaal prüfen und ihre eigenen Zeugen benennen. Lord Mersey gestattete jedoch keinerlei sogenanntes »Fischen nach Beweismaterial«. Von den Zeugen wurde erwartet, daß sie etwas Wichtiges zur Sache zu sagen hatten.

Die CPR beauftragte Butler Aspinall mit der Wahrnehmung ihrer Interessen. Dieser Anwalt verfügte über eine große Erfahrung und hatte bereits zahlreiche Seerechtsfälle vor britischen Seeamtsrichtern vertreten. Er war auch mit den Einzelheiten der *Titanic*-Untersuchung vertraut und hatte den Ruf, Zeugen durch seine sanfte Überredungskunst in Fallen zu locken.

Die Untersuchungskommission trat am 16. Juni im Gerichtsgebäude der Ersten Kammer in Quebec zusammen.

Kapitän Kendall war immer noch so geschwächt, daß er sich auf einen Begleiter stützen und einen Stock benutzen mußte. Kapitän Andersen hingegen wirkte hellwach und ausgeruht und gut gerüstet, sich den Fragen der Kommission zu stellen. Die beiden Männer nahmen am selben Tisch Platz. In Kendall stiegen Erinnerungen an Vorgänge auf, die sich vier Jahre zuvor in diesem Gerichtssaal zugetragen hatten. Hier hatte er als Zeuge im Crippen-Fall ausgesagt. Jetzt saß man über ihn zu Gericht. Würde das Gericht ihn, oder würde es Kapitän Andersen freisprechen?

Bevor der erste Zeuge aufgerufen wurde, erklärte Lord Mersey, daß die Mitglieder der Kommission nach dem geänderten Schiffahrtsgesetz angehalten waren, einen Eid abzulegen. Er befragte Newcombe und die anderen Berater, wer befugt sei, den Eid abzunehmen. Die Frage wurde lang und breit diskutiert, bis schließlich jemand das Auslegungsgesetz der überarbeiteten Ausführungsbestimmungen für Kanada des Jahres 1906 zu Rate zog. Dort stand, daß ein Richter, ein Notar oder ein Friedensrichter einen derartigen Eid abnehmen könne. Lord Mersey fragte Newcombe, ob er Friedensrichter sei. Newcombe verneinte. Mersey fragte daraufhin in die Runde, ob sonst irgend jemand im Raum Friedensrichter sei. Newcombe brachte einige Anwesenden zum Schmunzeln, als er anmerkte: »Verstehe ich recht, daß Eure Lordschaft es vorziehen, von einem Friedensrichter vereidigt zu werden?« Mersey war ein reizbarer alter Herr, der keine Geduld für juristische Haarspaltereien besaß: »Vor wem ich den Eid ablege, ist mir gleich, daß ich es tue, ist mir wichtig. Es scheint zum Verfahren zu gehören, also will ich vereidigt werden.« Die Angelegenheit wurde schließlich bereinigt, als irgendwo im Gerichtsgebäude ein Richter gefunden wurde, der willens war, Mersey den Eid abzunehmen.

62 Zeugen wurden innerhalb von 9 Tagen 8 000 Fragen gestellt. Die offizielle Abschrift umfaßte 615 Seiten, wobei die Anlagen nicht berücksichtigt sind. Die Hauptzeugen waren Kapitän Kendall und der Erste Wachoffizier Jones für die *Empress,* der Erste Offizier Toftenes und der Dritte Offizier Saxe für die *Storstad,* die Funker der beiden Schiffe und der Station an Land sowie die Lotsen. Letztere wurden befragt, um die Ereignisse bis zur Kollision zu beschreiben. Der Versuch, die Kollision aus den Elementen Zeit, Distanz

Kapitän Kendall auf dem Weg zum Untersuchungsausschuß. (UPI/Corbis-Bettmann)

und Peilungen zu rekonstruieren, mißlang der Kommission. Die Berichte der beiden Schiffe widersprachen sich, auch die Aussagen von Zeugen an Bord ein und desselben Schiffes wichen voneinander ab. So schwankte die Zeit, die die *Empress* ohne Fahrt im Wasser gelegen hatte, nach Ausagen verschiedener Besatzungsmitglieder zwischen einigen Sekunden und acht Minuten. Die Kommission beschloß, den Unfall nach der wahrscheinlichen Abfolge der Ereignisse zu rekonstruieren, wie sie sich aus Zeugenaussagen erschloß.

In einem Punkt stimmten die Zeugenaussagen der *Empress* überein. Sie sagten, die *Empress* habe den Kurs der *Storstad* so frühzeitig gekreuzt, daß keine Kollisionsgefahr bestanden habe. Die *Empress* änderte, als sie nördlich von der *Storstad* war, ihren Kurs, um auf nahezu entgegengesetztem Kurs zur *Storstad* flußabwärts zu laufen. Toftenes sagte, die *Empress* wäre, nachdem sie auf Gegenkurs gegangen sei, kein kurskreuzendes Schiff gewesen. Der Grund, weswegen Toftenes dies von der *Empress* behauptete, war, daß er glaubte, sie befände sich südlich und nicht nördlich von seiner Position. Aufgrund fehlender objektiver Angaben hakte die Kommission hier sofort ein, da sie dies als einen Punkt ansah, in dem die beiden Aussagen Übereinstimmungen aufwiesen, aus denen sich eventuell die restliche

Geschichte rekonstruieren ließ. Die Kommission folgerte, daß sich die Schiffe auf nahezu entgegengesetzten Kursen in der besten Position befanden, um einander sicher zu passieren. Nachdem die *Empress* ihren neuen Kurs eingenommen hatte, war es im Grunde bedeutungslos, ob sie sich nördlich, also Steuerbord an Steuerbord, oder südlich – Backbord an Backbord – von der *Storstad* befand, da sich die Schiffe sicher passiert haben würden, wenn sie ihren Kurs beibehalten hätten. Das reduzierte das Problem auf eine einzige Frage: Welches Schiff hatte im Nebel seinen Kurs geändert?

Die Kommission zog die Schlußfolgerung, daß die *Empress* wohl kaum ihren Kurs geändert haben würde, da sie ja eben erst auf einen neuen Kurs gegangen war, der sie aus dem Fluß herausbringen würde. Als sie in den Nebel geriet, gab es nicht nur keinen Grund, den Kurs zu ändern, sondern jede Kursänderung hätte auch große Gefahren heraufbeschworen. Dieses Argument wollte der Rechtsbeistand der *Storstad* entkräften, indem er versuchte, den Nachweis zu führen, daß mechanische oder konstruktionsbedingte Mängel die *Empress* veranlaßt hatten, ihren Kurs zu ändern.

Der für die *Storstad* tätige Advokat war der New Yorker Anwalt Charles Sherman Haight. Er war ein exzellenter Kenner des Seerechts und im Gerichtssaal ein brillanter Taktiker. Die Beschäftigung mit dem Seerecht war eine Art Familientradition der Haights. Kurioserweise war sein Sohn Charles Sherman Haight II. 42 Jahre später in einen ganz ähnlich gelagerten Fall involviert. Er verteidigte nämlich die *Stockholm,* die im Nebel vor Nantucket den italienischen Passagierdampfer *Andrea Doria* steuerbord mittschiffs gerammt hatte. Die *Andrea Doria* legte sich nach steuerbord über und sank elf Stunden nach der Kollision. 47 Menschen kamen dabei ums Leben; die meisten waren dem ausfallenden Steven der *Stockholm* zum Opfer gefallen.

Einige hochinteressante Aspekte der Untersuchung betreffen die Zeugenaussagen über angebliche technische Mängel der *Empress.* So wurden Kapitän Kendall und verschiedene Schiffbauer eingehend über die Veränderungen an ihrem Ruder befragt. Kendall sagte, ihm sei darüber nichts bekannt. Haight versuchte mit Hilfe von Experten nachzuweisen, daß das Ruder eine Fehlkonstruktion gewesen war. Ein Schiffbauingenieur räumte ein, daß die *Empress* mit einem ungewöhnlich vollen Heck gezeichnet worden sei, was die Kraft des auf die Steuerflächen wirkenden Wasserstroms durchaus verringert haben könnte. Aber der gleiche Zeuge wies auch darauf hin, daß das Ruder bei der Erprobung und auch während des Betriebs in der ersten Saison zufriedenstellend funktioniert habe. Die Kommission schloß daraufhin das Ruder als mögliche Kollisionsursache aus. Sollte ein Konstruktionsfehler vorgelegen haben, so war davon auszugehen, daß dieser sicherlich behoben worden wäre, als man das Ruder ein Jahr nach dem Stapellauf vergrößert hatte. Es ist allerdings merkwürdig, daß dieses Problem noch einmal angesprochen wurde, nachdem diese Frage schon einmal – nach dem Unfall im Jahr 1909 – ergebnislos diskutiert worden war.

Am Abend des zweiten Tages der Zeugenanhörung erhielt Charles Haight um sieben Uhr abends einen Telephonanruf in seinem Hotelzimmer im Château Frontenac. Der Mann am anderen Ende sagte, er wäre Quartermeister auf der *Empress* gewesen und müsse ihn sprechen. Haight war zu einem sofortigen Treffen bereit, obwohl er nicht wußte, was ihn erwartete. Die Presseberichte hatten die Atmosphäre aufgeladen, und noch immer waren die Gemüter erhitzt. Haight bat seinen Partner Griffin, bei dem Treffen anwesend zu sein. Der Anrufer war James F. Galway.

Galway war zu dieser Zeit sein eigener Herr oder, anders gesagt, arbeitslos. Aufgrund des Untergangs der *Empress* war sein Beschäftigungsvertrag mit der CPR erloschen – eine der harten, unabänderlichen Realitäten des Seemannslebens. Quartermeister Galway gelang es, Haights Zimmer zu erreichen, obwohl er nicht so aussah, als gehöre er überhaupt in dieses Hotel. Er begann ein Garn zu spinnen, das auf eine Verschwörung schließen ließ. Er erzählte Haight, daß ein Vertreter der britischen Seemannsgewerkschaft ihm nahegelegt habe, über bestimmte Ereignisse an Bord auszusagen. Damit erfülle er nur seine Pflicht. Gleichzeitig hätte ihn Walsh, der Inspektor der CPR-Flotte, unter Druck gesetzt und versucht, ihn dazu zu bewegen, nach Liverpool zurückzukehren. Walsh hatte ihm einen Brief geschrieben, der vom 12. Juni datiert war, in dem er ihm eine Rückreise

übliche System von Wellen und Kegelrädern. Die Bewegung des Handrads betätigt einen Tauchkolben in einem Zylinder und drückt eine Mischung von Glyzerin und Wasser in eine von zwei Rohrleitungen, die bis zum Heck des Schiffes verlaufen und dort mit einem zweiten Zylinder verbunden sind. Je nachdem, ob nun der Druck auf das eine oder auf das andere Ende des Zylinders wirkt, wird das Dampfventil der Rudermaschine in die eine oder andere Richtung bewegt, und die Rudermaschine bewegt sich (bzw. das Ruder) nach Backbord oder Steuerbord. Nachdem es eine gewisse Entfernung bewegt worden ist, schaltet es automatisch den eigenen Dampf ab, so daß, wenn der Rudergänger das Rad in eine bestimmte Position bringt und es in dieser Lage festhält, die Maschine nachfolgt und stoppt, nachdem sie eine Distanz zurückgelegt hat, die proportional zur Umdrehung des Handrads ist. Läßt er das Handrad los, drücken Federn am hinteren Ende den Telemotorzylinder zurück und drehen auch das Handrad in die ursprüngliche Stellung zurück. Auf der Brücke befindet sich ein kleiner Vorratsbehälter, der mit den beiden Rohrleitungen verbunden ist und dessen einzige Aufgabe darin besteht, eventuelle Verluste durch Lecks in den Telemotorleitungen auf der Stelle zu ersetzen. Am Behälter befindet sich ein kleiner Anzeiger aus Messing, so daß die Leute auf der Brücke jederzeit feststellen können, ob das Telemotorsystem auch vorschriftsmäßig mit Glyzerin gefüllt ist.
Aspinall: Was dieses Telemotorsystem betrifft – handelt es sich da um eine allgemein übliche Anlage?
Hillhouse: Es ist anerkanntermaßen das beste System, um große Passagierdampfer zu steuern, und wird von allen großen Schiffahrtslinien verwendet.
Mersey: Wird dieses System allgemein auf seegehenden Schiffen verwendet?
Hillhouse: Ja, Mylord.
Mersey: Wird es zum Beispiel auf Schiffen der Cunard Line verwendet?
Hillhouse: Ja.
Mersey: Wird es auf Schiffen der Allan Line verwendet?
Hillhouse: Ja.
Mersey: Wird es auf Schiffen der White Star Line verwendet?
Hillhouse: Ja, ich glaube schon. Sicher weiß ich es allerdings nicht.
Mersey: Auf jeden Fall ist es kein neumodisches Zeug, das Sie da in Ihren Schiffen haben?
Hillhouse: Keinesfalls.

Der Dritte Ingenieur George O'Donovan wurde jetzt in den Zeugenstand gerufen, da er für Wartung und Reparatur der Telemotoranlage verantwortlich war. O'Donovan war seit acht Monaten, bis zum Zeitpunkt der Kollision, für die Ruderanlage verantwortlich gewesen.

Haight: Wenn sich in einem der beiden Telemotoren nicht genug Glyzerin befindet oder wenn es zufälligerweise irgendeine Verstopfung gibt, ist dann die Ruderanlage teilweise oder vollständig funktionsunfähig?
O'Donovan: Teilweise.
Haight: Wenn nun einer der Zylinder Glyzerin verliert, würde er dann völlig funktionsunfähig sein?
O'Donovan: Nein, Sir, das hängt ganz von der Menge ab, die er verliert.
Mersey: Wenn alles auslaufen würde, würde dann der Telemotor nicht mehr funktionieren?
O'Donovan: So ist es, Sir.
Mersey: Und je mehr herausläuft, um so eher würde dies passieren?
O'Donovan: Ja.
Haight: Haben Sie sie (die Zylinder) während der acht Monate, in denen Sie für die Wartung zuständig waren, niemals nachgefüllt?
O'Donovan: Zweimal pro Reise habe ich sie hochgepumpt. Sie brauchen nicht nachgefüllt zu werden, sie sind ja schon voll. Vielleicht gibt es irgendwo mal ein kleines Leck.
Haight: Können Sie mir sagen, wie groß der Zylinder am Steuerrad ungefähr ist?
O'Donovan: Er hat einen Durchmesser von etwa vier Zoll.
Mersey: Und wer hat die Instrumente hergestellt?
O'Donovan: Brown, Sir, John Brown in Edinburgh.
Haight: Wenn Sie einen Viertelliter oder einen halben Liter oder mehr als anderthalb Liter Glyzerin aus dem oberen Zylinder verlieren würden, könnte dann die ganze Anlage noch arbeiten?
O'Donovan: Ja.
Haight: Können sie mir sagen, wie lang ungefähr die Rohr-

leitung war, die den oberen mit dem unteren Zylinder verbindet?
O'Donovan: Ungefähr 500 Fuß, Sir.
Mersey: Wie bitte?
O'Donovan: Ungefähr 500 Fuß, Mylord.
Haight: Wollen Sie damit sagen, daß es an Bord eine mit Glyzerin gefüllte Rohrleitung gab, die sich praktisch über die ganze Schiffslänge erstreckt hat?
O'Donovan: Ja.
Mersey: Ist das eine übliche Anordnung?
O'Donovan: Das ist der übliche Plan, Mylord, soweit ich weiß
Haight: Der Mann am Ruder, der die Befehle von der Brücke erhält, pumpt, wenn ich richtig verstanden habe, nicht nur das Glyzerin von einer Seite des unmittelbar am Ruder befindlichen Zylinders auf die andere Seite, sondern er drückt auch das Glyzerin durch die Rohrleitung nach unten und preßt dann eine 500 Fuß lange Glyzerinsäule durch die Leitung, die bis zum Heck und zur Rudermaschine führt?
O'Donovan: Ja.
Mersey: Wann haben Sie sie [die Ruderanlage] vor der Kollision zum letzten Mal inspiziert?
O'Donovan: Am Tag, bevor wir in See gingen.
Mersey: Funktionierte da alles zufriedenstellend?
O'Donovan: Ja, Mylord. Jedes Leck in einer der Rohrleitungen wird sofort auf der Brücke angezeigt. Am Telemotor befindet sich ein Anzeigegerät, auf dem man sofort sieht, wenn es in der Leitung ein Leck gibt.
Haight: Um welche Zeit machten Sie Ihre Inspektion?
O'Donovan: Um elf Uhr morgens.
Haight: Nach dem Ablegen, als Sie Ihre Reise antraten, die in der Katastrophe endete, haben Sie sich nicht mehr um die Ruderanlage gekümmert?
O'Donovan: Nein.
Haight: Gut. Sagen Sie uns doch bitte so genau wie möglich, als Sie am Tag zuvor die Inspektion durchführten – was haben Sie da genau gemacht?
O'Donovan: Nun, ich pumpte die Anlage auf.
Haight: Das heißt, Sie pumpten Glyzerin nach?
O'Donovan: Ja.
Haight: Wieviel?
O'Donovan: Machmal geht nichts mehr rein.
Haight: Oh, ich weiß, daß manchmal nichts mehr reingeht, aber ich möchte wissen, wieviel diesmal hineinging?
O'Donovan: Das kann ich nicht sagen.
Haight: Hatten Sie das Steuerrad selbst ausprobiert, bevor Sie mit dem Pumpen begannen?
O'Donovan: Ja, habe ich.
Haight: Und als Sie das Steuerrad hin und her bewegten, waren Sie nicht der Ansicht, daß die Anlage aufgepumpt werden muß?
O'Donovan: Nein, das war nicht der Fall.
Haight: Warum haben Sie sie denn überhaupt aufgepumpt?
O'Donovan: Man pumpt sie auf, um jedes noch so kleine Spiel im Steuerrad zu verhindern.
Haight: Auf welchen anderen Schiffen sind Sie gefahren, die mit der Telemotor-Anlage ausgerüstet waren?
O'Donovan: Dies ist das erste Schiff, das eine hatte.
Haight: Ihre Erfahrung beschränkt sich also auf dieses eine Schiff, soweit es um den Telemotor geht?
O'Donovan: Ja, Sir.
Haight: Welchen Unterschied konnten Sie vor und nach dem Aufpumpen der Anlage feststellen, als Sie das Steuerrad an jenem Mittwoch vor der Katastrophe betätigten?
O'Donovan: Keinen, Sir.
Haight: Es gab überhaupt keinen Unterschied?
O'Donovan: Nein, überhaupt keinen.
Haight: Das ist alles, Mylord.

Galway erzählte der Kommission, daß er die Schwierigkeiten mit dem Ruder nach dem Auslaufen dem Zweiten Offizier Williams gemeldet habe. Da Williams die Katastrophe nicht überlebt hatte, war es nicht möglich, diese Angabe zu überprüfen. Der ehemalige Quartermeister sagte außerdem, daß er das Problem beiläufig gegenüber dem Quartermeister John Murphy, der ihn ablöste, und dem Lotsen Bernier erwähnt habe. Bernier und Murphy wurden dazu befragt. Beide sagten aus, nie mit Galway über die Ruderanlage gesprochen zu haben. Murphy gab zu, daß das Ruder einmal in fünf Jahren nicht angesprochen habe. Er hatte daraufhin das Steuerrad in die Mittschiffsstellung gebracht und es dann noch einmal auf die befohlene Ruderlage gedreht; das Ruder sprach beim zweiten Versuch sofort an. Bernier sagte aus, daß die Ruderanlage bis Father Point einwandfrei funktioniert habe. Die Kommission kam zu dem Schluß, daß die Behauptungen unbegründet seien, die Ruderanlage der *Empress* habe nicht einwandfrei gearbeitet. Zudem würde eine blockierte Ruderanlage das Schiff in eine bestimmte Richtung laufen lassen, aber es würde keinesfalls in großem Bogen von einer Seite auf die andere ausscheren.

Davon überzeugt, daß die *Empress* ihren Kurs weder aufgrund menschlichen Versagens noch aufgrund technischer Mängel geändert hatte, mußte die Untersuchung den Nachweis führen, daß eine beabsichtigte oder auch unbeabsichtigte Kursänderung der *Storstad* stattgefunden hatte, um die Ursache des Unglücks festzustellen. Den dafür nötigen Beweis lieferte der Dritte Offizier der *Storstad.*

Jacob Saxe bestätigte, daß der Erste Offizier Toftenes Ruder backbord befohlen habe. Saxe fügte hinzu, daß er das Ruder eigenmächtig in Hartlage gebracht habe, als das Schiff nicht gleich reagierte.Toftenes wollte nicht bemerkt haben, wie Saxe das Ruder hart backbord gelegt habe. Das erweckte den Eindruck, der Erste Offizier der *Storstad* habe die Vorgänge auf der Brücke nicht unter Kontrolle gehabt.

Alle Zeugen der *Storstad* waren sich in ihren Aussagen über die Position der *Empress* einig. Einmütig bestätigten sie, daß sie angenommen hätten, die *Empress* befände sich südlich von ihnen, also dichter unter der Küste. Die in letzter Minute von Toftenes befohlene – und von Saxe verstärkte – Drehung war logisch nachvollziehbar. Denn dadurch hatte das Dampfschiff nach Norden gedreht, und die *Empress* hatte eigentlich mehr Raum, die *Storstad* zu passieren. Das Problem war nur, daß sich die *Empress* tatsächlich nördlich von der *Storstad* befunden hatte. Die Kommission kam zu der Überzeugung, daß das hart backbord gelegte Ruder auf der *Storstad* diese »auf einen Kollisionskurs mit der *Empress of Ireland* brachte«. Die Kommission erklärte sich nicht mit der Aussage von Jacob Saxe einverstanden, der behauptete, das Ruderkommando habe keinerlei Wirkung gezeigt:

Haight: Wo standen Sie, als Sie das grüne Licht (der Empress*) zuerst bemerkten?*
Saxe: Am Kompaß.
Haight: Haben Sie da den Kompaßkurs abgelesen? Wissen Sie noch, welchen Kurs Ihr Schiff zu diesem Zeitpunkt steuerte?
Saxe: Ja.
Haight: Ist der Kurs geändert worden?
Saxe: Nein, Sir.
Mersey: Soll das heißen, daß sich der Kurs Ihres Schiffes nicht im geringsten änderte, obwohl Sie das Ruder backbord und anschließend sogar hart backbord legten? Ist das richtig?
Saxe: Ja, das stimmt.
Mersey: Nun, waren Sie nicht überrascht, daß das Ruder nicht ansprach?
Saxe: Nein, das war ich nicht.
Haight: Warum nicht?
Saxe: Die Maschinen waren gestoppt.
Haight: Wie lange waren die Maschinen gestoppt?
Mersey: Moment mal, Ihre Maschinen waren gestoppt, nicht wahr?
Saxe: Ja.
Mersey: Warum legte er (Toftenes) denn Ruder? Warum ließ er das Ruder denn backbord legen?
Saxe: Der Erste Offizier befahl, das Ruder backbord zu legen.
Mersey: Aber warum befahl er das?
Saxe: Ich habe ihn nicht danach gefragt.
Mersey: Das glaube ich Ihnen, aber was, glauben Sie, könnte der Grund gewesen sein?
Saxe: Ich dachte, es sei wegen der Strömung.

Eine weitere strittige Frage, die die Kommission zu klären hatte, war der Vorwurf, die *Empress* hätte sich zum Zeitpunkt der Kollision in Fahrt befunden. Ernest Pugmire hatte Reportern der *Detroit News* erzählt, die *Empress* hätte beim Zusammenstoß 10 Knoten gemacht. Auf Antrag von Haight wurde Pugmire als Zeuge vorgeladen. Sehr zu Haights Überraschung änderte Pugmire im Zeugenstuhl seine Geschichte:

Haight: Als Sie an Deck kamen, hatten Sie da Gelegenheit zu beobachten, ob sich die Empress of Ireland *in Fahrt befand oder nicht?*
Pugmire: Ich sah über die Seite.
Haight: Und was sahen Sie?

Pugmire: Entweder ging die Empress mit sechs oder sieben Knoten zurück, oder es gab eine sehr starke Strömung.
Mersey: Sie ging zurück?
Pugmire: Sie ging zurück, Sir.
Haight: Haben Sie, Mr. Pugmire, zufällig einen Artikel zu Gesicht bekommen, der am 1. Juni in einer Detroiter Zeitung erschienen ist?
Pugmire: Ja.
Haight: In dieser Erklärung, die angeblich ein Interview mit Ihnen darstellte, waren also die Tatsachen umgekehrt dargestellt?
Aspinall: Einspruch, Mylord.
Mersey: (Zu Haight gewandt) So geht das nicht. Sie haben eine Frage gestellt. Und Sie haben eine Antwort bekommen.
Haight: Das ist richtig.
Mersey: Und es ist nicht die Antwort, die Sie haben wollten.
Haight: Sind Sie, Mr. Pugmire, auf der gleichen Seite des Schiffes an Oberdeck gegangen, wo Ihre Kabine lag?
Pugmire: Nein, auf der gegenüberliegenden Seite (Backbord).
Haight: Und Sie gingen an die Reling und sahen ins Wasser?
Pugmire: Ja.
Haight: Nun, als Sie so über die Reling sahen, in welcher Richtung schien sich das Wasser zu bewegen, nach rechts oder nach links?
Pugmire: Nach rechts.
Mersey: Und das Heck des Schiffes lag zu Ihrer Linken?
Pugmire: Das Heck des Schiffes lag zu meiner Linken.

Kapitän Kendall wurde vier Mal in den Zeugenstand gerufen. Ihm wurden insgesamt 869 Fragen gestellt. Am längsten war die Befragung am ersten Tag. Insbesondere zwei Schwachstellen in Kendalls Geschichte wurden unter die Lupe genommen. Der erste Punkt betraf Kendalls Entscheidung, sein Schiff zum Stillstand zu bringen. Nachfolgend ein Auszug:

Aspinall: Als Sie eine Nebelbank vom Land auf Ihr Schiff und auf das andere Schiff zukommen sahen, haben Sie da etwas unternommen?
Kendall: Ja.
Aspinall: Haben Sie eine Weile gewartet, bis sie näher herangekommen war?
Kendall: Als ich bemerkte, daß die Lichter der Storstad *nicht mehr richtig zu sehen waren, stoppte ich mein Schiff.*
Aspinall: Angesichts der Tatsache, daß er (der Nebel) anfing, die Lichter, die Sie sahen, nämlich die beiden Mastlichter und das grüne (Steuerbord-) Seitenlicht, zu verdüstern, was taten Sie an Bord Ihres eigenen Schiffes?
Kendall: Ich stoppte das Schiff und ging volle Kraft zurück.
Aspinall: Wieso?
Kendall: Um die Fahrt aus dem Schiff zu nehmen.
Aspinall: Welche Wirkung hatte nun dieses Stoppen und Rückwärtsarbeiten der Maschinen? Verloren Sie an Fahrt?
Kendall: Ja.
Aspinall: Wie konnten Sie feststellen, ob das Schiff noch Fahrt machte oder nicht?
Kendall: Indem ich über die Seite sah … anhand des Schaums und der Luftblasen im Wasser.
Aspinall: Ist das bei Seeleuten üblich, daß sie bei Nebel über die Seite sehen, um festzustellen, ob das Schiff zum Stillstand gekommen ist oder nicht?
Kendall: Ja.
Haight: Sie sagten, daß Sie Ihr Schiff stoppten, als die Lichter der Storstad *zu verschwimmen begannen?*
Kendall: Ja.
Haight: Wenn Sie der Ansicht sind, Sie befänden sich in einer absolut sicheren Position, ist es dann üblich, das Schiff zu stoppen, nur weil man die Lichter (eines entgegenkommenden Fahrzeugs) nicht mehr deutlich sieht?
Kendall: Eine Nebelbank zog vom Land heran. Da ich nicht wußte, wie dicht dieser Nebel sein würde, hielt ich es für meine Pflicht, das Schiff zu stoppen, denn ich hatte ja gesehen, daß ein anderes Fahrzeug in der Nähe war.
Haight: Sie sagten, daß Sie sich in einer Steuerbord-zu-Steuerbord-Position befanden, so daß Ihr Schiff nicht in Gefahr war? Ist das richtig?
Kendall: So ist es.
Haight: Wenn nur ein Fahrzeug in der Nähe ist, und wenn dieses Fahrzeug sich in einer absolut sicheren Position befindet, stoppen Sie dann immer die Maschinen?
Kendall: Wenn ich die Position des anderen Schiffes kenne und weiß, wie dicht der Nebel ist, dann weiß ich noch lange nicht, wie sich das andere Fahrzeug verhält.

Haight: Sie waren also der Ansicht, daß es möglicherweise gefährlich werden könnte?
Kendall: Ich dachte, ich sei in einer sicheren Position. Ich wußte aber nicht, was das andere Fahrzeug tun würde, wenn es im Nebel steckt.
Haight: Also sahen Sie zu der Zeit nicht voraus, daß das andere Fahrzeug eine starke Kursänderung vornehmen würde?
Kendall: Nein.
Haight: Kurz nachdem Sie gestoppt hatten, sahen Sie da das grüne (Steuerbord-) Licht der Storstad?
Kendall: Bevor die Fahrt aus dem Schiff war, habe ich ihr Licht nicht gesehen.
Haight: Also kurz nachdem Sie die Maschinen gestoppt hatten?
Kendall: Dann sah ich ihr grünes Licht.
Haight: Sofort, als Sie ihr grünes Licht sahen, gaben Sie da dem Maschinenraum den Befehl, volle Kraft zurück zu gehen?
Kendall: Ja.
Haight: Warum wollten Sie mit Ihren Maschinen volle Kraft rückwärts arbeiten, wenn sich die Schiffe Steuerbordseite an Steuerbordseite und damit in Sicherheit befanden?
Kendall: Der Nebel würde das Schiff erreichen, und ich zog es vor, das Schiff zu stoppen, bis er vorbeigezogen war.
Haight: Es gibt keine Regel, die empfiehlt, volle Kraft zurück zu gehen oder das Schiff zum Stillstand zu bringen?
Kendall: Ich nahm die Fahrt aus dem Schiff, weil es eine lange Auslaufstrecke hat, selbst wenn die Maschinen rückwärts arbeiten.
Mersey: Würden Sie mir noch einmal sagen, warum Sie volle Kraft zurück gegangen sind?
Kendall: Um die Fahrt aus meinem Schiff zu nehmen, Mylord.
Mersey: Und warum wollten Sie das tun?
Kendall: Weil ich mich an diesem Ort befand und die Empress of Ireland *ein Schiff ist, das bei einer Fahrt von 18 Knoten eine lange Auslaufstrecke hat, ungefähr ein bis zwei Meilen.*
Mersey: Warum wollten Sie stoppen?
Kendall: Weil ich diese dichte Nebelbank vom Land herankommen sah.
Mersey: Außer der Storstad *war kein weiteres Dampfschiff in der Nähe, das die Situation hätte komplizieren können?*
Kendall: Soweit ich weiß, war kein anderes Dampfschiff in der Nähe, Mylord.
Mersey: Haben Sie erwartet, daß das andere Schiff etwas tun könnte, was es nicht tun sollte?
Kendall: Ich erwartete, daß das andere Schiff alles mögliche tun könnte, wenn es in den Nebel geriete und wir uns nicht mehr sehen würden.
Haight: Sie sagten (bei einer früheren Aussage), daß die Kollision, so wie sie sich ereignete, nur deshalb möglich war, weil die Storstad *ihren Kurs radikal änderte und auf Sie zudrehte?*
Kendall: Ja.
Haight: Einmal angenommen, die Storstad *befand sich ursprünglich (wie von Toftenes und Saxe angegeben) auf einem Kurs West zu Süd, dann mußte sie ihren Kurs ungefähr sieben Strich geändert haben, bevor sie Ihr Schiff rammte?*
Kendall: Ganz offensichtlich.
Haight: Können Sie mir einen so starken Kurswechsel vernünftig erklären?
Kendall: Nein, Sir. Dafür habe ich keine Erklärung.
Haight: Zumindest können Sie sich keinen vernünftigen Grund vorstellen, warum ein Mann, der sein Schiff nach Father Point bringen will, im Nebel sieben Strich herumgeht und eine Kursänderung nach Nordnordwest macht?
Kendall: Ich kann nur vermuten, warum er es getan haben könnte.
Haight: Das würde ich gerne hören.
Klendall: Ich vermute, daß dieser Mann, als er auf Father Point zuhielt, sich vielleicht auf der anderen Seite der Nebelbank befand.
Mersey: Nördlich oder südlich davon?
Kendall: Südlich. Und dann sichtete er an Backbordbug voraus die Boje von Cock Point, ein unterbrochenes Leuchtfeuer, und legte sofort hart Backbordruder, weil er wußte, daß diese Leuchtboje eine Untiefe markierte.
Mersey: Sie glauben, daß er versuchte, einer Untiefe auszuweichen?
Kendall: Das ist meine Meinung, ja. Weil er nämlich das Ruder backbord legte.
Haight: Als Sie Father Point verließen, war da die Sicht gut?
Kendall: Ja.

Haight: So daß die Storstad *zu dieser Zeit die Küste und Cock Point und Father Point sehen konnte?*
Kendall: Ja.
Haight: Es wäre also nicht recht einzusehen, warum die Brücke der Storstad *vom Auftauchen der Cock-Point-Boje überrascht sein sollte?*
Kendall: Ich kann nicht wissen, was der Kapitän gemacht hat, während er im Nebel war.
Haight: Sie können sich keinen anderen Grund vorstellen, weshalb er seinen Kurs um sieben Strich geändert haben könnte?
Kendall: Ich wüßte keinen anderen Grund als diesen.

Die zweite Schwachstelle in Kendalls Zeugenaussage betraf das Schließen der wasserdichten Türen. Kendall gab zu, daß er den Befehl zum Schließen der Türen erst nach der Kollision erteilt hatte, wie aus den folgenden Auszügen hervorgeht:

Haight: Als Sie die Storstad *im Nebel auftauchen sahen, ungefähr 100 Fuß entfernt, hielten Sie da die Kollision für unvermeidlich?*
Kendall: Ja.
Haight: Sie gaben zu diesem Zeitpunkt jedoch nicht den Befehl zum Schließen der wasserdichten Schottüren?
Kendall: Das war nicht mein erster Befehl. (In einer früheren Aussage hatte Kendall gesagt, sein erster Befehl sei gewesen, alle Boote zu Wasser zu bringen.)
Haight: Regel 44 (der ständigen CPR-Befehle) lautet: »Im Nebel oder Schneegestöber ist die Geschwindigkeit immer herabzusetzen, wasserdichte Türen müssen jederzeit ohne Verzug geschlossen werden können, und jede nur mögliche Vorsichtsmaßnahme muß für die Sicherheit des Schiffes getroffen werden.« Stimmt das?
Kendall: Ja.
Haight: Waren Sie der Ansicht, Sie befänden sich zur Zeit der Kollision im Nebel?
Kendall: Vorher war ich nicht im Nebel, aber bei der Kollision befand ich mich im Nebel.
Haight: Wurde da irgend etwas unternommen, um die Türen klar zum Schließen zu machen?
Kendall: Nicht zu diesem Zeitpunkt.

Aspinall nahm den Ersten Offizier Toftenes in die Mangel. Er wollte nachweisen, daß Toftenes sich geirrt hatte, als er sagte, die *Empress* habe sich südlich der *Storstad* befunden, er wollte die Behauptung des Norwegers, die *Storstad* habe kurz vor der Kollision nicht auf das Ruder reagiert, in Zweifel ziehen, und er wollte schließlich beweisen, daß Toftenes einen ständigen Befehl, nämlich den Kapitän zu benachrichtigen, sobald Nebel aufzog, nicht befolgt hatte. Wie der folgende Auszug aus der Befragung zeigt, stellte Aspinall die Geschichte des Ersten Offiziers sowie seine Kompetenz in Frage:

Aspinall: Wie weit waren diese Lichter (die Mastlichter der Empress *beim Insichtkommen) entfernt?*
Toftenes: Wahrscheinlich so an die sechs Meilen.
Aspinall: Und wie haben Sie gepeilt?
Toftenes: Ungefähr eineinhalb Strich backbord voraus.
Aspinall: Und sie lag auf einem Kurs, der den Ihren kreuzte?
Toftenes: Ja.
Aspinall: Und sie lief, wie Sie vermutlich wissen, ein ganzes Stück schneller als Sie.
Toftenes: Das konnte ich damals nicht feststellen.
Aspinall: Aber Sie wissen es, und ich denke, wir sind uns alle darüber einig, daß das eine Tatsache ist?
Toftenes: Ja.
Aspinall: Ich kann Ihnen sagen, daß sie nach den uns vorliegenden Aussagen eine Geschwindigkeit von 17 Knoten lief, und Sie machten ungefähr 10 Knoten Fahrt?
Toftenes: Das ist richtig.
Aspinall: Wie lange behielt die Empress *ihren Kurs bei, bevor Sie bemerkten, daß sie ihn zu ändern begann?*
Toftenes: Ungefähr eine Viertelstunde.
Aspinall: In einer Viertelstunde – wenn das die Geschwindigkeit war, mit der sie lief – ein Viertel von ungefähr 17 Meilen: Hätte sie nicht eine Entfernung von über vier Meilen zurückgelegt?
Toftenes: Ja.
Aspinall: Glaubten Sie nicht, daß sie nun an Ihrer Steuerbordseite lag?
Toftenes: Würden Sie das noch einmal wiederholen?
Aspinall: Haben Sie meine Frage nicht richtig verstanden?
Toftenes: Nein, nicht ganz.

Aspinall: Wenn sich die Empress *eineinhalb Strich an Steuerbord voraus befand, sechs Meilen entfernt war und eine Fahrt von 17 Knoten lief, Sie hingegen nur 10, dann unterstelle ich, daß das andere Schiff innerhalb von 15 Minuten Ihren Kurs gekreuzt hat und nunmehr an Ihrer Steuerbordseite liegen würde? Oder nicht?*

Toftenes: Nein, das tat sie nicht.

Mersey: Das ist unerheblich. Versuchen Sie, die Frage zu beantworten.

Aspinall: In dieser Viertelstunde würde sie bei ihrer Geschwindigkeit über vier Meilen zurücklegen, nicht wahr?

Toftenes: Ja.

Aspinall: Wo genau war sie Ihrer Meinung zufolge nach diesen fünfzehn Minuten?

Toftenes: Ungefähr einen Strich an Backbord voraus.

Aspinall: Sie lagen noch auf dem gleichen Kurs?

Toftenes: Ja.

Aspinall: Und am Ende einer Viertelstunde hat dieses andere Schiff, das sieben Knoten schneller ist als das Ihre, den Winkel nur um einen halben Strich verringert, glauben Sie das wirklich?

Toftenes: So war es.

Aspinall: Sie haben sie (die Empress*) zweimal drei kurze Signale mit der Dampfpfeife geben hören?*

Toftenes: Ich weiß nicht mehr, wie oft ich sie gehört habe.

Aspinall: Ich würde mich ja schon damit zufriedengeben, wenn Sie zwei von den dreien gehört haben. Aber zumindest haben Sie doch einmal drei kurze Signale gehört?

Toftenes: Ja, ich habe das Signal zweimal gehört.

Aspinall: Das bedeutet doch wohl, daß man die Fahrt aus dem Schiff nimmt, nicht wahr?

Toftenes: Ja, das stimmt (weil sie mit den Maschinen rückwärts arbeitet).

Aspinall: Die Empress *ist ein Doppelschraubenschiff und hat sehr starke Maschinen. Signalisiert ein Schiff damit, daß es mit den Maschinen zurück geht?*

Toftenes: Ja.

Aspinall: Sie hörten also, wie sie drei kurze Töne mit der Dampfpfeife gab, und Sie legten das Ruder nahezu hart backbord?

Toftenes: Ich legte das Ruder backbord.

Aspinall: Nahezu hart backbord?

Toftenes: Ja, nahezu hart backbord.

Aspinall: Entspricht es nicht der Wahrheit, daß der Bug der Storstad *vor der Kollision nach Steuerbord drehte?*

Toftenes: Nein, das tat er nicht.

Mersey: Stellen Sie die Frage noch einmal.

Aspinall: War es nicht so, daß infolge Ihres backbord, ja fast hart backbord liegenden Ruders der Bug Ihres Schiffes nach Steuerbord drehte und es dadurch zur Kollision kam?

Toftenes: Nein, das tat es nicht.

Mersey: Ich weiß nicht, was Sie mit »Nein, das tat es nicht« meinen. Wollen Sie sagen, daß es nicht zur Kollision führte?

Toftenes: Es ließ das Schiff nicht nach Steuerbord drehen.

Aspinall: Welche Anordnungen gab Ihnen Ihr Kapitän für den Fall, daß Nebel aufkam?

Toftenes: Ich sollte ihn sofort rufen.

Aspinall: Haben Sie diese Anordnungen an jenem Morgen (29. Mai) befolgt?

Toftenes: Ja, ich habe ihn gerufen.

Aspinall: Gleich, als der Nebel auftrat?

Toftenes: Ja, ein paar Minuten später.

Mersey: Was haben Sie gerade gesagt?

Toftenes: Ein paar Minuten, nachdem der Nebel uns erreicht hatte, rief ich den Kapitän.

Mersey: Wie lange war der Nebel da?

Toftenes: Von dem Zeitpunkt, wo der Nebel die Lichter der Empress *verdeckte, bis zur Kollision insgesamt wohl zehn Minuten.*

Aspinall: Das ist gerechnet von der Zeit, wo der Nebel die Lichter verdeckte – aber haben Sie den Nebel nicht schon vorher gesehen?

Toftenes: Etwas zuvor.

Aspinall: Wir haben von einem Zeugen der Empress *gehört, daß der Nebel von der Küste heranzog.*

Toftenes: Ja, das ist richtig.

Aspinall: Haben Sie ihn gesehen?

Toftenes: Das habe ich.

Aspinall: Das müßte also mehr als zehn Minuten vor der Kollision gewesen sein?

Toftenes: Ja, Sir.

Aspinal: Warum haben Sie dann nicht die Anordnungen Ihres Kapitäns befolgt und ihn sofort gerufen?

Toftenes: Ich habe es mit der Zeit nicht so genau genommen.

Ich habe manchmal ein paar Minuten gewartet, um zu sehen, ob sich der Nebel wieder lichtet.
Mersey: Ich habe eben gehört, wie er sagte, er wollte ein paar Minuten warten, um zu sehen, ob sich der Nebel lichten würde.
Toftenes: Nein, Mylord. Ich habe gesagt, daß ich manchmal ein paar Minuten warte, um zu sehen, ob sich der Nebel wieder lichtet.
Mersey: Warum haben Sie sich nicht genau an die Anweisungen gehalten?
Toftenes: Ich hielt es in dem Augenblick noch nicht für notwendig.
Mersey: Wie ich höre, kam Ihr Kapitän, nachdem Sie ihn gerufen haben, erst dann auf die Brücke, als alles schon zu spät war, das heißt, als die Kollision sich nicht mehr abwenden ließ?
Toftenes: Nein, das stimmt so nicht.
Mersey: Und wenn Sie ihn sofort gerufen hätten, als der Nebel aufkam, wäre er dann nicht lange vorher da (auf der Brücke) gewesen?
Toftenes: Vielleicht.

Man gewinnt den Eindruck, daß Toftenes ehrlich antwortete. Vielleicht war er zu aufrichtig und bedachte nicht, welche Wirkung seine Antworten auf den Ausgang der Untersuchung haben könnten. Für seine Verteidigung hätte Toftenes auf die Aussage verzichten können, daß die *Empress* südlich der *Storstad* ihren Kurs geändert habe. Er hätte aussagen können, daß die *Empress* immer noch im Begriff gewesen sei, ihren Kurs zu kreuzen, als die Kollision erfolgte. Oder er hätte darauf verweisen können, daß die *Empress* noch Dampf aufmachte und zu lange brauchte, um vor dem Bug der *Storstad* vorbeizulaufen. Hätte der Erste Offizier der *Storstad* in diese Richtung argumentiert, wäre die Zuschreibung der Verantwortung für die Kollision wohl anders ausgefallen.

Lord Mersey war an den Aussagen der Passagiere nicht interessiert. John Black erzählte von der Explosion und von dem Rettungsboot, das zerdrückt wurde, als die *Empress* sich auf die Seite legte. Als Newcombe, der von Regierungsseite beigezogene Anwalt, die Vernehmung Blacks mit einer Frage über die Fahrt der *Empress* fortsetzen wollte, fiel ihm Mersey ins Wort und sagte: »Ich für mein Teil glaube nicht, daß eine Vermehrung des Beweismaterials hilfreich für unsere Kenntnis der Tatsachen ist.« Blacks Ehefrau sollte als nächste aussagen. Lord Mersey entschied jedoch, daß das nicht notwendig sei, er wolle sich nicht die Aussagen zahlloser Passagiere anhören.

Die Untersuchung wurde am 27. Juni vertagt, nachdem Haight, Aspinall und Newcombe abschließende Erklärungen abgegeben hatten. Haight zielte vor allem auf angebliche Konstruktions- und Materialfehler ab, die das Ruder beziehungsweise die Ruderanlage betrafen. Aspinall sagte, sein Kollege Mr. Haight wolle die Zuhörer glauben machen, »die *Empress* sei ein Tier *feri nature* (ein widernatürliches Tier), das die Meere befahre mit einem Ruder, dessen Verhalten sie zu einem gefährlicheren Monster machte, als man sich vorstellen könne.« Das kürzeste, aber auch aufschlußreichste Schlußplädoyer stammte von Newcombe.

Er schätzte, daß sich die beiden Schiffe auf annähernd entgegengesetzten Kursen (zwei Grad Abweichung) in einem Abstand von einer halben Meile passiert haben müßten, wenn beide Schiffe ihren Kurs beibehalten hätten. Er sagte, die *Storstad* – und daran würde »nicht der leiseste Zweifel« bestehen – sei keinesfalls eine halbe Meile nach Norden von ihrem Kurs abgewichen, um dann die Kollision zu verursachen. Newcombe lieferte aber keine Erklärung, wer nun seinen Kurs geändert haben könnte. Seine Analyse läßt darauf schließen, daß beide Schiffe im Zweifel waren, wie weit sie sich nun schon einander genähert hatten. Newcombe sagte, die beiden Schiffe seien vielleicht nur ein oder zwei Schiffslängen voneinander entfernt gewesen, als sie in den Nebel gerieten. Die Kollision ereignete sich, weil beide Schiffe die Kontrolle über die navigatorische Lage verloren hätten. Bezüglich der Frage, weshalb Toftenes und Saxe glaubten, die *Empress* befände sich südlich von ihnen, präsentierte Newcombe eine recht plausible Theorie. Er meinte, daß die *Empress* beim Eindrehen auf den neuen Kurs flußabwärts anfänglich zu weit nach Steuerbord gedreht haben müsse. Das würde bedeuten, daß sie einem entgegenkommenden Schiff so lange ihr rotes Backbord- oder Seitenlicht gezeigt hätte, bis sie wieder auf den angeordneten Kurs zurückgekehrt sei. Andere Möglichkeiten, sich zu vergewissern, welches Licht die *Empress* nun gezeigt hatte, seien wegen des Nebels verhindert worden.

Nach der Vertagung trafen sich Lord Mersey und die Mitglieder seiner Kommission täglich im Gericht in Quebec, um das Beweismaterial zu sichten und an ihren Schlußfolgerungen zu arbeiten. Mersey gab allen zu verstehen, daß er beabsichtige, so schnell wie möglich nach England zurückzukehren. Er drang darauf, daß der offizielle Bericht innerhalb von zwei Wochen vorliegen müsse.

Ken McIntyre war der einzige Überlebende der Musikkapelle, und wie wir wissen, setzte er die Reise zum Internationalen Kongreß der Heilsarmee nach London fort. Am 15. Juni blieben dort in der Strand Hall in Erinnerung an die kanadischen Musiker, die bei dem Unglück ihr Leben verloren hatten, 39 Stühle unbesetzt. Man hatte sie mit einem Trauerflor dekoriert. Ken McIntyre saß hier ganz allein.

Das 700 Personen starke amerikanische Kontingent reiste auf der *Olympic* der White Star Line. Commander Eva Booth, die Oberbefehlshaberin der Heilsarmee, wollte nicht, daß Angst und Unruhe um sich griffen. Hoch zu

Die Kapelle der kanadischen Heilsarmee. Nur neun Mitglieder wurden gerettet. (Salvation Army Heritage Centre, Toronto)

Eva Booth, Commander der Heilsarmee in Nordamerika, schiffte sich am Tag nach dem Untergang der Empress *zusammen mit 700 anderen Mitgliedern der Heilsarmee, die alle den Internationalen Kongreß in London besuchen wollten, auf der* Olympic *der White Star Line ein.*
Die Preise der Canadian Pacific waren zwar konkurrenzfähig, doch das amerikanische Kontingent war zu groß, als daß alle Mitglieder auf der Empress of Ireland *hätten Platz finden können.*
(Salvation Army National Headquarters, Alexandria, Virginia)

Pferd führte sie eine Parade vom Hauptquartier der Heilsarmee der Vereinigten Staaten in der West 14th und 6th Street bis zur Pier in Manhattan an. Vier Blaskapellen, die den Befehl erhalten hatten, nur Schwungvolles zu spielen, folgten ihr auf dem ganzen Weg.

25 Angehörige der Heilsarmee, die auf der *Olympic* gebucht waren, zogen ihre Teilnahme wieder zurück. Vielleicht nahmen einige an, es sei eine zu große Herausforderung des Schicksals, wenn sie kurz nach dem Untergang der *Empress* den Ozean auf dem Schwesterschiff der *Titanic* überquerten.

Am 2. Juni entdeckte man eine Ausländerin, die zwischen Father Point und Rimouski die Küste entlangirrte. Man nahm an, daß sich diese Frau an Bord der *Empress* befunden habe und möglicherweise nach Schweden wollte. Als man sie entdeckte, war sie splitterfasernackt und völlig benommen. Die Zeitungen mutmaßten, sie habe durch die Tragödie den Verstand verloren.

Sechs Tage nach dem Untergang machte die 13jährige Eileen Tuggy einen Morgenspaziergang am Strand, etwa 18 Meilen östlich von Father Point. Dabei machte sie einen grausigen Fund. Sie entdeckte nämlich den Leichnam eines Mädchens, der an den Strand gespült worden war. Zu Lebzeiten, und dies fiel Eileen Tuggy sofort auf, mußte die Tote ihr geähnelt haben. Die örtlichen Behörden ließen sofort einen Sarg für das Mädchen anfertigen, sorgten dafür, daß der Körper einbalsamiert wurde, und schickten ihn zur Identifizierung nach Quebec. Als der Sarg auf Pier 27 geöffnet wurde, fand man auf dem Körper einen Kranz aus Lilien und eine Karte mit der Aufschrift »Als Zeichen des Respekts von denen, die sie fanden«. Jemand hatte zusätzlich dem Mädchen einen kleinen Strauß Vergißmeinnicht und eine Karte in die Hand gedrückt. Auf der Karte stand: »Darf ich Ihnen mein innigstes und aufrichtiges Mitgefühl aussprechen. Möge sie in Frieden ruhen. Wenn sie identifiziert ist, würde ich es gerne erfahren.« Unterschrieben war die Karte von Eileen Tuggy. Das tote Mädchen wurde tagelang aufgebahrt, da man ihre Identität zunächst nicht klären konnte. Zuerst wurde sie für die Tochter des Angehörigen der Heilsarmee Frank Brooks gehalten. Nach der Identifikation durch ihren Großvater entschied der Leichenbeschauer schließlich, daß es sich um die sterblichen Überreste von Edith Hart aus Mortlach, Saskatchewan, handelte.

Im Mittelpunkt einer anderen Episode stand Thomas Parfit, ein als vermißt gemeldeter Passagier aus Swift Current in Saskatchewan, der in der dritten Klasse gebucht war. Er hatte ein CPR-Billett für eine Reise von Swift Current nach London erworben. Am 31. Mai fanden ihn Polizeibeamte morgens um vier Uhr auf einer Straße; er war verwirrt und kaum ansprechbar. Die Polizisten stießen, als sie ihn nach Ausweispapieren durchsuchten, in einer Tasche auf einen Fahrschein für die *Empress of Ireland* mit dem Datum ihrer letzten Fahrt. Parfits Identität konnte schnell festgestellt werden, da sein Bruder Edward, ein Bauunternehmer, vielen bekannt war. Außerdem war Thomas Parfit der einzige Mann aus Swift Current gewesen, der eine Überfahrt auf der *Empress* gebucht hatte. Zuvor hatte er noch seinen Bruder besucht, aber die beiden scheinen wohl im Unfrieden auseinandergegangen zu sein. Die Ursache für seine geistige Verwirrung wurde nie geklärt; exzessiver

Alkoholgenuß schied aber eindeutig als Ursache aus. Er wurde schließlich einer Wohlfahrtseinrichtung übergeben.

Am 29. Juni wurde im Büro des norwegischen Generalkonsulats in Montreal eine Untersuchung abgeschlossen. Diese war von W. Maithe Johannesen, dem Ersten Sekretär der norwegischen Delegation aus Washington, und zwei norwegischen Kapitänen durchgeführt worden, die mit der Navigation auf dem Sankt-Lorenz-Strom gut vertraut waren. Das Beweismaterial stammte ausschließlich von der *Storstad.* Zeugen, die für die *Empress of Ireland* gesprochen hätten, wurden nicht gehört. Die Befunde wurden dem norwegischen Außenministerium zugeleitet. Die norwegische Regierung sprach Offiziere und Besatzung der *Storstad* von jeder Schuld frei.

Am 11. Juni gab die Mersey-Kommission im Château Frontenac die Ergebnisse ihrer Untersuchung bekannt. Der lange und gründliche Bericht Lord Merseys umfaßte sieben Bereiche: (1) Beschreibung der Schiffe; (2) Zusammenfassung der Aussagen von Offizieren und Besatzung beider Schiffe; (3) Klärung der Schuldfrage; (4) Gründe für das schnelle Sinken der *Empress;* (5) Lebensrettungsgeräte; (6) Antworten auf Fragen an den Minister für Schiffahrtsangelegenheiten und Fischfang, John Douglas Hazen; (7) Empfehlungen für die Sicherheit auf See.

Die Untersuchung gelangte zu dem Schluß, daß der Erste Offizier der *Storstad,* Alfred Severin Gensen Toftenes, die Schuld an der Kollision trage. Diese Schlußfolgerung stützte sich auf insgesamt drei Punkte: auf Toftenes' falsche Annahme, die *Empress* würde ihn südlich an Backbordseite passieren; auf den Umstand, daß Toftenes und Saxe mit der *Storstad* nach Norden gedreht hätten, also direkt in den Kurs der *Empress;* und drittens auf Toftenes' Versäumnis, den Kapitän sofort auf die Brücke holen zu lassen, als das Schiff in den Nebel hineinfuhr. Weiter hieß es, der Sankt-Lorenz-Strom sei keineswegs als entscheidender Faktor im Zusammenhang mit diesem Unglück anzusehen: »Es war eine Katastrophe, die sich unter ähnlichen Umständen ebensogut auf der Themse, dem Clyde, dem Mersey oder sonstwo hätte ereignen können.«

Die am Ende des Berichts aufgeführten Empfehlungen für eine zukünftige Sicherheit auf See umfaßten weniger als eine Seite. Es wurde lediglich angeregt, daß wasserdichte Türen bei Nebel zu verriegeln seien und bis zum völligen Abzug des Nebels geschlossen bleiben sollten. Außerdem wurde empfohlen, alle Bullaugen von Sonnenuntergang bis Sonnenaufgang geschlossen zu halten. Um noch auf einem schnell sinkenden Schiff Menschenleben retten zu können, schlug die Kommission vor, leicht abnehmbare Rettungsflöße auf den Oberdecks aufzustellen.

Kapitän Kendall wurde kritisiert, weil er sein Schiff im Nebel gestoppt hatte. Dem Bericht zufolge hatte Kendalls Handlungsweise, die Maschinen rückwärts arbeiten zu lassen, »Unsicherheit« und das »Bewußtsein« erkennen lassen, sich in zu großer Nähe zur *Storstad* befunden zu haben. Nach den Erkenntnissen der Kommission hätte Kapitän Kendall dem anderen Schiff mehr Raum geben müssen, sei aber dazu nicht verpflichtet gewesen. Der Bericht ging aber noch weiter. Die Untersuchungskommission sprach Kendall ausdrücklich von jeder Schuld frei: »Wir (die Mitglieder der Kommission) glauben jedoch nicht, daß sein Stoppmanöver, das in Wirklichkeit aus Sicherheitsgründen erfolgte, als unseemännische Maßnahme bezeichnet werden kann, noch halten wir sein Versäumnis, einen größeren Abstand zu dem anderen Schiff zu halten, für einen mitverursachenden Umstand der Katastrophe.«

Einige von Kapitän Kendalls Aussagen waren ausschließlich von Eigeninteresse geleitet gewesen. So hatte er ausgesagt, volle Kraft zurück gegangen zu sein, sobald die Lichter der *Storstad* nicht mehr deutlich zu sehen waren. Als man ihn bedrängte, warum er denn nicht angeordnet habe, die wasserdichten Türen umgehend schließen zu lassen, als er in die Nebelbank geriet, erklärte er, daß der Nebel während und nicht vor der Kollision aufgekommen sei. Kendall büßt mit dieser Aussage an Glaubwürdigkeit ein. Denn einerseits behauptet er, acht Minuten lang im Nebel gesteckt zu haben, und andererseits beteuert er, daß es bis zum Zeitpunkt der Kollision keinen Nebel gegeben habe, so daß es nicht nötig gewesen sei, die wasserdichten Türen zu schließen – ganz offensichtlich ein Widerspruch in sich.

Gleiches zeigt sich bei einem anderen Sachverhalt. Kendall hatte nämlich sowohl für die gestoppt im Wasser liegende *Empress* wie auch für die in Fahrt befindliche

Storstad das Wort »foam« (dt. Schaum) benutzt. Das Auftreten von Schaum längsseits der *Empress* bedeutete laut Kendall, daß sein Schiff keine Fahrt mehr machte, Schaum am Bug der *Storstad* hingegen hieß, daß diese erhebliche Fahrt lief. Haight hätte hieraus Kapital schlagen können, aber vielleicht wußte er auch aufgrund seiner Erfahrung auf See, daß dies für jeden Seemann schwierig zu beurteilen ist, ganz besonders nachts. Hätte Kendall gesagt, er habe ein Stückchen Holz über die Seite geworfen, um festzustellen, ob das Schiff Fahrt mache, wäre er überzeugender gewesen.

Kapitän Kendall trug insofern größere Verantwortung, eine Kollision zu vermeiden, als ihm nahezu 1500 Menschenleben anvertraut waren. Er war ein erfahrener Seemann und wußte, daß der Sankt-Lorenz-Strom eine vielbefahrene Wasserstraße war. Zudem war allgemein bekannt, daß einlaufende Tramp- und Linienschiffe bei Father Point zusammenkamen und Lotsen an Bord nahmen. Er wußte auch, daß der Nebel auf dem Fluß manchmal keinen Navigationsfehler verzieh. Kendall scheint aufrichtig davon überzeugt gewesen zu sein, das Richtige getan zu haben, als er, um eine Kollision im Nebel zu vermeiden, seine Maschinen aus voller Fahrt voraus zurück arbeiten ließ. Problematisch an seiner Geschichte ist allerdings, daß sie übermäßig vorsichtig anmutet. Ein verantwortungsbewußter Kapitän wird nur dann seine Maschinen aus voller Fahrt umsteuern und einen Maschinenschaden in Kauf nehmen, wenn er sich einer unmittelbaren Gefahr gegenübersieht. Aber ist es vernünftig, mit den Maschinen zurück zu gehen, das Schiff zu stoppen und auf einer vielbefahrenen Wasserstraße acht Minuten manövrierunfähig im Nebel zu liegen? Es scheint doch wahrscheinlicher, daß Kendalls Entscheidung, mit den Maschinen zurück zu arbeiten, durch eine unmittelbar bevorstehende Kollision motiviert wurde.

Was nun das Schließen der wasserdichten Türen betrifft, muß man fragen, ob es vernünftig war, sie erst nach der Kollision schließen zu lassen. Mit Sicherheit nicht. Man könnte darauf verweisen, daß der Kapitän sie nicht bei leichtem Nebel schließen lassen wollte, weil das die freie Bewegung der Mannschaft zwischen den einzelnen Abteilungen auf den unteren Decks erheblich eingeschränkt hätte. In diesem Fall ergab sich die Notwendigkeit jedoch erst bei Nacht, als nur wenige Mitglieder der Mannschaft im Schiff unterwegs waren. Außerdem hatte Kendall acht Minuten Zeit, um über Sicherheitsaspekte nachzudenken. Die gleiche Vorsicht, die ihn das Schiff stoppen ließ, hätte er auch bei der Erteilung des Befehls walten lassen müssen, die wasserdichten Türen zu schließen. Es sei denn …, dazu war keine Zeit mehr.

Anhang A enthält eine Chronologie der Ereignisse bis zur Kollision. Die Zeitangaben basieren in der Hauptsache auf den Aussagen von Kapitän Kendall und dem Ersten Wachoffizier Jones. Es ist durchaus möglich, daß beide Fahrzeuge ihre Geschwindigkeit während der zehnminütigen Nebelperiode für einige Zeit beibehielten, bevor sie zusammenstießen. Vielleicht ging die *Empress* ebenso wie die *Storstad* erst wenige Augenblicke – und eben nicht einige Minuten – vor der Kollision mit den Maschinen zurück. Das stimmt mit der Aussage von Chefingenieur Sampson bei der gerichtlichen Untersuchung in Rimouski überein. Sampson sagte aus, er sei in den Maschinenraum gegangen, als er hörte, wie das Schiff volle Kraft zurück ging. Allem Anschein nach hatte ihm auf dem Weg in den Maschinenraum jemand zugerufen, daß ein großer Kohlenfrachter kurz davor sei, die *Empress* zu rammen. Toftenes' Aussage läßt ebenfalls auf eine kürzere zeitliche Abfolge schließen. Er gab zu Protokoll, daß er das letzte Signal der *Empress* (»Ich gehe mit meinen Maschinen zurück«) erst kurz vor der Kollision gehört habe.

Obwohl das die Korrektheit der *Empress*-Darstellung in Frage stellt, ist damit doch noch keineswegs die Frage beantwortet, warum die Schiffe sich so nahe kommen konnten. Geriet Toftenes im letzten Augenblick in Panik und drehte auf die *Empress* zu? War die *Empress* ein kurskreuzendes Schiff, das nie einen Punkt nördlich vom Kurs der *Storstad* erreichte? Bevor es Radargeräte gab, pflegten einige schlechtberatene Seeleute vor dem Signal eines anderen Schiffes abzudrehen, sobald sie sich im Nebel befanden. Das ist eine offenkundige Verletzung der Seestraßenordnung, denn diese schreibt vor, daß eine mittlere Geschwindigkeit einzuhalten ist und keine Kursänderungen gemacht werden dürfen. Hat vielleicht eins oder haben sogar beide Schiffe ein derartiges Manöver durchgeführt?

Die Aufzeichnungen der Logbücher wären eine gute Informationsquelle gewesen, um beim Entwirren dieses Geheimnisses behilflich zu sein. Das Logbuch im Kartenraum der *Empress* wurde in einem wasserdichten Metallkasten aufbewahrt. Kapitän Pouliot von der *Lady Evelyn* fand es, und es wurde später als Beweisstück bei der Untersuchung vorgelegt. Leider endeten die Eintragungen am 28. Mai um Mitternacht. Das Tagebuch des Maschinenraums wurde nie geborgen. Die Tagebücher der *Storstad* dagegen waren nicht sehr zuverlässig. Toftenes brachte das Kartenraumlog der *Storstad* mit Hilfe von Notizen in der Kladde auf den letzten Stand, allerdings erst nach der Kollision in Montreal. Einige Eintragungen wurden während der Untersuchung heftig angezweifelt, weil die chronologische Reihenfolge nicht stimmte. Das Maschinenraumtagebuch der *Storstad* half ihrer Verteidigung auch nicht, denn das Schiff war bis zwei Uhr volle Geschwindigkeit gelaufen, hatte dann gestoppt, war mit langsamer Fahrt weitergelaufen und schließlich um fünf nach zwei mit der *Empress* kollidiert. Auch hier wurden die Angaben erst nach dem Ereignis eingetragen – nach der Katastrophe natürlich alles andere als einfach.

Ich habe nicht vor, die Geschichte der Katastrophe umzuschreiben. Im Rückblick hat es jedoch den Anschein, als sei es zu einer vorschnellen Verurteilung gekommen. Bis zu einem gewissen Grad wurde dies durch Lord Mersey bewirkt, was sich schon während der offiziellen Untersuchung an seinen zahlreichen Unterbrechungen der Anwälte und Zeugen zeigte. Die Zeugen der *Storstad* waren am stärksten von Lord Merseys Zwischenrufen und Kommentaren betroffen. Manchmal legte er große Ungeduld an den Tag, zum Beispiel als zwei Zeugen der *Storstad* nach Dolmetschern verlangten und Mersey nur widerstrebend einwilligte, die Dolmetscher vereidigen zu lassen. Bei anderen Gelegenheiten formulierte er Fragen auf eine Art und Weise, die eine Schuld der *Storstad* und somit eine Unschuld der *Empress* nahelegten. Einige Male wurden Kapitän Andersen Fragen über die Navigation der *Empress* gestellt, die mit der Formulierung begannen: »Warum würde denn ein Mann, der ein Schiff wie die *Empress* kommandiert …«, womit bereits angedeutet wurde, daß der Kapitän eines Ozeandampfschiffs wohl kaum einen derartigen Fehler begangen haben dürfte.

Wenn Lord Mersey einem Zeugen ins Wort fiel, so erweckte dies den Anschein, als sei dessen Aussage nicht glaubwürdig. Er unterbrach die Aussage des Ersten Offiziers Toftenes mehr als ein Dutzend Mal. Als Aspinall den Ersten Offizier der *Storstad* fragte, wie hoch wohl die Geschwindigkeit der *Empress* zum Zeitpunkt der Kollision gewesen sei, unterbrach ihn Mersey mit den Worten: »Ich werde alt und kann nicht hören, was Sie sagen. Sprechen Sie so laut, als befänden Sie sich auf der Brücke!« Toftenes sagte, er könne die Geschwindigkeit der *Empress* nicht schätzen. Am nächsten Tag schrieben die Zeitungen, Toftenes sei nicht in der Lage gewesen, »unterschiedliche Geschwindigkeiten« zu erklären.

Eine weitere Unterbrechung durch Mersey erfolgte, als Toftenes versuchte zu erklären, in welchem Maße sich der Abstand zwischen den Topplichtern vergrößerte, als die *Empress* in Sicht kam. Mersey entschied, daß diese Information von nur geringem Wert sei, und fügte hinzu, er könne nicht glauben, daß sich der Zeuge daran erinnere. Bei einer anderen Gelegenheit bezeichnete Mersey den Ruderbefehl von Toftenes als Unfug (engl. mischief), der die Kollision verursacht habe. Nach heutigem Sprachgebrauch ist das eine seltsame Wortwahl, aber er benutzte den Begriff wahrscheinlich in der alten englischen Bedeutung von »mischief« als Unheil oder Ursache des Unheils im Gegensatz zu »Missetat«.

Kapitän Kendall mußte ebenfalls mit einigen Unterbrechungen Lord Merseys fertig werden, als dieser sich Klarheit verschaffen wollte, aber diese Fragen waren nicht von vornherein skeptischer Natur. Lord Merseys Behandlung von Kendall ist eher als rücksichtsvoll zu bezeichnen. Vielleicht war Mersey durch vorherige Zeugenaussagen bereits ausreichend mit der Geschichte der *Empress* vertraut und brauchte nicht so aggressiv vorzugehen, wie dies bei den Zeugen der *Storstad* der Fall war. Als Kendall im Verlauf der Befragung sagte, er habe den Befehl zum Schließen der wasserdichten Türen erteilt, warf Lord Mersey nur kurz ein: »Soweit ich weiß, war das, nachdem die Schiffsseite aufgerissen war?« Kendall bejahte.

Es paßt eigentlich nicht zu Lord Mersey, daß er diese Angelegenheit auf sich beruhen ließ, ohne wie üblich auf weitere Erklärungen zu drängen. Wenn Kapitän Kendall vor der Kollision angeordnet hätte, alle wasserdichten Türen zu schließen, wäre das Sinken des Schiffes vielleicht

Die Küche mit fest installierten Dampfkesseln aus dem Jahr 1906. (Peabody Essex Museum, Salem, Massachusetts)

lange genug hinausgezögert worden, so daß mehr Menschenleben hätten gerettet werden können. Die Redakteure der Fachzeitschrift *Shipbuilding and Shipping Record* schienen jedenfalls dieser Meinung zu sein, denn in der Nummer vom 16. Juli 1914 hieß es: »Der allgemeine Eindruck in Schiffahrtskreisen ist der, daß die Eigner der *Empress* infolge des eingeschränkten Berichts ungeschoren davongekommen sind …«

Eine gründliche Untersuchung, weshalb die *Empress* so schnell sank, wurde nicht durchgeführt. Es wurden lediglich Schiffsbauingenieure befragt, deren Ansichten und Beobachtungen in den Abschlußbericht einflossen. Die Kommission kam zu dem Schluß, daß infolge der Kollision das Schott 5 zwischen den Kesselräumen durchbrochen wurde. Der Ingenieur John Reid schloß sich dieser These nicht an, weil der Bug der *Storstad* 16 Fuß hinter dem Schott eingedrungen war. Die Möglichkeit, daß Schott 5 auf den oberhalb der Kesselräume befindlichen Decks durchbrochen wurde, ist von der Untersuchung nicht berücksichtigt worden. Doch eine solche Mutmaßung liegt im Bereich des Möglichen, da Schott 5 nicht durchgehend senkrecht bis zum Oberdeck verlief. Es war im Unterdeck zurückversetzt, verlief dann senkrecht bis zum Hauptdeck, war dort wiederum zurückversetzt und von dort senkrecht bis zum Oberdeck hochgezogen. Folglich konnte die *Storstad* Schott 5 an irgendeinem Punkt oberhalb des Kesselraums durchbrochen haben.

Die *Empress* war so ausgelegt, daß sie selbst bei zwei gefluteten Abteilungen noch schwimmfähig blieb, daher hätte die Beschädigung von Schott 5 gar nicht so sehr ins Gewicht fallen dürfen. Das setzt aber voraus, daß das Schiff in der Vertikalen blieb. Als die *Empress* begann, voll Wasser zu laufen, hielten die Längsschotten und die Kohlenbunker das Wasser auf der Steuerbordseite zurück. Das Gewicht des Wassers in einem Kesselraum oder auch in beiden ließ sie sinken, bis das Hauptdeck unter Wasser war, und das an Steuerbordseite zurückgehaltene Wasser ließ sie achtzehn Grad überliegen.

Durch jedes auf dem Hauptdeck offen gebliebene Bullauge hätte eine 12 Zoll dicke Wassersäule ins Schiff eindringen können. Zwei wichtige wasserdichte Türen an der Steuerbordseite des Hauptdecks waren nicht geschlossen worden: die wasserdichte Tür 86 in der Nähe des Schuhraums der zweiten Klasse und die wasserdichte Tür 78 am vorderen Ende des Speiseraums der dritten Klasse. Dadurch konnte sich das Wasser längs des Hauptdecks an Steuerbordseite sammeln, wodurch die Krängung noch vergrößert wurde. Gleichzeitig sackte das Schiff noch tiefer ab, bis das Oberdeck auf ähnliche Weise im Wasser lag. Nachdem das Oberdeck vollgelaufen war, bestand keine Chance mehr, das Schiff zu retten. Die gewaltige Wassermenge an Steuerbordseite brachte sie schließlich zum Kentern.

Eine der Fragen, die Minister Hazen beantwortet haben wollte, betraf die Anzahl der Überlebenden, aufgeteilt nach Klasse und Geschlecht. Lord Mersey ließ daraufhin folgende Liste veröffentlichen:

PASSAGIERKLASSE	AN BORD	GERETTET (%)
1. Klasse – Frauen	34	11
– Männer	49	24
– Kinder	4	1
Insgesamt	**87**	**36 (41%)**
2. Klasse – Frauen	107	13
– Männer	114	33
– Kinder	32	2
Insgesamt	**253**	**48 (19%)**
3. Klasse – Frauen	169	17
– Männer	446	115
– Kinder	102	1
Insgesamt	**717**	**133 (18%)**
MANNSCHAFTEN	AN BORD	GERETTET (%)
Maschinenpersonal	134	95
Stewards	222	114
Deckspersonal	59	36
Musiker	5	3
Insgesamt	**420**	**248 (60%)**
Passagiere und Besatzung	**1477**	**465 (31%)**

Drei Tage nach der Veröffentlichung des Berichts der Mersey-Kommission kehrte Sir Thomas Shaughnessy von seinem Sommersitz in St. Andrews, New Brunswick, zurück. Am 14. Juli gab er folgende Erklärung ab:

> *Die Ergebnisse sprechen für sich selbst. Für die CPR ist es eine Quelle großer Genugtuung zu wissen, daß keinem Offizier der Gesellschaft eine Schuld beigemessen werden kann, und daß auch an Kanadas großer Wasserstraße nichts auszusetzen ist. Das sind die positiven Aspekte dieser Untersuchung einer Katastrophe, die einen Schatten über die Welt geworfen und viele trauernde Herzen zurückgelassen hat.*

Anwälte der *Storstad* wiesen umgehend darauf hin, daß die Mersey-Untersuchung keinerlei rechtliche Auswirkung hatte, mußten allerdings einräumen, daß den Ergebnissen der Untersuchung einiges Gewicht zukomme. Die *Storstad* wurde auf Anweisung des Konkursrichters des Seeamts am 7. Juli versteigert. Die Verkaufsbedingungen verpflichteten den erfolgreichen Bieter, das Schiff im gegenwärtigen Zustand zu übernehmen, zehn Prozent des Kaufpreises am Verkaufstag zu hinterlegen und den Rest innerhalb von fünfzehn Tagen zu zahlen.

Die Auktion fand im gleichen Gerichtsgebäude statt, in dem Lord Mersey seine Untersuchung durchgeführt hatte. Die Gebote begannen bei 100 000 Dollar und stiegen nach und nach, allerdings oft nur in kleinen Schritten von 500 Dollar, bis man schließlich bei 165 000 Dollar angekommen war. Dann stockte das Bieten. Thomas Hall, der als erster geboten hatte, erhöhte den Preis auf 168 000 Dollar, worauf weitere kleine Gebote folgten. Das Schiff wurde schließlich Charles Cornell, der einen norwegischen Konzern repräsentierte, für 175 000 Dollar zugeschlagen. Die Summe mußte beim Seegericht bis zu einer gerichtlichen Entscheidung über eine mögliche Schadensersatzpflicht hinterlegt werden.

Wie erwartet, zogen die Canadian Pacific, deren Versicherung und eine große Zahl von Nebenklägern mit Schadensersatzforderungen vor das Seeamt. Insgesamt wurden Forderungen in Höhe von 3 069 483,94 Dollar erhoben. Diese Summe setzte sich folgendermaßen zusammen: 2 000 000 Dollar für die *Empress*, 600 016,43 Dollar für verlorengegangenes Eigentum, und 469 467,51 Dollar für den Verlust von Menschenleben. Die Klagen wurden vor Richter Dunlop, Admiralty Justice des Exchequer Court of Canada, in Quebec gebracht. Dieser akzeptierte im wesentlichen die Ergebnisse der Mersey-Untersuchung, aufgrund dessen die Alleinschuld bei der *Storstad* lag. Diese Entscheidung wurde am 27. April 1915 verkündet. Die Norweger erlitten keine finanziellen Einbußen, weil sie nur über dieses eine Schiff verfügten, also allein darauf zugegriffen werden konnte. Die Haftpflicht erlosch mit dessen Verkauf.

Der Rechtsstreit ging jedoch weiter, weil Dunlop entschied, daß Ansprüche wegen des Verlusts von Menschenleben Vorrang vor Eigentumsansprüchen hätten. Die Canadian Pacific legte beim Supreme Court of Canada, dem Obersten Gerichtshof, dagegen Beschwerde ein, die allerdings abgewiesen wurde. Daraufhin klagte die CPR gegen dieses Urteil vor dem Justizausschuß des Staatsrats, den Lords of the Judicial Committee of the Privy Council, der zu ihren Gunsten entschied. Diese Entscheidung vom 5. Dezember 1919 hob die vorherigen Urteile auf, und somit waren die 175 000 Dollar plus Zinsen, die aus dem Verkauf der *Storstad* erlöst worden waren, pro rata zu verteilen, also im Verhältnis zu den jeweiligen Forderungen für den Verlust an Menschenleben und für den Verlust materieller Güter.

Viele Passagiere blieben verschollen. Auch Fannie Mounseys Leiche wurde nie gefunden; keiner der Überlebenden konnte sagen, wie sie zu Tode gekommen war. Es gab eine verwirrte Frau, die Ähnlichkeit mit ihr hatte und in Liverpool in eine Anstalt eingeliefert wurde. Sie behauptete unter anderem auch, Mrs. Mounsey zu sein, und hatte in ihren lichteren Momenten schreckliche Angst vor Wasser. In Chicago hörten Fannie Mounseys Verwandte von dieser Frau und beschlossen, nach Liverpool zu reisen und die Angelegenheit näher unter die Lupe zu nehmen. Vielleicht war es Fannie Mounsey ja doch gelungen, dem Tod auf der *Empress* zu entkommen, oder vielleicht war sie auf einem anderen Schiff herübergekommen und hatte den Verstand verloren, als sie vom Untergang erfuhr. Am 1. Mai 1915

Die Küche auf dem Schutzdeck.

gingen William Mounsey, seine Tochter Sarah und sein Schwiegersohn Charles Lund an Bord der *Lusitania,* um nach England zu reisen. Sechs Tage später wurde sie von einem deutschen U-Boot torpediert, und Mounsey und Lund gingen mit der *Lusitania* unter. Sarah wurde gerettet und konnte ihre Reise nach England fortsetzen und dort die geheimnisvolle Frau aufsuchen. »Als ich sie sah, brach mir fast das Herz«, sagte Sarah. Die verwirrte Frau war nicht Sarahs Mutter, sie war nicht Fannie Mounsey aus Chicago.

8

Ein flaches Grab

Die Durchführung der Bergungsarbeiten, mit denen man unmittelbar nach dem Untergang der *Empress* 1914 begann, war eine eindrucksvolle Leistung. Anfangs hatten die CPR und die Versicherungsgesellschaften keineswegs die Absicht, ihren »Schatz« zu heben. Die *Empress* hatte ja bekanntlich 212 Barren Silber im Gesamtwert von 1 099 000 Dollar geladen, außerdem einige Tonnen Post sowie die Wertsachen der Passagiere, die im Safe des Zahlmeisters eingeschlossen waren. Der Wert der wiederbeschafften Gegenstände als solche hätte aber die Kosten der aufwendigen Bergung nicht gedeckt.

Gold, Silber, verkäufliche Geräte und Instrumente, Juwelen und Postsendungen, die sich auf einem Schiff befinden, erfahren nach dem Untergang immer einen dramatischen Wertzuwachs. Die *Empress of Ireland* bildete da keine Ausnahme. Die Forderungen aus dem Nachlaß verstorbener Passagiere schienen kein Ende nehmen zu wollen. Viele, die Ansprüche geltend machten, ließen sich durch Rechtsanwälte vertreten und fühlten sich zusätzlich durch die Sympathie der trauernden Öffentlichkeit in ihrem Anliegen bestärkt. Die CPR ähnelte einer belagerten Festung.

Um dem dräuenden Finanz- und Imageschaden von vornherein jede Grundlage zu entziehen, beschlossen involvierte Versicherungsgesellschaften, sich vertraglich zu einer Bergungsexpedition zu verpflichten. Unter der Leitung von William Wallace Wotherspoon wurde ein zu gleichen Teilen aus Amerikanern und Kanadiern zusammengesetztes Team gebildet. Dessen Aufgabe erschien angesichts der damals zur Verfügung stehenden technischen Möglichkeiten als kaum lösbar.

Bergungstaucher, die um die Jahrhundertwende nach Wracks suchten, wußten, daß Arbeiten unter Wasser schon in geringen Tiefen tödlich enden konnten. Schatztaucher, die längere Zeit in einer Tiefe von vierzig oder mehr Fuß arbeiteten, überkam oft nach einem direkten, schnellen Aufstieg an die Oberfläche ein schmerzhaftes Zittern am ganzen Körper. Die Opfer krümmten sich unter starken krampfartigen Schmerzen zusammen, weshalb dieser Zustand im Englischen als »bends« bezeichnet wurde. Einige betrachteten diese Taucherkrankheit als göttliche Vergeltung für die Ausplünderung der gesunkenen Schiffe. Jedenfalls galt es als Risiko, das sich aber – angesichts der unter Wasser ruhenden Schätze – einzugehen lohnte.

Die Durchführung großer öffentlicher Bauvorhaben, wie z. B. der Bau der Brooklyn Bridge in New York, hatte zur Folge, daß viele Beschäftigte durch die Arbeit in Caissons – Senkkästen – von der Taucherkrankheit befallen wurden, die dann auch als Caisson-Krankheit bekannt wurde. Caissons – leergepumpt und leicht mit Druck beaufschlagt – wurden vornehmlich beim Bau tiefer Brückenfundamente eingesetzt. Die führende Baufirma jener Zeit, John A. Roebling and Sons, war für den Bau der Brooklyn Bridge verantwortlich. Der leitende Ingenieur, Washington Augustus Roebling, verbrachte soviel Zeit in Caissons, daß er schließlich gelähmt war. Viele Caisson-Arbeiter, die er beaufsichtigte, erlitten dasselbe Schicksal.

Durch einen verrückten Zufall verlor Roeblings Sohn, Washington A. Roebling II., sein Leben im Jahr 1912 auf einem anderen technischen Wunderwerk seiner Zeit. Im Alter von 31 Jahren sprang er von der Reling der *Titanic,* kurz bevor sie unterging, und ward nicht mehr gesehen.

Das durch die Arbeit tief unter Wasser verursachte Leiden Roeblings ließ die Wissenschaftler auf den Plan treten, denn er war prominent genug, das öffentliche Interesse an dieser geheimnisvollen Krankheit zu wecken. Unter Druck wird vermehrt Stickstoff im Blut eines Tauchers gelöst. Je tiefer man taucht und je mehr sich der Druck erhöht, desto mehr Stickstoff wird gespeichert, und desto schneller wird er absorbiert. Wird nun der Druck schnell gesenkt, so kehrt der im Blut gelöste Stickstoff in seinen gasförmigen Zustand zurück und füllt das Blut mit Gasbläschen. Dieser Prozeß ähnelt dem Vorgang, den wir beim Öffnen einer Champagnerflasche erleben. Die Flüssigkeit in der verkorkten, unter Druck stehenden Flasche ist bläschenfrei. Wird nun der Druck durch das Entkorken der Flasche gesenkt, wird der Champagner zum Bläschengenerator. Im Menschen wirken die Stickstoffbläschen vorzugsweise an Gelenken, Händen und Knien und verursachen spasmische, krampfartige Beschwerden bis hin zu Lähmungen.

1878 demonstrierte der Wissenschaftler Paul Bert, daß die Bildung von Stickstoffbläschen dadurch vermieden werden kann, daß der Taucher langsam zur Oberfläche aufsteigt. Bei einem solchen Vorgehen entweicht der Stickstoff langsam über die Lunge, ohne eine lebensgefährliche Menge an Bläschen zu bilden – die Geburtsstunde der Dekompressionsverfahren beim Tauchen. Um das Verfahren zu perfektionieren, waren jedoch weitere Untersuchungen nötig.

Lieutenant G. C. Damant von der Royal Navy gelang es, das Verfahren zu verfeinern, indem er bestimmte Dekompressionsstufen einführte. Jede Stufe war so berechnet, daß Stickstoff abgeatmet werden konnte, zugleich aber ein gewisser Druck auf dem Körper lastete, der ausreichte, die Bildung größerer Gasbläschen im Kreislauf zu verhindern. Jahre später wurde Damant, inzwischen zum Commander befördert, damit beauftragt, das Gold aus der 1917 untergegangenen *Laurentic* heraufzuholen.

Vor dem Ersten Weltkrieg, also zur Zeit des Untergangs der *Empress,* waren die wissenschaftlichen Erkenntnisse über das Tauchen bereits soweit entwickelt, daß die Taucher ein besseres Verständnis der physiologischen Folgen ihrer Arbeit besaßen. Um ihnen zu helfen, die Geschwindigkeit ihres Aufstiegs zu planen, wurden Dekompressionstabellen erstellt. So konnten Taucher, ohne Leib und Leben aufs Spiel zu setzen, zum Rumpf der *Empress* hinabtauchen. Es war äußerst beschwerlich, wenn nicht gar unmöglich, körperliche Arbeiten in den Tauchanzügen jener Zeit durchzuführen. Dies ließ die Bergungsoperationen jener Epoche zu einer großen Herausforderung werden. Die Ausrüstung, besonders der Taucherhelm mit seinem runden Sichtfenster, sah aus, als stammte sie aus einem Jules-Verne-Film. Nach dem Anlegen eines gummierten Segeltuchanzugs, bleibeschwerter Stiefel und eines Brustharnischs wurde dem Taucher ein Kupferhelm aufgesetzt, der mit dem Anzug fest verschraubt wurde. Die Beweglichkeit wurde zusätzlich durch eine Art Nabelschnur eingeschränkt, die aus dem an Deck des Versorgungsschiffes führenden Luftschlauch und aus der Führungsleine bestand. Es gab noch kein zuverlässiges Unterwasserschweißgerät, mit dem Kabel oder andere Hindernisse im Schiffsrumpf durchtrennt werden konnten. Die wirkungsvollsten Werkzeuge jener Zeit waren Unterwasserbohrer und Dynamit. Eine erfolgreiche Bergung der Schätze der *Empress* erschien zweifelhaft, wenn nicht unmöglich. Die Voraussetzungen hierfür waren exzellente Zusammenarbeit des Teams unter Wasser und an Deck sowie ein starkes Selbstvertrauen, über das nur ganz wenige verfügten. Um die recht aussichtslos anmutende Aufgabe in Angriff zu nehmen, war als erstes notwendig, die genaue Position der *Empress* zu ermitteln.

Das Regierungsdampfschiff *Druid* hatte bereits eine Leuchtboje nordöstlich vom Wrack gelegt. Die *Essex* erhielt den Befehl, die genaue Lage des Rumpfes festzustellen. Dazu gehörte weit mehr, als eine Boje auszulegen. Die Taucher mußten wissen, in welcher Richtung das Wrack auf Grund lag. Um die Lage des Wracks auf der Karte präzise eintragen zu können, kroch der Taucher Wilfred Whitehead die ganze Backbordseite entlang, vom Heck bis zum Bug. Andere Mitglieder der Tauchergruppe folgten an der Oberfläche den Luftblasen Whiteheads und legten anhand dessen mit Hilfe weiterer Peilungen die Längsausrichtung des Rumpfes fest. Die aufsteigenden Luftblasen zeigten, daß der Bug der *Empress of Ireland* nach Nordosten wies, was sich mit Kapitän Andersens letzter Beobachtung deckte.

Jeder Zugang zur *Empress* mußte durch Decksluken oder Öffnungen an der Backbordseite erfolgen, da sie ungefähr 45 Grad nach Steuerbord überlag. Es erschien durchaus denkbar, daß ein Taucher über die Steuerbordreling nach unten vorzudringen vermochte, um die beschädigte Seite zu untersuchen. Die Whitehead-Gruppe hielt dies jedoch für ein tollkühnes Unterfangen, da sie glaubten, der Liniendampfer könnte ohne Vorwarnung noch weitere 45 Grad nach Steuerbord rollen und die Taucher unter sich begraben. Selbst wenn Whitehead die Untersuchung der Steuerbordseite erlaubt hätte, so stand doch zu vermuten, daß der größte Teil der Beschädigungen aufgrund des starken Überliegens nicht zu sehen sein würde.

Whiteheads Befürchtungen hinsichtlich der Stabilität des Wracks waren berechtigt. Denn am 24. Juli 1914 brachte eine kräftige Strömung den bislang still daliegenden Leviathan in Bewegung. Zu jedermanns Überraschung, ganz besonders der von Whitehead, rollte die *Empress* nach Backbord und nicht nach Steuerbord. Sie schien sich für einen imaginären Aufstieg an die Oberfläche stolz aufzurichten; vielleicht versuchte sie aber auch nur, es sich in ihrer neuen Umgebung etwas behaglicher zu machen. Das Schiff war so nahe daran, sich ganz aufzurichten, daß es schon hieß, seine Masten kämen in Sicht. Letzteres ist durchaus möglich, bedenkt man, daß die Entfernung vom Kiel bis zur Mastspitze knapp 177 Fuß beträgt. Das Ministerium für Seewesen und Fischfang betrachtete diese Entwicklung zu Recht als potentielle Bedrohung der Schiffahrt auf dem Sankt-Lorenz-Strom und ordnete an, die Masten mit Dynamit vom Rumpf abzusprengen. Doch die *Empress* legte sich wieder auf Steuerbordseite zurück, so daß die Masten nicht entfernt zu werden brauchten. Der vordere Mast blieb 70 Jahre unversehrt, bis er 1985 oberhalb des Krähennests abbrach.

Angesichts der schwierigen Umweltbedingungen, denen Wotherspoons Gruppe ausgesetzt war, bedeutete die Neigung des Schiffsrumpfs nach Steuerbord nur eine relativ kleine Komplikation der Bergungsarbeiten. Der Sankt-Lorenz-Strom bot unter Wasser außerordentlich schlechte Sichtverhältnisse, so daß die Taucher von Glück reden konnten, wenn sie auf zehn Fuß Entfernung etwas zu erkennen vermochten. Die Strömungen am Unglücksort waren manchmal so stark, daß es schlicht unmöglich war, zum Wrack hinabzutauchen. Die Strömung war darüber hinaus schnellen, nervenzehrenden Richtungsänderungen unterworfen – die Folge eines endlosen Kräftemessens zwischen dem Labrador- und dem Gaspé-Strom. Die Wassertemperatur lag nur zwei bis drei Grad über dem Gefrierpunkt und ließ Hände und Finger, deren Beweglichkeit bei den Unterwasserarbeiten unerläßlich war, schnell gefühllos werden. Eine Wasserschicht mit starkem Temperaturgefälle (Thermokline) wirkte sich verheerend auf Auftrieb und Sicht aus, die oberhalb und unterhalb einer solchen Schicht außerordentlich unbeständig sein können. Diese ungünstigen Bedingungen plagen Taucher bis heute. Der moderne Berufstaucher wird allerdings nicht durch einen schweren Anzug aus gummiertem Segeltuch behindert, in dem er sich nur unbeholfen bewegen kann.

Der kupferne Taucherhelm, der von Wotherspoons Tauchern benutzt wurde, verfügte über ein federbelastetes Auslaßventil, durch das Luft ins Wasser entweichen konnte. So entstanden auch die Luftblasen, die beim Markieren der Position des Schiffsrumpfes zu sehen waren. Die von der Oberfläche in den Helm gepumpte Luft wird unter einem Druck gehalten, der leicht über dem Wasserdruck der betreffenden Tiefe liegt. Dadurch kann der ungeheure Druck der Kräfte ausgeglichen werden, die auf den Körper einwirken, was zudem eine Ausdehnung des Brustharnischs beim Einatmen möglich macht. Ist dieses heikle Gleichgewicht gestört, so daß der Druck innerhalb des Anzugs geringer ist als der des Wassers, ereignet sich das, was Taucher »squeeze« (Zusammenquetschen) nennen, denn der Körper wird quasi zerdrückt. Auf diese Weise starb der erste Taucher aus Wotherspoons Team, der New Yorker Edward Cossaboom.

Jeder Taucher unter Wasser hatte einen Helfer, »handler« genannt, an Bord der *Mary Josephine.* Die *Mary Josephine* war ein alter Trampschoner, der früher Fisch und alle möglichen Güter auf dem Sankt-Lorenz-Strom transportiert hatte. Nun hatte man sie mit Lufttanks, zwei Kompressoren, Schläuchen, Ventilen, Meßgeräten und zahllosen schweren Ausrüstungsgegenständen ausgestattet, die für Bergungsoperationen nötig waren. Von der *Lord Strathcona* wurde sie zur Wrackstelle geschleppt. Die Aufgabe des Helfers bestand darin, die »Nabelschnur« des Tauchers – Luftschlauch und Führungsleine – einigermaßen straff zu halten. Auf dem Rumpf der *Empress* auf dem Flußboden hatte sich Edward Cossaboom so weit nach vorne gewagt, daß seine »Nabelschnur« in einem weiten Bogen herunterhing. Auf einmal verlor er den Halt und wurde durch eine starke Strömung vom Bug des Schiffes heruntergerissen. Die lose durchhängende Nabelschnur ließ ihn frei bis auf den Grund fallen.

Nimmt man die Breite der *Empress* von 65 Fuß als Anhalt, so wurde Cossaboom dem zusätzlichen Druck einer Wassersäule von 65 Fuß ausgesetzt. Das Blut in seinen Armen und Beinen wurde in sein Herz und in seine Lungen gepreßt, bis seine Brust explodierte. Als er auf dem Grund ankam, war ihm durch den Druck des Meerwassers auf den elastischen Anzug das Fleisch von den Knochen gequetscht worden. Seine inneren Organe und das Muskelgewebe wurden wie von einer Ramme in den einzigen Teil seines Anzugs hineingetrieben, der nicht flexibel war – in den Kupferhelm. Vor seinem fatalen Sturz hatte Cossaboom noch die Körper von zwei Opfern der *Empress* nach oben geschickt. Als es seinem Helfer nach 30 Minuten nicht gelang, sich mit ihm in Verbindung zu setzen, wurden zwei Taucher hinuntergeschickt, um ihn heraufzuholen. Sie kamen mit leeren Händen zurück – sie hatten vermutlich nicht auf dem Grund nach ihm gesucht. Die Bergungsmannschaft hatte keine einsatzfähigen Taucher mehr, und so erklärte sich ein Taucher der *Essex* bereit, nach Cossaboom zu suchen. Der Taucher der *Essex* entdeckte das, was von dem Bergungstaucher noch übrig war. Als man den toten Cossaboom an die Oberfläche gehievt hatte, sah er aus wie eine Qualle mit einem Kupferpanzer und leblos herumbaumelnden Segeltuchtentakeln.

So grotesk-grausig Cossabooms Tod auch war – die Bergungsversuche gingen weiter. Die Tauchergruppe stieß auf noch weitaus schlimmer entstellte Tote im Innern der *Empress,* und zwar in einem Ausmaß, wie es in der Geschichte des Tauchens noch nicht vorgekommen war. Gänge und Decken waren voll von aufgetriebenen, deformierten Körpern. Nach und nach wurden die Leichen aus ihrem riesigen Schiffssarg befreit und mit Leinen an die Oberfläche gezogen. Es war eine gräßliche Arbeit, die durch Krebse noch schrecklicher gemacht wurde. Einige Leichen waren schon soweit an- und aufgefressen, daß eine Identifikation unmöglich war. Sobald die entscheidenden Gänge geräumt waren, suchten die Taucher andere Räume des Schiffes ab und auch einige Kabinen. Das bedeutete, daß sie stockdunkle, schrägliegende Gänge mit nur einer sehr schwach leuchtenden Unterwasserlaterne entlangkriechen mußten, ohne auch nur im geringsten zu ahnen, was sie erwartete. Manchmal sahen Taucher vorsichtig um eine Kabinentür herum, da kam ihnen schon eine abscheuliche Wasserleiche entgegen. Das Gesicht des oder der Toten schien auf den Helm des Tauchers loszustürzen, als wollte die Leiche einen Kuß auf das Glas drücken als Dank dafür, wieder an die Oberfläche zurückgeholt zu werden. In vielen Gesichtern waren die letzten Gefühle festgefroren, die sie im Angesicht des nahenden Todes empfanden. Allen gemeinsam waren die weit aufgerissenen Augen, der Blick äußersten Entsetzens, als das Wasser sie ohne Erbarmen überwältigt hatte. Viele hatten sicher noch im Glauben an die göttliche Vorsehung ein letztes Stoßgebet gen Himmel geschickt. Sie wußten nicht, warum ihnen ein solches Los widerfuhr.

Leichen, die so stark verstümmelt waren, daß sie nicht mehr identifiziert werden konnten, wurden in einem Massengrab am Flußufer in der Nähe von Pointe Pouliot beigesetzt. Allein am 22. Juni wurden 47 nicht identifizierte Körper hier zur letzten Ruhe gebettet. Weitere 21 unbekannte Tote sowie 20 identifizierte Passagiere wurden kurze Zeit später am gleichen Ort bestattet. Ein hoher Felsbrocken aus grauem Granit wurde als Denkmal für diese armen Seelen an der Grabstelle aufgestellt. Die Namen der 20 bekannten Toten sind in diesen Stein eingemeißelt, zusammen mit einer Widmung für die dort begrabenen Unbekannten. Die Canadian Pacific stiftete den Gedenkstein und bezahlt bis zum heutigen Tag die Pflege dieser Totengedenkstätte.

Die Bergung der Toten war für die Taucher in physischer und psychischer Hinsicht sehr anstrengend. Es war ihnen nicht möglich, alle Toten zu bergen, besonders jene nicht, die sich irgendwo mittschiffs befanden, und so sind viele Ertrunkene in ihrem großen Stahlgrab noch immer eingeschlossen. Obwohl sich die Canadian Pacific verpflichtet hatte, so viele Opfer wie möglich heraufzuholen, war es doch mehr eine symbolische Anstrengung. Die Bergung galt eigentlich in erster Linie den ökonomisch rentableren Dingen, den Postsendungen, dem Geld und den Silberbarren an Bord der *Empress of Ireland.*

Die Bergung der Postsäcke war weitaus angenehmer und gab den Tauchern zudem eine größere Motivation, um die Arbeit fortzuführen. Die an die Oberfläche gebrachten

Postsäcke widerlegten darüber hinaus auch die Skeptiker, die in Zweifel gezogen hatten, daß sich die ganze Tauchaktion lohnen würde. Die Postsendungen umfaßten insgesamt 318 Säcke mit Briefen, Paketen, Zeitungen und eingeschriebenen Sendungen. Nachdem die Post in einem Lagerhaus in Rimouski auf Bänken getrocknet worden war, wurde jeder Brief mit einem Stempel versehen: »Durch Taucher aus dem Wrack des Dampfschiffes *Empress of Ireland* geborgen.« Der Wert der Zahlungsanweisungen und anderer Papiere belief sich auf 90 842,01 Dollar. Die gesamte geborgene Post wurde dem Büro für unzustellbare Briefe in Ottawa übergeben.

Von dieser Behörde wurden die geborgenen Briefe dann an den Absender zurückgeschickt, sofern dieser noch entziffert oder auf andere Weise ermittelt werden konnte – immerhin waren ja drei Monate vergangen, seitdem sie aufgegeben worden waren. Erstaunlicherweise wandten sich einige an den Postminister, um sich zu beschweren. So schrieb eine Frau aus der Kleinstadt Armstrong in British Columbia: »Zwei Briefe, die aus dem Wrack der *Empress of Ireland* geborgen wurden, sind mir kürzlich wieder zurückgeschickt worden. Da die Adresse auf beiden Briefen absolut leserlich ist und das Porto ordnungsgemäß bezahlt wurde, kann ich nicht verstehen, warum man sie dem jeweiligen Adressaten nicht zugestellt hat.«

Zu guter Letzt gelang es auch, alle Silberbarren zu bergen, auch wenn gemunkelt wurde, einige Barren seien im Wrack versteckt worden, um später heimlich von den Tauchern heraufgeholt zu werden.

Der Safe des Zahlmeisters war das vordringliche Ziel der Bergungsarbeiten. Die Canadian Pacific stellte eine Bedingung für die Bergung des Panzerschranks: Er mußte ungeöffnet und unbeschädigt nach oben gebracht werden, da die Parteien sonst behaupten würden, ihre Wertsachen seien gefährdet gewesen. Wenn die Tür des Panzerschranks aufgebrochen war, würden die miteinander im Streit liegenden Beteiligten behaupten, Wertsachen seien verlorengegangen oder durch andere von geringerem Wert ersetzt worden, was der Gesellschaft keine andere Wahl gelassen hätte als einen für sie ungünstigen Vergleich.

Wotherspoon und seine Mannschaft hatten sich gründlich auf diese sehr anspruchsvolle letzte und wichtigste Aufgabe vorbereitet. Sie studierten Schiffspläne und prägten sich bestimmte Einzelheiten ein, zum Beispiel die Anzahl der Nieten zwischen Pfortenöffnungen, um bestimmte Stellen am Rumpf exakt festlegen zu können. Außerdem beschäftigten sie sich eingehend mit den Konstruktionsplänen der *Empress of Britain,* dem Schwesterschiff der *Empress of Ireland.* Am 3. Juli 1914 ging die Tauchergruppe

Der Safe des Zahlmeisters wird am 20. August 1914 gehoben.

Ein hochklappbares Waschbecken.

Die Haupttreppe, die von den Kabinen der ersten Klasse auf dem oberen und dem unteren Promenadendeck zum Speiseraum auf dem Schutzdeck führte.
(National Maritime Museum, London)

Die *Empress of Ireland* liegt in einem Winkel von 60 Grad auf ihrer Steuerbordseite. Sediment hat fast die gesamte Steuerbordseite in einem Winkel ausgefüllt, der vom Kiel bis zu einem Punkt binnenbords der Steuerbordreling verläuft. Die Steuerbordseite des Ruderhauses berührt den lehmigen Flußboden. Bei Niedrigwasser beträgt die Entfernung zur Backbordseite mittschiffs ungefähr 70 Fuß. Die Steuerbordseite liegt am Bug mehr als 150 Fuß tief. Der Boden des Hecks liegt auf etwas höherem Grund als der Bug und befindet sich etwa 120 Fuß unter der Wasseroberfläche. Die Strömung hat den Grund unmittelbar unter dem Heck ausgewaschen, so daß Taucher unter der Gillung und dem Lotpodest durchschwimmen können. Zwei Flügel des Steuerbordpropellers und das Ruder sind noch zu sehen.

Der Rumpf – soweit sichtbar – ist noch völlig in Ordnung und zeigt vom Kiel bis zum Schutzdeck seine ursprüngliche Form. Die Aufbauten der *Empress* sind zusammengedrückt und lassen zwischen den Decks gerade genug Platz, um herumzukriechen. Die Aufbauten haben sich seitlich verlagert und sind vom Rumpf nach Steuerbord auf den Fahrwasserboden gerutscht. Es gibt ein kleines Trümmerfeld, das sich ungefähr 25 Fuß nach Steuerbord ausbreitet; die Trümmer erstrecken sich vom Ruderhausschott nach vorn bis an den zweiten Schornstein. Dieses Trümmerfeld besteht überwiegend aus Teilen der Aufbauten oder Gegenständen daraus. Man findet keine großen Teile auf dem Grund, wie das bei der *Titanic* der Fall ist, da der Rumpf der *Empress* nicht auseinandergebrochen ist. Ihre Maschinen wurden weder zerstückelt noch ausgeschlachtet; sie verblieben vielmehr auf ihrem Platz, für ewige Zeit in den dunkelsten Bereichen des Rumpfes begraben.

Der kanadische Berufstaucher Stephen Brooks tauchte zum erstenmal im Jahr 1983 zur *Empress* und hat seither viele Tauchgänge durchgeführt. Er ist in Räume vorgestoßen, die bis dato nicht erkundet wurden, so zum Beispiel die Pantry der zweiten Klasse und Teile des Zwischendecks. 1986 entdeckte Brooks ein Rettungsboot außerhalb des nahegelegenen Trümmerfeldes. Es lag aufrecht und war nach Osten ausgerichtet, ungefähr 100 Fuß von der Steuerbordseite des Wracks. Das Heck des Bootes war abgerissen.

Eine Unterwasseraufnahme der Treppe. Die oberste Stufe ist noch vorhanden. (SeaView Imaging, Photo: Dan Lindsay)

Die *Empress* befindet sich in einem besseren Zustand als die *Titanic* oder die *Lusitania*. Ihr noch sichtbares Äußeres ist gut zu erkennen, denn im Gegensatz zur *Titanic* ist sie nicht von oben bis unten mit Rost überzogen. Die hochstehende Backbordseite der *Empress* ist mit Manteltierchen (Tunicata) übersät. An manchen Stellen sitzen diese Meerestiere so dicht nebeneinander, daß die ersten Taucher dachten, sie hätten das Wrack verfehlt und statt dessen den Meeresgrund erreicht. Ein Taucher bezeichnete die Manteltiere als »Mägen am Stiel«, und wies darauf hin, daß sie einen scheußlichen Geruch verströmten, wenn man sie an die Luft brächte.

Sehr bemerkenswert ist die Tatsache, daß Umwelteinflüsse den Holzteilen der *Empress* kaum etwas anhaben konnten. Die Beplankung der *Titanic* ist völlig verschwunden, die Holzteile der *Empress* dagegen blieben vom Verzehr durch marines Leben verschont. Sie sind derart gut erhalten, daß, um nur ein Beispiel zu nennen, lose Decksbeplankung von Bergungsfirmen heraufgeholt wurde und weiterverkauft werden konnte. Die immer noch intakten hölzernen Relings sind deutlich zu erkennen, wenn sich auch gelegentlich Seepocken auf ihnen festgesetzt haben. In den Aufbauten fand man eine vollständige Eichentür mit allen Beschlägen, die sich auf die Seite gelegt hatte, als die Decks zusammengedrückt wurden. Sie war sauber und frei von jeglichem Bewuchs, die prächtige Maserung des Eichenholzes erinnert daran, wie großartig die *Empress* ausgestattet war.

Die kommerzielle Bergung des Teakdecks der *Empress* setzte im Juni 1993 ein. Sieben Taucher, die für die eingetragene Handelsgesellschaft »3091–5243 Quebec, Inc.« arbeiteten, brachten ungefähr 5 000 Fuß Teakholzplanken nach oben; die einzelnen Planken waren zwischen acht und 22 Fuß lang. Die Taucher unterstanden Michael Tadros, dem Eigner des 127 Fuß langen Nordmeer-Trawlers *Gesmer I,* der als Tauchplattform und Tauchbasis diente. Die geborgene Beplankung wurde für eine spätere Verwendung eingelagert.

Die Schornsteine der *Empress* sind, wie zu erwarten, nicht mehr zu sehen. Man erkennt zwar noch, wo sie gesessen haben, aber sie selber sind im Schlick begraben. Außenbords von den zusammengedrückten Aufbauten finden sich die Überreste zweier Rettungsboote. Man nimmt an, daß es sich dabei um zwei der aus Holz und Segeltuch bestehenden Englehardt-Klappboote handelt, die ineinander gestaut unter jedem Stahlboot aufgestellt waren. Diese Klappboote, die manchmal auch als Brandungsboote bezeichnet werden, ähneln einem normalen hölzernen Walboot, mit dem einzigen Unterschied, daß sie keine Seiten haben. Gestaut sehen sie aus, als seien sie plattgedrückt worden. Vor dem Einsatz dieser Klappboote müssen mit Segeltuch bespannte Stahlspanten hochgezogen werden, wodurch die Seiten 25 Zoll in die Höhe wachsen. Ein Taucher kann auf dem Grund des Fahrwassers des Sankt-Lorenz-Stroms stehen und direkt in die Klappboote der *Empress* hineinsehen. Beplankung und Stringer sind deutlich zu erkennen, ebenfalls die luftdichten kupfernen Tanks – ihre Maße betragen ungefähr 2 × 2 × 3 Fuß –, die einst als Auftriebskörper dienten. Diese kupfernen Luftkessel befinden sich in ausgezeichnetem Zustand; nur einer wurde beschädigt und eingedrückt. Im allgemeinen scheinen sich Kupfergegenstände in Wracks gut zu halten. In seinem Buch *Das Geheimnis der Titanic* erwähnt Robert D. Ballard, daß die kupfernen Töpfe aus der Küche des Luxusliners wie neu waren und kaum an Glanz verloren hatten.

Der Rumpf der *Lusitania* ruht in 300 Fuß Tiefe auf dem Meeresgrund, südlich der irischen Küste vor dem Kap Old Head of Kinsale. Wie die *Empress* ist auch sie relativ frei von Bewuchs. Wie die *Empress* sank auch sie schnell, in Sicht der Küste, und sie legte sich ebenfalls auf die Steuerbordseite. Von den drei nahezu gleich alten Schiffen *Titanic, Empress of Ireland* und *Lusitania* ist *Lusy,* wie sie liebevoll genannt wird, am schlechtesten erhalten. Ihr Rumpf ist bis zur Hälfte der ursprünglichen Breite zusammengedrückt und zwischen dem dritten und vierten Schornstein aufgerissen, als hätte ihn ein Riese zerbrochen. Wie Spinnengewebe hängen Fischernetze von ihrem Rumpf herab, welche die genauere Untersuchung des Schiffes zu einem Risiko machen und ihren makabren Anblick noch unheimlicher werden lassen. Im Unterschied zur *Empress* sind die Aufbauten der *Lusitania* vollständig vernichtet.

Die 90 Fuß lange *Morrisburgh* unter dem Befehl von Kapitän Brian Erb diente als Tauchplattform für eine Expedition, die sich zum Ziel gesetzt hatte, einen Propeller der *Empress* zu bergen. Technische Hilfe bekamen sie von Donald Tremblay vom Rimouski Marine Institute, einem Meeresforschungsinstitut. Jeder Propeller hatte einen Durchmesser von annähernd 20 Fuß und 6 Zoll, wies 4 Flügel auf und wog an die 20 Tonnen. Am 28. September 1968 gelang es den Tauchern, den Backbord-Propeller

Der am 28. September 1968 geborgene Backbord-Propeller wurde in Rimouski an Land gebracht. (Musée de la Mer, Pointe-au-Père)

freizubekommen, nachdem sie ein Loch in das Heck gesprengt hatten. Der Propeller wurde bis kurz unter die Oberfläche gehievt und von der *Morrisburgh* mit einer Geschwindigkeit von einem Knoten nach Rimouski geschleppt. Während der Fahrt wäre die *Morrisburgh* beinahe gesunken, als der Propeller den Boden berührte. Einer der Flügel schlug gegen einen Felsen, verursachte den Bruch eines Kabels und ging verloren.

Die *Morrisburgh* erreichte schließlich Rimouski, wo sie sich ihrer Last entledigen konnte. Über 3 000 Leute kamen, um den 62 Jahre alten Propeller in Augenschein zu nehmen, für den ein Altmetallhändler schließlich 5 000 Dollar zahlte. Dieser Betrag war angesichts der Mühen, die sie auf sich genommen hatten, mehr als enttäuschend.

1980 erkundete der französische Meeresgeologe Jacques-Yves Cousteau zusammen mit seinem Sohn Jean-Michel den Sankt-Lorenz-Seeweg an Bord seines Forschungsschiffs *Calypso*. Mit Seitensichtsonar versuchten sie, die *Empress of Ireland* zu orten. An Bord der *Calypso* war ein Mann, der eine gewisse Berühmtheit genoß, nämlich der damals 84 Jahre alte Ronald Ferguson aus der englischen Kleinstadt Chelmsford, der ehemalige Funker der *Empress of Ireland.* Ferguson, der mittlerweile verstorben ist, hatte seinerzeit das SOS-Signal in den Äther geschickt.

Die Taucher der *Calypso,* denen sich noch der Taucher Philippe Beaudry anschloß, der aus der Region stammte, nahmen eine Untersuchung der *Empress of Ireland* vor. Die Kapitänskajüte lieferte einige interessante Funde. Das Tintenfaß des Kapitäns, ein Rasiermesser und das Zifferblatt einer Uhr, die Beaudry selber einige Jahre zuvor hatte bergen können, wurden ans Tageslicht geholt. In dem Video *St Lawrence, Stairway to the Sea* [Der Sankt-Lorenz-Strom – Die Treppe zur See] der Produktionsfirma von Cousteau sieht man auch eine kurze Sequenz über die Erkundung der *Empress of Ireland.*

Philippe Beaudry faszinierten die Tauchgänge hinunter zum Wrack der *Empress.* Er tauchte Hunderte von Malen und brachte viele Fundstücke nach oben. Im Mai 1980 gründete er das »Musée de la mer de Rimouski«, ein privates Seefahrtsmuseum, und wurde dessen erster Präsident. Das Museum wurde später von einer Trägerschaft übernommen, in der Privatleute und der kanadische Staat zu gleichen Teilen vertreten sind, und trägt heute den Namen »Musée de la Mer, Pointe-au-Père«.

Ein weiterer, 22 Minuten langer Videofilm, *The* Empress of Ireland. *Lost Not Forgotten [Die* Empress of Ireland. *Verloren, nicht vergessen],* des Kanadiers Dan Lindsay aus dem Jahr 1996 enthält unter anderem historische Photographien, Unterwasseraufnahmen und Computeranimationen von Norman Pickthall.

Der amerikanische Berufstaucher John Moyer hat seit 1990 rund 30 Tauchgänge zur *Empress* unternommen. Er beschreibt das Erlebnis als »phantastisch« und zählt die *Empress* zu den zwei, drei interessantesten Wracks, die er je gesehen hat, einschließlich der *Andrea Doria,* die er sehr gut kennt. Er hat besonders die Wohnbereiche der ersten Klasse, die Nischen im Hauptsalon und die Pantry der dritten Klasse untersucht und kam mit zahlreichen Funden zurück an die Oberfläche. Im Musikzimmer ist noch der umgestürzte Flügel zu sehen.

Gary Gentile, amerikanischer Autor und professioneller Taucher, hat seit 1990 40 Tauchgänge zur *Empress* gemacht und konnte zahlreiche Gegenstände heraufholen, so beispielsweise Porzellan aus allen drei Klassen, eine unversehrte Flasche Champagner, einen Messingknopf von der Jacke eines Stewards sowie einen Eierkocher aus Kupfer, der zum Bereiten von harten Eiern diente. Er ist unzähligen Knochen und Skelettresten im Wrack begegnet, auch Totenschädeln, läßt sie aber – wie die Mehrzahl aller Taucher – unberührt. Gentile schildert den Tauchgang zur *Empress* als bedrückend; es sei »wie ein Nachttauchgang«, der durch den angeschwemmten Schlick noch erschwert wird. Der lehmige Schlick im Wrack hat sich – wie viele andere lose Gegenstände auch – an der Steuerbordseite gesammelt, als sich das Schiff auf die Seite legte. Gentile sagte, er hätte einen seiner aufregendsten Funde gemacht, als er mit der Hand vorsichtig im Schlick im Kinderraum der ersten Klasse grub. Er fühlte eine Reihe von Graten und wußte aus vorherigen Tauchgängen, daß er auf etwas Bedeutendes gestoßen war. Während ihm das Adrenalin in die Adern schoß, zog er sorgfältig seinen Schatz aus dem Schlick – es war aufeinandergestapeltes Geschirr aus sehr hochwertigem Porzellan.

Links:

Einer der drei von Halls Patent Anchor Company Ltd. hergestellten Hauptanker. Dies war ein »Sheffield« 7-Tonnen-Anker. (Musée de la Mer, Pointe-au-Père)

Rechts:

Derselbe Anker wird heute im Musée Bernier in L'Islet-sur Mer ausgestellt.

Oben:

Eine der beiden, früher am Mast befestigten 24 Zoll großen Messingglocken nach der Bergung. (Musée de la Mer, Pointe-au-Père)

Links:

Eine Glocke ist heute im Musée Bernier in L'Islet-sur-Mer ausgestellt.

John Reekie, Berufstaucher und Besitzer des Unternehmens »Alternative Dive Products«, ist seit seinem ersten Tauchgang 1989 etwa hundertmal zur *Empress* hinuntergetaucht. Er behauptet von sich, wohl der einzige zu sein, der bis zum Maschinenraum der *Empress* vorgedrungen ist. Durch eine Decksöffnung drang er ins Wrack ein und schwamm nach achtern, bis er einen Schacht erreichte. Am Ende dieser Passage sah er eine schmale Öffnung. Dies könnte eine der beiden wasserdichten Türen gewesen sein, die sich im Schott 6 am vorderen Ende des Maschinenraums befanden. Es ist aber auch durchaus möglich, daß dieser schmale Ausgang ein Durchlaß für Dampfleitungen gewesen war. Reekie schlängelte sich vorsichtig durch diese Öffnung und stellte fest, daß er den Maschinenraum erreicht hatte.

Achtern zu seiner Linken sah er den oberen Teil einer riesigen Kolbenmaschine. Sie war kaum zu erkennen, weil der Raum mit Tonnen von Sedimenten gefüllt war. Als er geradeaus blickte, stach ihm sofort der Maschinentelegraph aus Messing ins Auge, der sich in tadellosem Zustand befand. Die Buchstaben der verschiedenen Maschinenbefehle waren deutlich auf dem weißen Untergrund des Anzeigers abzulesen. Reekie achtete nicht auf die Stellung des Maschinentelegraphen, daher kann er sich nicht erinnern, welcher Befehl als letzter angezeigt wurde. Der Messingfuß war noch auf dem Boden angeschraubt, aber die gesamte Anlage zeigte in die falsche Richtung. Eigentlich hätte der Telegraph eine Schieflage nach Steuerbord aufweisen sollen, so wie das ganze Schiff nach Steuerbord überlag. Doch zu seiner Überraschung neigte er sich stark in die entgegengesetzte Richtung, nach Backbord. Möglicherweise ist dies auf den natürlichen Verfall des Decks zurückzuführen, der in Kombination mit dem Eigengewicht des Maschinentelegraphen eine Neigung nach Backbord bewirkte. Einer anderen Theorie zufolge wurde das Innere des Maschinenraumes durch die Explosion sozusagen »umgestaltet«.

Reekie beobachtete genau, in welchem Zustand sich der Maschinen- und der Laderaum befanden. Er beschreibt beide Räume als »unheimlich« und fühlte sich wie in einem »ganz schlimmen Alptraum«. Gelbe, braune und schwarze Rostnasen sickerten aus den Poren des Schiffes. Zwei bis drei Fuß lange »Haare« schwebten wie Fangarme im trüben Wasser, als wollten sie die fremden Eindringlinge umfassen und einfangen. Lose, von Schlick umgebene elektrische Leitungen hatten sich zu drohenden Spinnennetzen zusammengeschlossen, die schleimige Klumpen und kleinere Trümmerstücke freigaben, wenn man sie berührte. Wände, vormals Begrenzungen von Räumen und Gängen, fehlten ganz. Die eingeschränkten Sichtverhältnisse erlauben heute nur noch einen undeutlichen Blick auf die Reste der *Empress of Ireland*. In der Dunkelheit scheint sie auf ewig Wache zu halten

Zu den von John Reekie geborgenen Gegenständen gehören Löffel, Schüsseln, die Bullaugen 511 und 518 sowie ein Einmachglas mit Pfirsichen. Er stieß aber auch auf einen höchst ungewöhnlichen Fund, wohl das skurrilste Objekt an Bord der *Empress* – ein Elchgeweih. Das war jene Trophäe, die Sir Henry Seton-Karr als Erinnerung an seine Reise durch die kanadische Wildnis mit nach Hause nehmen wollte. Reekie stiftete das Geweih dem Musée de la Mer, wo es in der ständigen Sammlung ausgestellt ist.

Der kanadische Berufstaucher und Videofilmer Terry German erinnert sich noch deutlich an seine Empfindungen, als er das erste Mal zur *Empress of Ireland* hinabtauchte. Er dachte, er würde »die Hölle auf Erden« erleben, als während des unheimlichen Abtauchens in dem trüben, kalten Wasser auf einmal ein massiger, atemberaubender Schiffsrumpf in sein Gesichtsfeld kam. In den folgenden Jahren erkundete Terry die tiefergelegenen Bereiche der dritten Klasse. Auf einem dieser Vorstöße wurde ihm vor Augen geführt, wie unglaublich viele Menschen beim Untergang der *Empress* umgekommen waren. Er war gerade damit beschäftigt, einige Flaschen zu bergen, als fallende Trümmerstücke Dutzende von Skeletten enthüllten – die sterblichen Überreste von Passagieren der dritten Klasse. Einige wenige Lederreste, wohl einst irgendwelche Kleider oder Hosen, waren das armselige Leichentuch für diese Ertrunkenen.

Zur Erinnerung an die achtzigste Wiederkehr des Untergangs der *Empress* brachten am 29. Mai 1994 zwei Taucher, Terry German und Kim Martin aus Toronto, eine Gedenktafel am Rumpf an, auf der folgendes zu lesen ist:

EMPRESS OF IRELAND

Zur Erinnerung an alle Angehörigen der Heilsarmee, die in die Ewigkeit eingingen, und an die übrigen 1026 Passagiere, die ihr Leben am 29. Mai 1914 verloren. Zu Ehren des 80. Jahrestages.
29. Mai 1994

Diese Taucher übergaben der Heilsarmee zwei aus dem Schiff geborgene volle Weinflaschen und eine goldene Taschenuhr, die jetzt im »Salvation Army Heritage Center Museum«, dem Museum der Heilsarmee, in Toronto ausgestellt sind. Damit verfügt diese Sammlung über einige Objekte, die an die kanadischen Mitglieder der Heilsarmee erinnern, die beim Untergang der *Empress of Ireland* »zum ewigen Leben befördert wurden«.

Epilog

Soweit bekannt, kamen in Father Point keine Passagiere an Bord der *Empress*. Jeder CPR-Angestellte wäre mit dem Lotsen Adélard Bernier von Bord gegangen, und es ist ja auch bekannt, daß ein Agent mit Bernier das Schiff verließ. Die Berichte widersprechen sich, was den Namen dieses Agenten betrifft. Es könnte sich zum einen um David Reid Kennedy jr. aus Montreal gehandelt haben, einen Angestellten der Canadian Pacific, der sich vom Gepäckträger zum Bezirksvertreter hochgearbeitet hatte. Zum anderen wird häufig auch der Name von William Webber genannt. Dieser war den Angehörigen bei der Identifizierung der Toten in Quebec behilflich. Angestellte der CPR auf der Windsor Station in Montreal erfuhren telephonisch von der Katastrophe. Dieser Anruf kam von dem oder von den Agenten, die das Schiff bei Father Point verlassen hatten. Einigen Berichte zufolge schickte Kapitän Kendall der CPR ein Telegramm, in dem lediglich zwei Worte standen: »Schiff gesunken.«

Sir Arthur Conan Doyle, der Autor der Sherlock-Holmes-Geschichten, befand sich, unmittelbar nach der Tragödie, auf einer Vortragsreise in Montreal. Journalisten fragten ihn, ob er das Geheimnis dieser Kollision im Nebel nicht lösen könne. Sir Arthur, von dieser ernsthaft gestellten Frage überrumpelt und in Verlegenheit gebracht, hatte für dieses Rätsel keine Erklärung.

Nach dem Verlust der *Empress of Ireland* wurde die kanadische Regierung mit zahllosen Briefen bombardiert. Einfache Bürger, aber auch Unternehmen wandten sich an sie mit Vorschlägen, von denen einige durchaus Beachtung verdient hätten. Die Illinois Malleable Iron Company aus Chicago schlug vor, künftig abnehmbare Kabinentüren an Bord zu verwenden, so daß diese in einem Notfall als kleine Rettungsflöße dienen könnten. Ein Kanadier schlug vor, allen an Bord befindlichen Passagieren nach militärischem Vorbild Erkennungsmarken auszuhändigen, um sie im Fall einer Katastrophe leichter identifizieren zu können. In verschiedenen Briefen fand sich die Anregung, in allen Kabinen elektrische Summer anzubringen, die von der Brücke betätigt werden könnten, wenn das Schiff aufgegeben werden müßte. Die Maytham Improved Ship Construction Company, eine auf Schiffsbau spezialisierte Firma aus Buffalo, präsentierte eine neue Rumpfkonstruktion, die aus einer Reihe wasserdichter Tröge bestand. Bei einem gewaltsamen Stoß löste sich der Rumpf in zwei Teile, wobei beide schwimmfähig wären. Einige Briefschreiber erklärten ihre Bereitschaft, zur *Empress* hinabzutauchen, nachdem das Problem der Bergung in den Zeitungen diskutiert worden war. Es gab auch einige Vorschläge, das ganze Schiff zu bergen, indem man Stahltrossen am Wrack befestigte und es mit einer riesigen Winde an Land schleppte. Eine Frau wandte sich mit der Aufforderung an Minister Hazen, man solle doch eine geistige Untersuchung des Unglücks durchführen. Sie vertrat die Ansicht, ein »gefallener Engel« habe die Rudergänger auf beiden Schiffen mit Blindheit geschlagen.

Eines ist aber auffällig: Sorgfältig vermieden sämtliche Briefschreiber, die Sicherheit des Verkehrsweges in Frage zu stellen, der für das Wachstum und die weitere Entwicklung Kanadas so wichtigen Lebensader. So endeten einige Sendungen mit einschränkenden wie vorsichtigen Wendungen wie: »Der Verfasser dieser Zeilen ist Kanadier und – natürlich – an allem interessiert, was Kanada betrifft.« Ein anderer schloß mit dem Satz: »Ich hoffe, Sie schreiben es [die Vermessenheit, Vorschläge für die Sicherheit auf dem Sankt-Lorenz-Strom zu unterbreiten] dem Eifer und dem Interesse eines echten Kanadiers zu.«

Am 5. Juni 1914 schrieb John McWilliams, der Leiter der Lotsenstation in Father Point, einen Brief an Minister Hazen, in dem er ihm Vorschläge für eine zukünftige Vermeidung von Unfällen bei Father Point unterbreitete. Er wies darauf hin, daß die *Eureka* die Unfallstelle schon 40 Minuten früher hätte erreichen können, wenn sie mit einem Funkgerät ausgerüstet gewesen wäre. Sie hätte dann den auslaufenden Kohlenfrachter, dem sie Lotsendienste geboten hatte, sofort nach Empfang des SOS-Signals verlas-

ANDERSON, J.
ANDERSON, JOHN (Gerettet)
ANDERSON, OLAF (Gerettet)
ANDREWS, H.
ANTONUK, NIKOLI
APPLETON, CHARLES
ATKINSON, JOHN (Gerettet)
BABEZUK, B.
BABEZUK, MRS.
BABEZUK, MARY
BABISKI, WASILI
BAIE, SIMA
BANGER, MARY
BARARI, MEDREA
BARTSCHI, CHRISTIAN
BARTSCHI, THEOFIL (Gerettet)
BASTA, ANDREW
BEDNARZ, JAN
BEFARA, NAZZARINO
BEKOEFF, TETARI
BELL, DAN
BELLUCCI, DANTI
BELLUCCI, LUCIANI
BELSER, KATHERINE
BENARI, PETE (Gerettet)
BERARI, ILIE
BERCSAN, SANDOR (Gerettet)
BERGMAN, REINO
BERGMAN, SENJA
BERNABIE, ANTON
BERNOSISS, LUIGI
BERRY, DANIEL
BEVAN, W.G. (Gerettet)
BIRCH, MRS. REUBEN
BIRCH, MASTER JACK
BIRCH, MISS ELSIE
BJORDAL, PEDER (Gerettet)
BLACKBURN, MISS M.
BLACKHAM, ARTHUR JAMES
BLOMQVIST, AUGUST
BLOMQVIST, MRS. AUGUST
BLOMQVIST, ERIK
BLOMQVIST, FRED
BOARDMAN, CHARLES
BOARDMAN, MRS. CHARLES
BOKIC, MILE
BOLANIAN, ZACHARIE
BOLTON, GEORGE HENRY
BOLTON, MRS. GEORGE HENRY
BOLTON, MASTER GEORGE
BOLTON, INFANT
BONNE, JACOBUS
BORSIK, FRED
BRAET, VICTOR (Gerettet)
BRAGA, EGILDO (Gerettet)
BRAGA, MRS. CAROLINA (Gerettet)
BRAGA, MISS JOSEPHINE
BRAITHWAITE, MRS. MARTHA ELLIS
BRAITHWAITE, MASTER
BRAITHWAITE, MASTER
BRENDI, NAZZARINO
BRISCHUK, D.
BRISTOW, CHARLES (Gerettet)
BRISTOW, MRS. CHARLES
BRISTOW, CHARLES JR. (Gerettet)
BRITTON, JOSEPH
BRONCHIN, JULES
BRONKEN, MRS. LENA
BRONKEN, MISS ELLA
BROOKS, MRS. FRANK (Gerettet)
BROOKS, MISS DOLLY
BROOKS, HARRY
BROWN, ARCHIE (Gerettet)
BRYAN, MISS C.
BRZOZOWSKI, JAN (Gerettet)
BUCCARELLI, JOHN
BUCHACS, LEONTY (Gerettet)
BUCK, MRS. MARY JANE STALEY

BURROWS, WILLIAM THOMAS (Gerettet)
BURROWS, MRS. CHARLOTTE
BURROWS, MASTER WILLIAM JOHN
BURROWS, MISS MAY
BUTACS, DIMITRIE
CARLSON, ANDREW
CARTER, HAROLD H.
CHMILEWSKY, A.
CHOMICZ, MOISEJ
CHOU, MRS. AMELIA MOTT
CHURCIA, PAVA
CLARK, STEPHEN
CLARK, MRS. ALLAN
CLARKE, THOMAS
CLAUSEN, DAVID (Gerettet)
CLEMENTS, ROBERT H.
CONSTANTIN, DELIMAN (Gerettet)
COOPER, PERCY DANIEL
COSTCA, GEORGE
COSTE, DALAHEA (Gerettet)
COTTERILL, LIZA OAKLEY
COX, MARY
CRAWFORD, MRS. MAY
CRESWELL, JOSEPH
CRESSWELL, MRS. FANNY
CZELISOK, VALENTI
DAB, MRS. ELIZA
DAVIES, MRS. E.
DELAMONT, JOHN (Gerettet)
DELAMONT, MRS. ELIZABETH (Gerettet)
DELAMONT, MISS LIZZIE (Gerettet)
DELAMONT, LEONARD
DELAMONT, ARTHUR (Gerettet)
DELLIMORTI, FRANCESCO
DEVESON, F.
DEVESON, MRS. F.
DISKI, PHILIP (Gerettet)
DIXON, MRS. POLLY
DOWKER, GEORGE
DOWKER, MRS. ALICE
DRANSFIELD, GEORGE (Gerettet)
DREHA, JOHN
DUDKA, ROMAN
DUFFY, MRS. W.
DULEVICH, STEFAN
DUMA, ALEXANDER
DURRANT, MRS. JOSEPH
DURRANT, JAMES
DUTTON, MRS. KATHLEEN
EDWARDS, CHRISTOPHER
EKQVIST, ARVID (Gerettet)
ELLIOTT, ERNEST
ELLIOTT, MRS. ELLEN FLORENCE
ELLIOTT, MASTER FREDERICK ERNEST
ELLIOTT, MASTER GEORGE BRUCE
ENGEL, JULES
ENGSTROM, JOHN
ERICKSON, ERIK J.
ERICKSON, NELS L. (Gerettet)
ERIKSEN, ANTHON
EVANS, RUSSELL
EVENSEN, ARTHUR (Gerettet)
EVICH, DEMENTI
EVINSON, ELI
EVINSON. MRS. FANNY LEVI (Gerettet)
EVINSON, MASTER JULIUS
FALNI, DAVID
FANT, MICK
FARKAS, GEORGE
FAULKNER, JAMES
FAULKNER, MRS. ELLEN
FELL, MISS EDITH
FELSTEAD, MRS. GEORGE PHILIP LAST
FELSTEAD, MASTER WILLIAM
FELSTEAD, MISS GLADYS
FERGUSON, A.C. (Gerettet)
FISHWICK, EDMUND
FLACK, PERCY (Gerettet)

FLACK, MRS. PERCY HARRALD
FLIFLET, MRS. JOSEPHINE
FORSTROM, WILLIAM
FORSTROM, MRS. WILLIAM
FORSTROM, WALDO WILLIAM
FORSTROM, TANE
FOWLER, BENJAMIN JOHN (Gerettet)
FRANSEN, OSCAR
FRASER, FRANK
FREGORICZUK, WASIL
FURNISS, S. G. (Gerettet)
FUSS, VAVROSHENETZ (Gerettet)
GAGULOFF, NALUK
GARBUZEW, EWDOKIM
GARD, JOHANNES (Gerettet)
GARNETT, WILLIAM
GARNETT, MRS. WILLIAM
GASIEFF, STEPAN
GASSELSEDER, FRANK
GATTRELL, MR.
GATTRELL, MRS. E. N. (Gerettet)
GILES, WILLIAM J.
GILL, MARTIN (Gerettet)
GLOVER, F.
GODDEFROY, L.
GOFF, MISS AGNES
GOGOFF, TASKO (Gerettet)
GORALSKI, FELIX
GOSS, JOHN
GOSS, MRS.
GOSS, MISS VIOLET
GOSS, JOHN JR.
GOSS, JOSEPH
GRASA, ANTONIE
GRDISA, NICK
GREEN, MRS. W.
GREENFIELD, MRS. RUTH
GREGOVICH, JOHN (Gerettet)
GRIFFIN, MRS. VIOLET JANE BOAZ
GRINEVICH, ALEXANDER (Gerettet)
GUPKA, RIPRIJAN
GUPPY, MISS NELLIE
GUSTAFSON, JOHN
GUSZCZO, ADAM (Gerettet)
HAKALA, MARY
HALASCH, WASILJ (Gerettet)
HALL, MISS EDITH
HALL, HENRY
HAMALAINEN, VILHO (Gerettet)
HAMMER, MISS EMMA
HANNUNEN, EDWIN
HANNUNEN, MRS. AINO (Gerettet)
HARKONEN, REINO (Gerettet)
HARRISON, HUGH
HARVEY, MISS CARRIE
HATISCHKY, TANASKA (Gerettet)
HAVERINEN, MISS KREETA
HEDGECOE, GEORGE (Gerettet)
HEIKKILA, ANTTI
HEIKKILA, HILJA
HEIKKILA, VIENO
HELLER, ABRAM (Gerettet)
HILL, MRS. MARY E. CLEGG
HOAD, MRS. KATHLEEN MAVOURNEED LANE
HOAD, MISS KATHLEEN EMILY
HOBBS, MRS. MARY ANN
HOBBS, MISS LOUISE
HOKLEY, EDWARD
HOLMBERG, EDWARD
HOLMI, LIISA
HOPPER, FRANK
HOPPER, WILLIAM
HORWITZ, MOLLIE
HOWANICZ, ALBERT
HOWARTH, MRS. RICHARD MORGAN
HOWARTH, MASTER LEONARD
HOWARTH, MISS EMMIE
HOWELL, MRS. A.

HOWELL, MISS LILIAN
HUNT, MRS. BEATRICE
ILIE, BORIS (Gerettet)
ILIEFF, PAVELL
INGLETON, MISS VIOLET
ISPAS, ALEXANDER
IVANE, M.
IVANE, W.
JACK, MRS. SARAH COUTTS
JACK, MASTER DAVID
JAKSIC, MILE
JAKSIC, VASO
JAY, MRS. EMILY
JAY, MISS QUEENIE
JAY, MASTER CLIFFORD
JAY, MASTER FREDERICK
JAY, MISS EMMIE
JAY, MISS STELLA
JEFFREY, MISS MARY ANN
JEFFRIES, MRS. ISAAC
JEFFS, MRS. KATE HALIDAY
JEFFS, MASTER ERNEST
JELISAVAC, SIMO (Gerettet)
JENSEN, MRS. ANNIE
JOHNSON, ALIDA
JOHNSON, ANDREW (Gerettet)
JOHNSON, J.
JOHNSON, MRS.
JOHNSON, MISS TILLIE
JOHNSON, W.
JOHNSON, EDWARD
JOHNSON, MRS.
JOHNSON, ULF
JOKINEN, FRANK
JONES, MISS NELLIE
JOUKAINEN, SIMO (Gerettet)
JOVITY, MRS. GYULA
JOVITY, MILAN
JUNIPER, MRS. ANNIE
JUNIPER, CHILD
JUSSILA, KALLE
KADIEFF, HANGER
KALLIO, HILMA (Gerettet)
KAMINSKI, JOSEF (Gerettet)
KANGAS, EINAR
KANGAS, JOHN
KARANES, MICHAEL (Gerettet)
KASPAROWICZ, JOSEPH
KEELEY, THOMAS
KERNEY, HARRY
KERR, PETER
KERR, MRS. MINNIE RUSSELL
KERR, MASTER GEORGE
KERR, MASTER WILLIE
KERR, MISS CATHARINE
KERR, MISS MAGGIE
KERR, MISS SARAH
KESANIEMI, MATTI
KESTILA, IVAR
KICZAK, WOJCIECH (Gerettet)
KILSBY, C.
KINOS, EINO
KIRTLEY, MRS. ELIZABETH (Gerettet)
KIRWIN, MRS. AMY SELLERS
KIRWIN, MASTER JAMES
KITSON, HERBERT
KITSON, MRS. MARY LONG
KITSON, MISS MONICA
KIVISTO, HILMA
KIVISTO, LAURA
KIVISTO, TOIVO
KLEMENS, JOSEF
KLEVA, WASILJ
KLIMCHUK, ISTAFI
KLUKACZ, ADAM (Gerettet)
KNISZ, ANDREJ
KOIVISTO, ARVI
KOIVISTO, MARTTI

KOIVISTO, PAULINE
KOIVISTO, TOM
KOLOMETZ, MITROFIM (Gerettet)
KORGA, JAN (Gerettet)
KOSKINEN, HELVI
KOSKINEN, J.
KOSKINEN, MILJA
KOSKINEN, MRS. MANDA
KOSTOFF, DELCHO
KOWALSKI, JAN
KOYNYTO, SAVELI (Gerettet)
KOZLOWSKY, STANISLOW
KOZORIZ, KUZMA
KRAVETZ, LARION
KRAWCZENKO, ANTON
KRUCHINSKY, ANDREJ (Gerettet)
KRUTIN, JAN
KRYCZUNIAK, IVAN
KUBELESS, FRANTZ
KUCHOJ, MIKE (Gerettet)
KUJALA, JACOB
KUPRECZENKO, JOHN
KUTZI, GRIGOR (Gerettet)
KUUKARI, VICTOR
KWARCHEK, FEODORE
LAHTI, HERMAN
LAJESIC, JOVAN (Gerettet)
LAMMI, MATTI (Gerettet)
LAMPINEN, LIISA
LANCA, JOSIP
LANGENICZ, PETER
LARSON, ANTON
LARSON, MRS. JOHN A.
LARSON, NELS
LASKEY, FRED
LAWLOR, PHILIP (Gerettet)
LAWLOR, MRS. ELLEN GARTHWAITE
LAWLOR, MASTER HERBERT (Gerettet)
LAWS, ROBERT
LEBEDOWICZ, IVAN
LEE, MRS. ETHEL DURHAM
LEEKS, MASTER WILLIE
LEHTO, MATTI
LEIKAS, ANSELM
LEJCZUK, MARCIN (Gerettet)
LEVCHIK, OLEF
LEVETZ, ARCHIV (Gerettet)
LEWANDOWSKI, B.
LIEZNER, HRYE
LILEK, T.
LINDQUIST, JONAS (Gerettet)
LINDQUIST, MRS. MARTHA (Gerettet)
LIVANOFF, PETER
LONE, ALICK
LONE, CLARA
LONE, HANS
LONE, RENA
LOS, HARRY
LUBNJEWSKY, ADAM
LUBNJEWSKY, JACOB (Gerettet)
LUCHOVICH, LUKA
LUKIJANEC, MATY (Gerettet)
LUNG, ILIA (Gerettet)
LUPINE, NAZZARENO (Gerettet)
LUREN, MAGNUS (Gerettet)
LUREN, MRS. MAGNUS
LUZENSKY, IGNOTTY
MADSEN, MRS. PETER
MAGYAR, TOMA
MAKELA, JOHN
MAKI, MANDI
MAKI, MATTI
MAKI, ORVOKKI
MAKINEN, OSCAR
MALASCHCUK, FOMA (Gerettet)
MALOBASA, DANE
MANDRYK, HARRY
MANDRYK, SYDOR

MARAZEWICZ, TERENTY (Gerettet)
MARIAN, JUON
MARIN, JOVAN
MARINI, GUISEPPE
MARINKOV, GYMO
MARKKULA, MISS SOFIA
MARKKULA, AINO
MARKKULA, MISS TONIA
MARKKULA, ARVO (Gerettet)
MARKKULA, EERO
MARTIN, MRS. EMMA SMITH
MASIC, STEVE
MASON, MRS. J.
MASON, HOWARD
MATIYOS, N.
MATTSON, MRS. IDA
MATTSON, SULO
MAULE, MRS. FRANCES
MAWBY, MRS. E. M.
MAWBY, MISS KATHLINE
MAWHINNEY, GEORGE
MAY, MARK
McGACHEN, MRS. MAUD ANFIELD
McGACHEN, MISS GLADYS MAUD
McGACHEN, MISS MARJORY MARY
McGACHEN, INFANT
McVEIGH, JAMES HENRY
MEZIN, DIMITRI
MIHEKOVIC, TOMO
MIKULICZA, GEORGE
MINARDO, LUIGI
MINCY, PETRU
MITCHELL, SYDNEY
MITEFF, GAIRO
MITOFF, ALEXI
MOOREHOUSE, FREDERICK
MOROSUK, MOISEI
MORRELLI, PAOLO (Gerettet)
MORTON, LOWTHER
MORTON, MRS. RUTH
MORTON, MISS JANE
MORTON, MISS KATHLEEN
MOSE, H. N. (Gerettet)
MOSKELLI, K.
MOTKI, MIKE
MULLEN, ROBERT
MURCSAN, T.
MUZICHUK, NIKITA (Gerettet)
NAULLS, MRS. L.
NAULLS, WILLIAM
NELSON, GUSTAF
NEVALAINEN, OTTO
NIKULA, JOHN
NIKULAIE, ILIE
NILSSON, SIGFRID (Gerettet)
NINUTEAR, PAVELL (Gerettet)
NIRNY, ILIA
NISSILA, FRANK (Gerettet)
NISSILA, SANNI
NIVALA, JOHN
NIVALA, LIZZIE
NIVALA, ROY
NIXON, MRS. ETHEL JEFFREY
NIXON, MASTER LESLIE
NIXON, MISS EMMA
NOBISKI, PIOTR (Gerettet)
NOVIKOV, SPEREDON (Gerettet)
NURMINEN, MANU (Gerettet)
OAKLEY, G.
OLECKI, ONUFREJ
OLSEN, GUSTAV
PAC, VAVYENCE
PACCOZZACHI, GUISEPPI
PAJIN, NIKA
PARKER, MISS T.
PARKINSON, MISS LETITIA
PARRISH, MRS. ALBERT
PARRISH, MASTER HARRY

TREHERNE, ALLAN
TRIF, KOSTA (Gerettet)
TUFFLEY, LAURA
TURKICH, AMBROSE
TURNBULL, ALBERT REGINALD
TURNBULL, MRS. CAROLINE ELLEN
TURNER, JOSEPH
TWORKOWSKI, DOMINIK
UGOLINI, JOHN
VAGRE, ADELE
VAGRE, AMERIGA
VAGRE, AMERIGO
VAGRE, ANGELO
VAGRE, LUIGI
VAISANEN, DAVID
VALHOTT, KRANCHO
VALHOTT, MICO
VALIMAKI, TUOMAS (Gerettet)
VAN CASTRE, VICTOR (Gerettet)
VAN DE MOERE, VICTOR (Gerettet)
VANNER, THOMAS EWART
VARNEY, MRS. LOUISA
VARNEY, MISS VIOLET
VERNIER, MR. C.
VERNIER, MRS. C.
VERNIER, JEAN
VERNIER, LOUIS
VERNIER, EDOUARD
VERNIER, RENE
VERNIER, JOSEPH
VERNIER, MARGUERITE
VIITA, KALLE (Gerettet)
VINQUIST, C. J.
WALKER, JAMES (Gerettet)
WALKER, MRS. JAMES
WALKKY, HILDA (Gerettet)
WARWICK, CHARLES RALPH
WASZKO, PAWLO
WATSON, MRS. MARY ELLEN
WEIR, MISS VIOLET
WHITE, MISS JESSIE
WHITE, MRS. LENA
WHITE, MISS MAY
WHITE, MRS. MARY JANE KNOX
WIDLASKI, HARRY
WIKTORSKY, STANISLAW
WILCOCK, HENRY
WILKES, CHARLES
WITIAZ, FONIO
WOJTOWICZ, MIKE
WOLCZUK, JAKYM (Gerettet)
WOODWARD, MR. WALTER
WOODWARD, MRS.
WOODWARD, MRS. S.
WOODWARD, MISS MAY
WOODWARD, MISS
WOROBIEN, MARIA
WOROBIEN, NIKOLAI
WOROBIEN, TIMOFEI
WORRALL, HERBERT HORACE
WREN, MRS. JANE
YUDIN, HARRY
YULIK, IWAN
ZALEVA, MARCZIN
ZOLOTOROW, WASILI (Gerettet)
ZOUK, GEORGI (Gerettet)
ZOUK, MRS. MARIA
ZOUK, MASTER WLADISLAW
ZOUK, MISS JOSEFA
ZROTAM, TOADER
ZSUFFA, A.
ZUK, KIRILIO (Gerettet)

Der Gedenkstein der Canadian Pacific Railway am Südufer des Sankt-Lorenz-Stroms zwischen Rimouski und Father Point.

Ein Päckchen à 10 Stück zu 50 Dollar und ein Päckchen à 5 Stück zu 10 Dollar.

Johnston, David
Ein Umschlag vom Windsor Hotel, Montreal, mit drei Wechseln, ausgestellt von der Frederickton-Zweigstelle der Bank of Montreal auf die Zweigstelle in London, alle persönlich zahlbar an David Johnston: Nr. 125 über 500 Pfund, Nr. 126 über 1.000 Pfund, und Nr. 127 über 315 Pfund 11 Shilling 7 Pence.

Kavalesky, Ivan
Sicherheitsumschlag Nr. 986, unterzeichnet »Kavalske« mit elf 5-Pfund-Noten, einer 10-Pfund-Note und einer 20-Pfund-Note, alle von der Bank of England.

Lindsay, M. A.
Sicherheitsumschlag Nr. 995, unterschrieben »M. A. Lindsay«, mit neun 10-Dollar-Noten der Royal Bank of Canada; zwei 10-Pfund-Noten und zwölf 5-Pfund-Noten der Bank of England.

Richards, George
Sicherheitsumschlag Nr. 991, unterzeichnet »Geo. C. Richards«, mit je sieben K. N. & K. Reiseschecks zu 10 Dollar, 19 Reiseschecks zu 20 Dollar und 1 zu 50 Dollar. Fünf US-Banknoten zu 20 Dollar; ein Brief datiert vom 30.11.1911 in Sheffield mit Umschlag und ein leerer Briefumschlag ohne Adresse mit der Aufschrift »Nach fünf Tagen zurückzuschicken an Richards & Sons, Miners and Shippers of Coal, Terre Haute, Ind.«

Riley, John
Sicherheitsumschlag Nr. 987, unterschrieben von John Riley. Geöffnet und leer.

Schongutt, H.
Sicherheitsumschlag Nr. 994, unterschrieben von »Josephine Schongutt, mit 30 Dollar in kanadischen Banknoten und vier Sovereigns; einem weiteren weißen Umschlag mit der Aufschrift »Mathilde«, der eine englische 5-Pfund-Note und vier Sovereigns enthielt.

Yates, H.
Sicherheitsumschlag Nr. 988, unterzeichnet »Harry Yates« mit zwei 5-Pfund-Noten der Bank of England; zwei Sovereigns und zwei (goldenen) 10-Shilling-Stücken.

Wakeford, A. J.
Ein in Papier eingewickeltes Paket mit Trageriemen und Metallhandgriff, versehen mit zwei Anhängern, davon einer mit der Aufschrift: »Vom Windsor Hotel, Montreal, Zimmer 138, Anzahl der Stücke 5, Empress Special«; der andere mit der Aufschrift: »A. J. Wakeford, Empress of Ireland, Quebec, 28. Mai 1914«, das, wie sich herausstellte, einen Brocken Quarz enthielt.

Nicht identifiziert
Sicherheitsumschlag, Unterschrift praktisch unleserlich, mit 175 Dollar in Banknoten.

FRACHTDOKUMENTE FÜR UNGEMÜNZTES SILBER

Ein Segeltuchbeutel mit einem nicht adressierten Anhänger der Canadian Express Company, der Zollpapiere und Frachtbriefe für eine Sendung ungemünzten Silbers an die Firma Mocalta & Co. London, England, enthielt.

Ein Seefrachtbrief für 163 Silberbarren, datiert 28.5.1914, Quebec.

Ein Seefrachtbrief für 49 Silberbarren, datiert 28.5.1914, Quebec.

WEITERE FRACHTDOKUMENTE

Ein Segeltuchbeutel, mit einem Anhänger versehen und beschriftet: »Agent Dominion Express Company, Liverpool, England, versiegelt durch M.E.P. Quebec, am 28. Mai 1914«. Inhalt: zwei versiegelte Päckchen, numeriert 239 und 242, sowie ein Bündel von dreizehn ungeöffneten Dominion-Express-Umschlägen.

Ein Bündel von Dominion-Express-Papieren, u. a. Frachtbriefe und Frachtbrieferklärungen.

SCHIFFSBÜRO UND ZAHLMEISTER

Ein Unterschriftenbuch der Bank of Montreal.

Zwei Überweisungsbücher der Canadian Pacific Railway, Formblatt E 35

Ein Anforderungsbuch der CPR Co., Formblatt S.S. E 2036, zum Teil benutzt.

Agenten-Anforderungsbuch, Formblatt S.S. 2036; Kontrollabschnitte No. 2 – 111.

Drei Kassenbücher des Zahlmeisters: eines abgeschlossen im Januar 1911; ein zweites abgeschlossen im November 1913; das dritte mit Eintragungen bis zum 23.5.1914, einschließlich Quittungen und Rechnungsbelegen.

Ein Überweisungsbuch: Letzter Eintrag 1.900 Pfund Sterling, 23.5.1914

Ein Päckchen Privatpapiere und fünf Bücher, die anscheinend dem Zahlmeister McDonald gehörten.

Teil eines Notizbuchs, das für Kassenabrechnungen verwendet wurde, und zwei kleine rote Notizbücher.

Zwei Freimaurerkarten mit dem Namen Ernest Hayes.

Eine Zigarrenkiste mit Privatbriefen und Papieren, die wohl Ernest Hayes gehörten.

REISESCHECKS

Dominion-Express-Reiseschecks Nr. 552930 – 552969 zu je 10 Dollar; Nr. 345850 – 345869 zu je 20 Dollar; Nr. 127170 – 127229 zu je 50 Dollar; Nr. 32170 – 32199 zu je 100 Dollar; sowie sieben leere Lederhüllen für Dominion-Express-Reiseschecks.

Dominion-Express-Zahlungsanweisungen: Serie AA, Nr. 99010 – 99049; Serie BB, Nr. 678500 – 678549; ein Päckchen mit sieben Kontrollabschnitten für Dominion-Express-Zahlungsanweisungen und einem einzelnen Kontrollabschnitt.

Dominion-Express-Auslandsschecks mit den Nummern 556731 – 556749.

BRIEFMARKEN

Mehrere Bögen kanadischer Ein- und Zwei-Cent-Briefmarken, die aufgrund ihres Zustands nicht mehr gezählt werden konnten.

Ein Päckchen mit Versicherungsmarken der »National Health Insurance« [Nationale Gesundheitsversicherung] im Werte von 37 Pfund 14 Shilling 6 Pence.

Ein Päckchen englischer Penny- und Halfpenny-Briefmarken im Wert von 51 Pfund 9 Shilling.

VERSCHIEDENES

Zertifikat der amtlichen Eintragung der *Empress of Ireland* mit dazugehörigen Dokumenten.

Ein privater Schlüsselkode, 6. Ausgabe, Nr. 188, der versiegelt war, ohne je geöffnet worden zu sein.

Ein stark beschädigter Revolver (Kal. .22) und eine Schachtel Patronen (Nr. 38).

Ein Stoß Offizierszertifikate.

Quittung des Seemannsamtsleiters für die Reinigung des Schiffes.

Eine stark beschädigte kleine Broschüre über die *Empress*.

Etwa 25 Packungen eines Arzneimittels, die aufgrund ihres Zustands vernichtet wurden.

Zwei Bücher: *Peru To-day*, Oktober und November 1913.

Eine Zinnkassette mit verschiedenen Schlüsseln.

Sieben hölzerne Geldbehälter und eine schwarze Geldtasche aus Leder.

Ein Päckchen verschiedener Briefe und Papiere ohne verifizierbaren Wert.

Eine Sparbüchse aus Zinn in Form eines kleines Rettungsboots mit der Aufschrift: »Contributions for the Royal National Life Boat Association« [Spenden für die Gesellschaft zur Rettung Schiffbrüchiger], dessen Bug leicht beschädigt war.

> Bestätigt am 22. und am 24.8.1914 vor Reginald Meredith, Notar, Quebec.
> Erneut bestätigt am 22.1.1997 durch Stuart Wright, Notar, Quebec.

(Das Originaldokument war handgeschrieben und enthielt zu einigen Punkten ausführliche Informationen. So waren beispielsweise die Seriennummern der sechsundsechzig 5-Pfund-Noten der Bank of England ausgeschrieben. Bargeld, das im mittleren Fach des Safes gefunden wurde und nicht als Eigentum eines Passagiers gekennzeichnet war, wurde als Eigentum der Canadian Pacific Railway betrachtet. Die Bank of Montreal behielt alle Wertsachen in Verwahrung, bis sie den rechtmäßigen Eigentümern beziehungsweise den Erben übergeben werden konnten.)

Bibliographie

SACHBÜCHER

Adams, John: *Ocean Steamers.* New Cavendish Books, London 1993

Archbold, Rick/Dana McCauley: *Das letzte Dinner auf der Titanic. Mit 50 Rezepten und Menüs aus der Küche des legendären Luxusliners,* Wilhelm Heyne Verlag, München 1997

Baarslag; Karl: *SOS To The Rescue.* Oxford University Press, New York 1935

Ballard, Robert D.: *Die Suche nach der Titanic.* Illustriert von Ken Marschall, Tessloff Verlag, Nürnberg 1997

Ballard, Robert D.: *Das Geheimnis der Lusitania.* Ullstein Verlag, Berlin 1995

Ballard, Robert D.: *Das Geheimnis der Titanic.* Ullstein Verlag, Berlin 1987

Ballard, Robert D. / Ken Marschall: *Lost Liners. Die letzte Reise. Von der Titanic zur Andrea Doria. Das Ende der großen Luxusliner.* Wilhelm Heyne Verlag 1997

Barnaby, O.B.E.: *Some Ship Disasters and Their Causes,* Hutchinson & Co. Ltd., London 1968

Berton, Pierre: *The Last Spike.* McClelland and Stewart Ltd., Toronto 1972

Biel, Steven: *Down with the Old Canoe.* W. W. Norton & Company, New York 1996

Boar, Roger/ Nigel Blundell: *The World's Most Infamous Murders.* Octopus Books Ltd., London 1983

Bonsall, Thomas E.: *Great Shipwrecks of the 20th Century.* Gallery Books, New York 1987

Bowen, Frank C.: *A Century of Atlantic Travel.* Sampson Low, Marston & Co., London 1933

Bowen, Frank C.: *History of the Canadian Pacific Line.* Sampson Low, Marston & Co., London 1928

Brown, Rustie: *The* Titanic, *The Psychic and the Sea.* Blue Harbour Press, Lomita 1981

Choko, Mark / David Jones: *Canadian Pacific Posters 1883 – 1963.* Meridian Press, Ottawa 1995

Corson, F. Reid: *The Atlantic Ferry in the Twentieth Century.* Sampson Low, Marston & Co., London 1931

Croall, James: *Fourteen Minutes.* Stein & Day, New York 1978

Cullen, Tom A.: *The Mild Murderer.* Houghton Mifflin, Boston 1977

Das Ende der legendären Ozeanriesen. Von: Ghostliners. Aus d. Engl. v. M. Schmidt, Loewe Verlag, Bindlach 1998

Eaton, John P. / Charles A. Haas: *Titanic – Triumph und Tragödie.* Wilhelm Heyne Verlag, München 1997

Ellsberg, Edward: *Men under the Sea.* Dodd, Mead & Co., New York 1937

Goss, Michael/George Behe: *Lost at Sea.* Prometheus Books, New York 1994

Harris, John: *Lost at Sea. True Stories of Disaster.* Guild Publishing, London 1990

Hoehling, A. A. und M. Hoehling: *The Last Voyage of the* Lusitania. Holt, New York 1956

Hoehling, A. A.: *They Sailed Into Oblivion.* Thomas Yoseloff Ltd., New York 1959

Homer: A. N.: *Imperial Highway.* Sir Joseph Caustons, London 1912

Junger, Sebastian: *Der Sturm. Die letzte Fahrt der Andrea Gail.* Diana Verlag, München, Zürich 1998

Kendall, H. G.: *Adventures on the High Seas.* Hurst & Blackett, London 1939

Kuntz, Tom (Hg.): *Die Titanic-Protokolle. Die Berichte der Überlebenden.* Heel Verlag, Königswinter 1998

Lord, Walter: *Titanic – Wie es wirklich war.* Wilhelm Heyne Verlag, München 1998

Lord, Walter: *Die Titanic-Katastrophe. Der dramatische Untergang des Luxusdampfers.* Wilhelm Heyne Verlag, München 1998[20]

Lotz, Jim/Keith McKenzie: *Railways of Canada.* Bison Books, London 1990

Luckin, Richard: *Dining on the Rails.* RK Publishing, Golden, Colorado 1990

Manning, George C.: *Manual of Ship Construction.* D. Van Nostrand Company, New York 1942

Marschall, Ken/Rick Archbold/James Cameron: *Ken Marschall's Titanic.* Wilhelm Heyne Verlag, München 1998

Marshall, Logan: *The Tragic Story of the* Empress of Ireland *and Other Great Sea Disasters.* L.T. Myers, New York 1914

Martin, Simon: *The Other Titanic.* David & Charles, Vermont 1980

Meadley, Robert: *Classics in Murder.* Xanadu Publications, London 1984

Mitchell, W. H.: *Canadian Pacific and Southampton.* World Ship Society, Southampton 1991

Moscow, Alvin: *Collision Course.* Blackie & Son, Glasgow 1959

Murray, John: *The Romantic History of the Canadian Pacific.* Tudor, New York 1935

Musk, George: *Canadian Pacific: The Story of the Famous Shipping Line.* Holt, Toronto 1981

Padfield, Peter: *An Agony of Collisions.* Hodder and Stoughton, London 1966

Rasky, Frank: *The Great Canadian Disasters* Longmans, Green & Company, Toronto 1961

Riddell, John F.: *Clyde Navigation.* John Donald Publishers, Edinburgh 1979

Rushton, Gerald A.: *Whistle Up the Inlet, The Union Steamship Story.* J. J. Douglas Ltd., Vancouver 1974

Smith, Eugene W.: *Passenger Ships of the World Past and Present.* George H. Dean Company, Boston 1978

Tantum IV, William H. (Hg.): *The Tragic Story of the* Empress of Ireland *by Logan Marshall,* Patrick Stevens Ltd, London 1972

Turner, Robert D.: *The Pacific Empresses.* Sono Nis Press, Victoria 1981

Warren, Marc: *Lusitania.* Patrick Stephens Ltd., London 1986

Warren, Marc: *The Shipbuilder 1906–1914.* Vol. 1. Blue Riband Publications, New York 1995

Watson, Milton H.: *Disasters at Sea.* Patrick Stephens Ltd., London 1987

Whale, Derek: *The Liners of Liverpool (Part II).* Countywise, Merseyside 1988

Whale, Derek: *The Liners of Liverpool (Part III).* Countywise, Merseyside 1987

Wood, Herbert: *Till we meet again. The Sinking of the Empress of Ireland.* Image Publishing, London 1982

Woon, Basil: *The Frantic Atlantic: An Intimate Guide to the Well-Known Deep.* Alfred Knopf, New York 1927

ROMANE

Cussler, Clive: *Night Probe,* Bantam Books, New York, 1981

Huser, France/Bernard Géniès: *Die Nacht des Eisbergs.* Wilhelm Heyne Verlag, München 1997

Williams, Emlyn: *Dr. Crippen's Diary,* Robson Books, London 1987

VERSCHIEDENE QUELLEN

»Bericht und Beweismaterial der Kommission zur Untersuchung des Verlustes des britischen Dampfschiffes *Empress of Ireland* aus Liverpool (Nr. 123972) durch Kollision mit dem norwegischen Dampfschiff *Storstad*«, Quebec, Juni 1914. Gedruckt gemäß Parlamentsbeschluß von J. De L. Tache, Hofdrucker seiner Majestät des Königs 1914

»Die Fairfield Schiffswerft und Maschinenfabrik: Geschichte der Gesellschaft, Überblick über die Produktion und Beschreibung der Werftanlagen.« Souvenirband der Zeitschrift *Engineering,* London 1909

Beaulieu, Nicole und Anne Normandeau: *The Forgotten Tragedy* (Die vergessene Tragödie). Souvenirbroschüre, herausgegeben vom Musée de la Mer, Pointe-au-Père, Quebec, o.J.

Brief von William Hughes an A. Veronica Williams, Juni 1914

Brief von David R. Kennedy, Sohn des CPR-Passagieragenten, Juli 1997

Brief von J. McSherry an die Familie von Mansfield R. Steede, Juni 1914

Brief von Mary A. Shepherd, Tochter von Fred Cullen, Juli 1997

Briefe von Stuart Wright, Februar 1997

Burggraf, Marjorie L.: *The* Empress of Ireland. *A Canadian Marine Monument to Twentieth Century Immigrant History.* (Ein kanadisches Schiffahrtsmonument der Einwanderungsgeschichte im 20. Jahrhundert.) Marinemuseum der Großen Seen in Kingston, Ontario 1996

Register

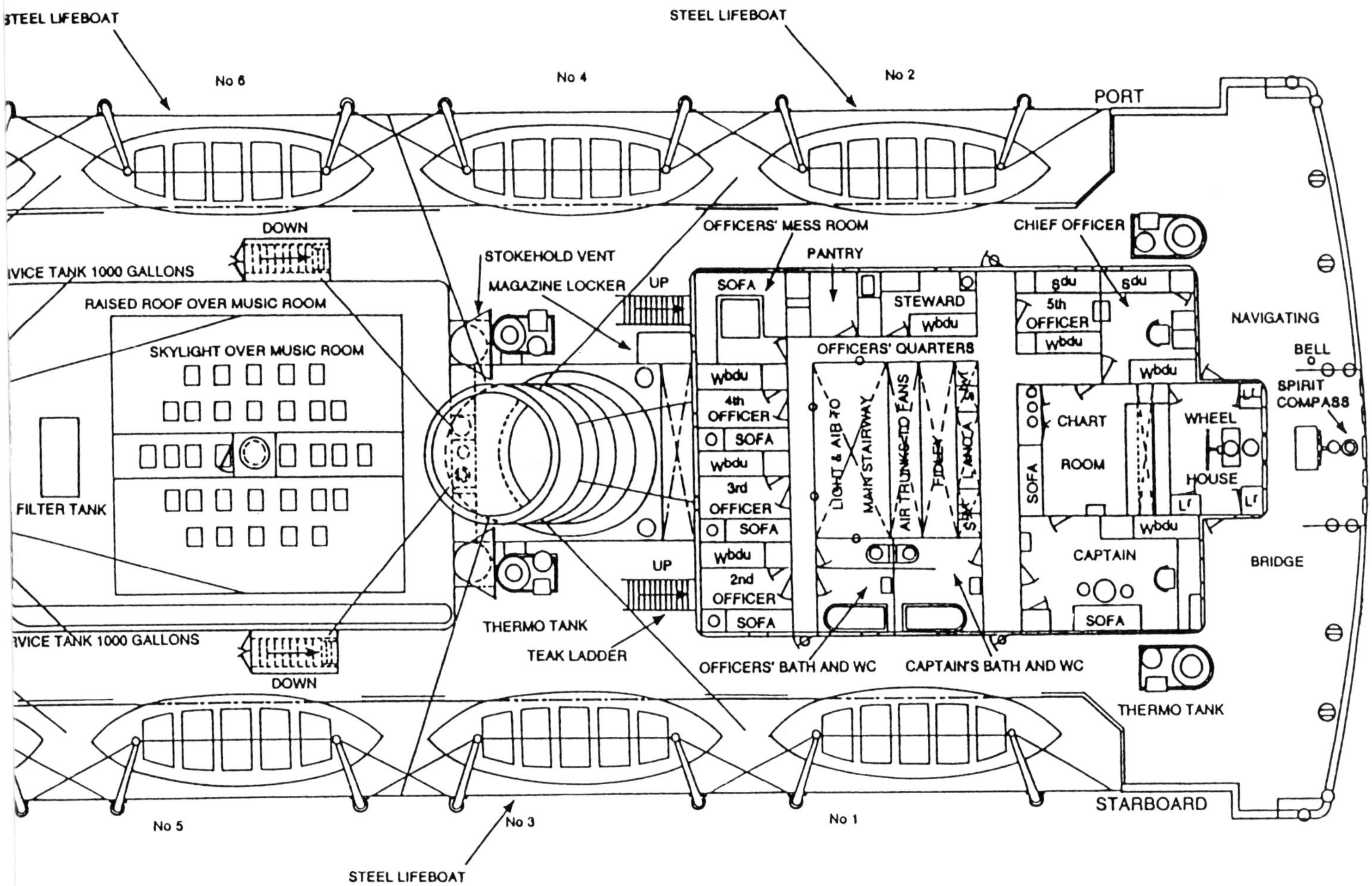
STEEL LIFEBOAT
No 6
No 4
STEEL LIFEBOAT
No 2
PORT
DOWN
OFFICERS' MESS ROOM
CHIEF OFFICER
STOKEHOLD VENT
PANTRY
MAGAZINE LOCKER
UP
SOFA
STEWARD
Wbdu
Sdu
Sdu
5th
OFFICER
Wbdu
NAVIGATING
RAISED ROOF OVER MUSIC ROOM
SKYLIGHT OVER MUSIC ROOM
OFFICERS' QUARTERS
BELL
Wbdu
Wbdu
SPIRIT
COMPASS
4th
OFFICER
SOFA
LIGHT & AIR TO
MAIN STAIRWAY
AIR TRUNKS TO FANS
CHART
WHEEL
Wbdu
ROOM
HOUSE
SOFA
3rd
OFFICER
SOFA
FILTER TANK
Wbdu
Wbdu
2nd
OFFICER
CAPTAIN
BRIDGE
SOFA
SOFA
THERMO TANK
TEAK LADDER
UP
DOWN
OFFICERS' BATH AND WC
CAPTAIN'S BATH AND WC
THERMO TANK
No 5
No 3
No 1
STARBOARD
STEEL LIFEBOAT

DECK

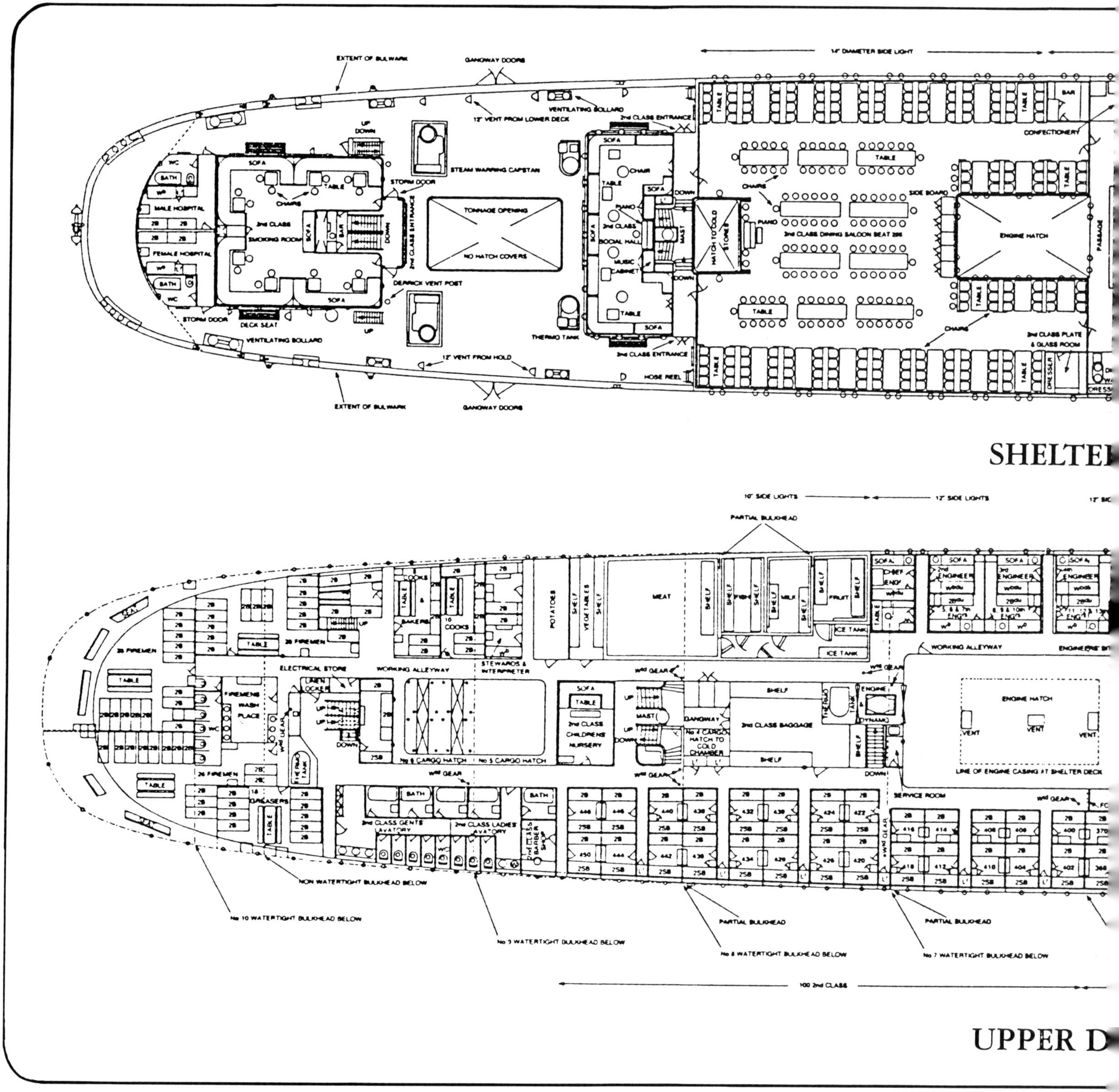

EXTENT OF BULWARK
GANGWAY DOORS
14" DIAMETER SIDE LIGHT
VENTILATING BOLLARD
12" VENT FROM LOWER DECK
2nd CLASS ENTRANCE
STEAM WARPING CAPSTAN
STORM DOOR
2nd CLASS SMOKING ROOM
SOFA
TABLE
CHAIRS
BAR
DOWN
UP
MALE HOSPITAL
FEMALE HOSPITAL
BATH
WC
TONNAGE OPENING
NO HATCH COVERS
DERRICK VENT POST
DECK SEAT
2nd CLASS SOCIAL HALL
PIANO
MUSIC CABINET
CHAIR
MAST
HATCH TO COLD STORES
THERMO TANK
HOSE REEL
12" VENT FROM HOLD
2nd CLASS DINING SALOON SEAT 286
SIDE BOARD
CONFECTIONERY
ENGINE HATCH
PASSAGE
2nd CLASS PLATE & GLASS ROOM
DRESSER
SHELTE
10" SIDE LIGHTS
12" SIDE LIGHTS
PARTIAL BULKHEAD
28 FIREMEN
FIREMENS WASH PLACE
GREASERS
ELECTRICAL STORE
LINEN LOCKER
WORKING ALLEYWAY
COOKS
BAKERS
STEWARDS & INTERPRETER
POTATOES
VEGETABLES
SHELF
MEAT
FISH
MILK
FRUIT
ICE TANK
CHIEF ENGr
2nd ENGINEER
3rd ENGINEER
4th ENGINEER
No 6 CARGO HATCH
No 5 CARGO HATCH
2nd CLASS CHILDRENS NURSERY
No 4 CARGO HATCH TO COLD CHAMBER
GANGWAY
2nd CLASS BAGGAGE
DYNAMO
VENT
LINE OF ENGINE CASING AT SHELTER DECK
ENGINEERS
SERVICE ROOM
Wd GEAR
2nd CLASS GENTS LAVATORY
2nd CLASS LADIES LAVATORY
2nd CLASS BARBER SHOP
NON WATERTIGHT BULKHEAD BELOW
No 10 WATERTIGHT BULKHEAD BELOW
No 9 WATERTIGHT BULKHEAD BELOW
No 8 WATERTIGHT BULKHEAD BELOW
No 7 WATERTIGHT BULKHEAD BELOW
100 2nd CLASS
UPPER D

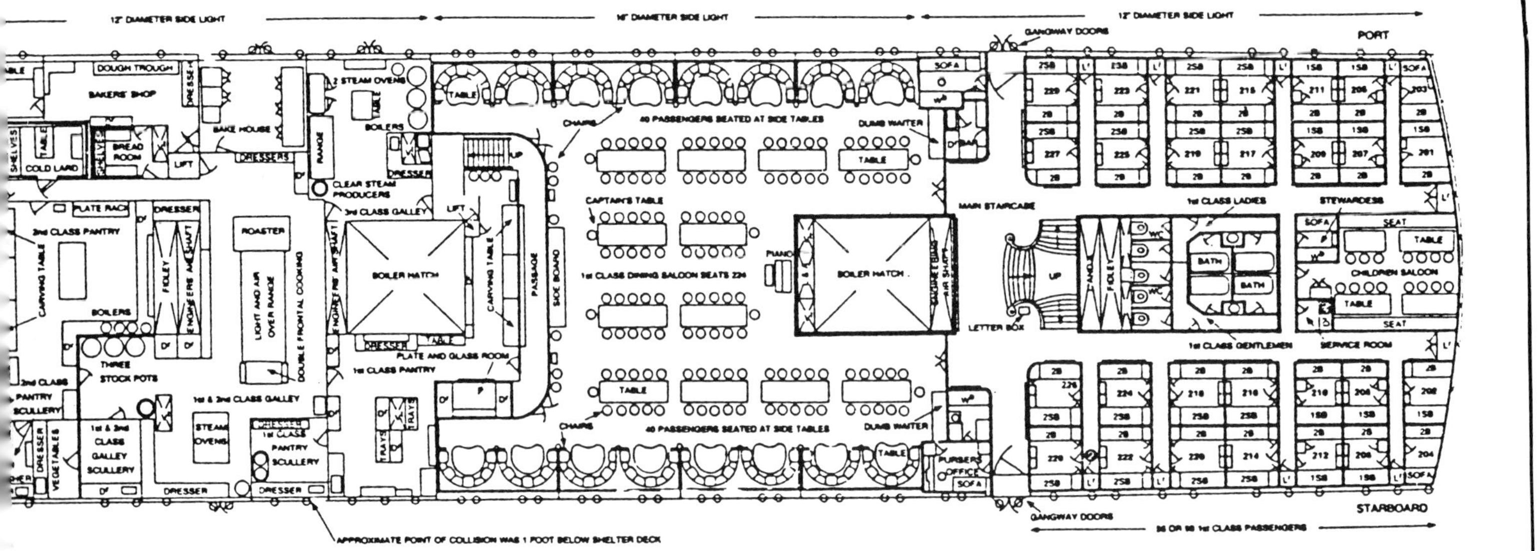
12" DIAMETER SIDE LIGHT
16" DIAMETER SIDE LIGHT
12" DIAMETER SIDE LIGHT
GANGWAY DOORS
PORT
BAKERS' SHOP
BAKE HOUSE
STEAM OVENS
BOILERS
COLD LARD
BREAD ROOM
2nd CLASS PANTRY
CARVING TABLE
ROASTER
LIGHT AND AIR OVER RANGE
DOUBLE FRONTAL COOKING
CLEAR STEAM PRODUCERS
3rd CLASS GALLEY
BOILER HATCH
THREE STOCK POTS
1st & 2nd CLASS GALLEY
2nd CLASS PANTRY SCULLERY
1st & 2nd CLASS GALLEY SCULLERY
STEAM OVENS
1st CLASS PANTRY SCULLERY
PLATE AND GLASS ROOM
1st CLASS PANTRY
PASSAGE
SIDE BOARD
40 PASSENGERS SEATED AT SIDE TABLES
CAPTAIN'S TABLE
1st CLASS DINING SALOON SEATS 224
PIANO
BOILER HATCH
DUMB WAITER
MAIN STAIRCASE
LETTER BOX
PURSERS OFFICE
1st CLASS LADIES
STEWARDESS
CHILDREN SALOON
1st CLASS GENTLEMEN
SERVICE ROOM
STARBOARD
GANGWAY DOORS
APPROXIMATE POINT OF COLLISION WAS 1 FOOT BELOW SHELTER DECK

R DECK

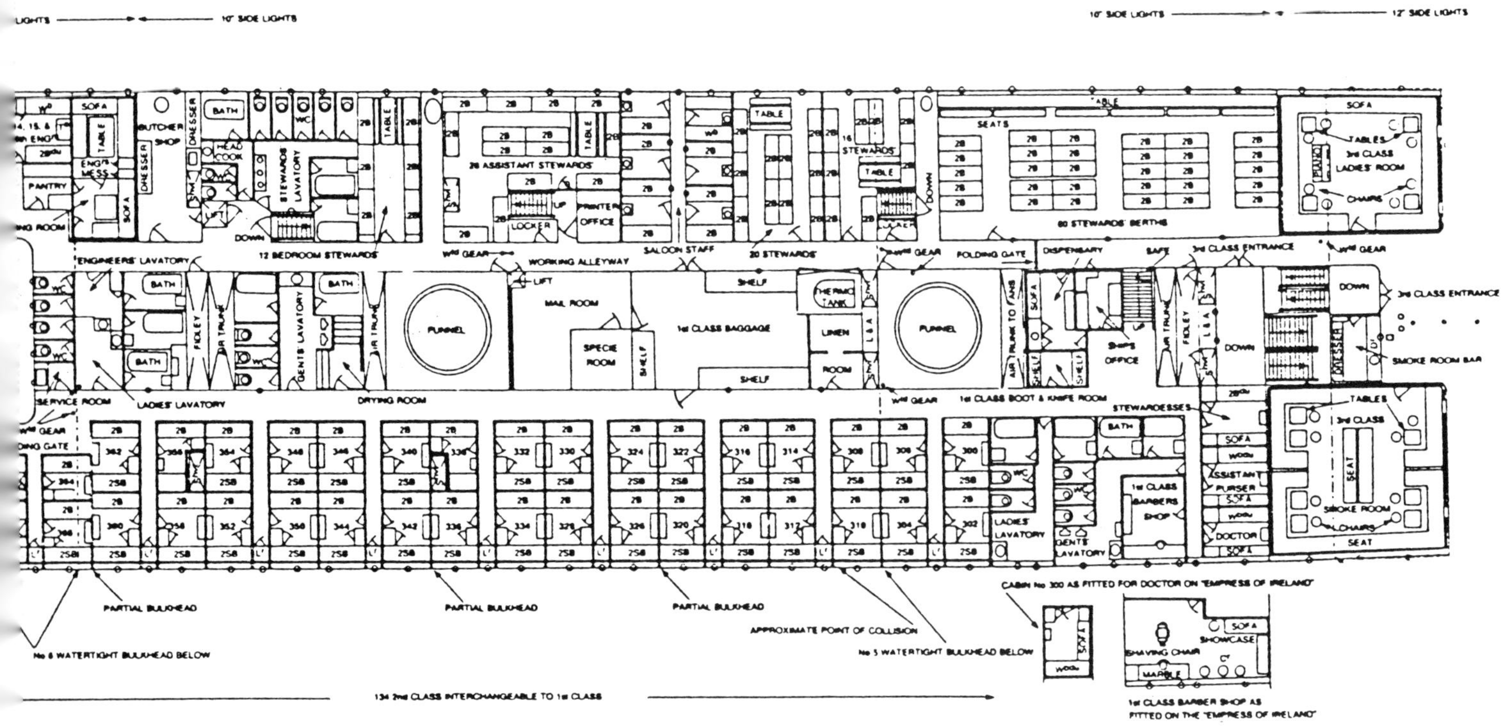
10" SIDE LIGHTS
12" SIDE LIGHTS
BUTCHER SHOP
ENG'S MESS
PANTRY
HEAD COOK
STEWARDS LAVATORY
12 BEDROOM STEWARDS
28 ASSISTANT STEWARDS
PRINTER OFFICE
SALOON STAFF
20 STEWARDS
16 STEWARDS
60 STEWARDS' BERTHS
3rd CLASS LADIES' ROOM
ENGINEERS' LAVATORY
WORKING ALLEYWAY
MAIL ROOM
FUNNEL
1st CLASS BAGGAGE
SPECIE ROOM
LINEN ROOM
DISPENSARY
3rd CLASS ENTRANCE
SHIPS OFFICE
SMOKE ROOM BAR
SERVICE ROOM
LADIES' LAVATORY
DRYING ROOM
1st CLASS BOOT & KNIFE ROOM
STEWARDESSES
3rd CLASS SMOKE ROOM
1st CLASS BARBERS SHOP
ASSISTANT PURSER
DOCTOR
LADIES' LAVATORY
GENTS' LAVATORY
PARTIAL BULKHEAD
PARTIAL BULKHEAD
PARTIAL BULKHEAD
APPROXIMATE POINT OF COLLISION
No 6 WATERTIGHT BULKHEAD BELOW
No 5 WATERTIGHT BULKHEAD BELOW
CABIN No 300 AS FITTED FOR DOCTOR ON "EMPRESS OF IRELAND"
SHAVING CHAIR
SHOWCASE
1st CLASS BARBER SHOP AS FITTED ON THE "EMPRESS OF IRELAND"
134 2nd CLASS INTERCHANGEABLE TO 1st CLASS

ECK